GESCHÄFTSBERICHTE

finest facts & figures

FFF

fff

1. _ leuchtende beispiele ...

fff

2. _ ... auf solider grundlage

GESCHÄFTSBERICHTE

finest facts & figures

KONZEPT, DESIGN, KNOW-HOW

kirsten dietz & jochen rädeker

FINANZKOMMUNIKATION
ALS IMAGETRÄGER

ZWEITE, ÜBERARBEITETE UND AKTUALISIERTE AUFLAGE 2007

VERLAG HERMANN SCHMIDT MAINZ

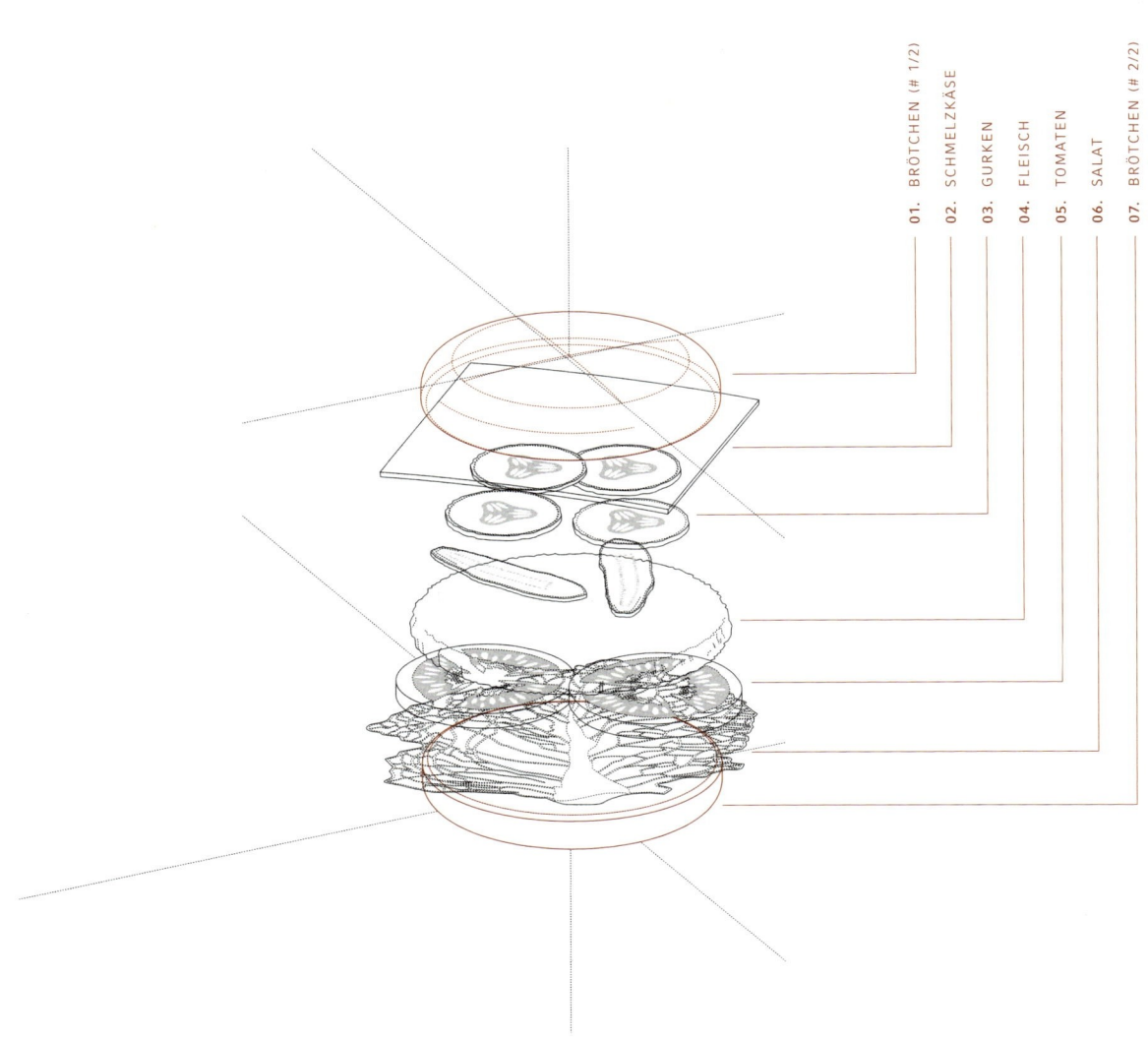

01. BRÖTCHEN (# 1/2)
02. SCHMELZKÄSE
03. GURKEN
04. FLEISCH
05. TOMATEN
06. SALAT
07. BRÖTCHEN (# 2/2)

VERPACKTES ZERHACKTES I
burger essen: drei minuten

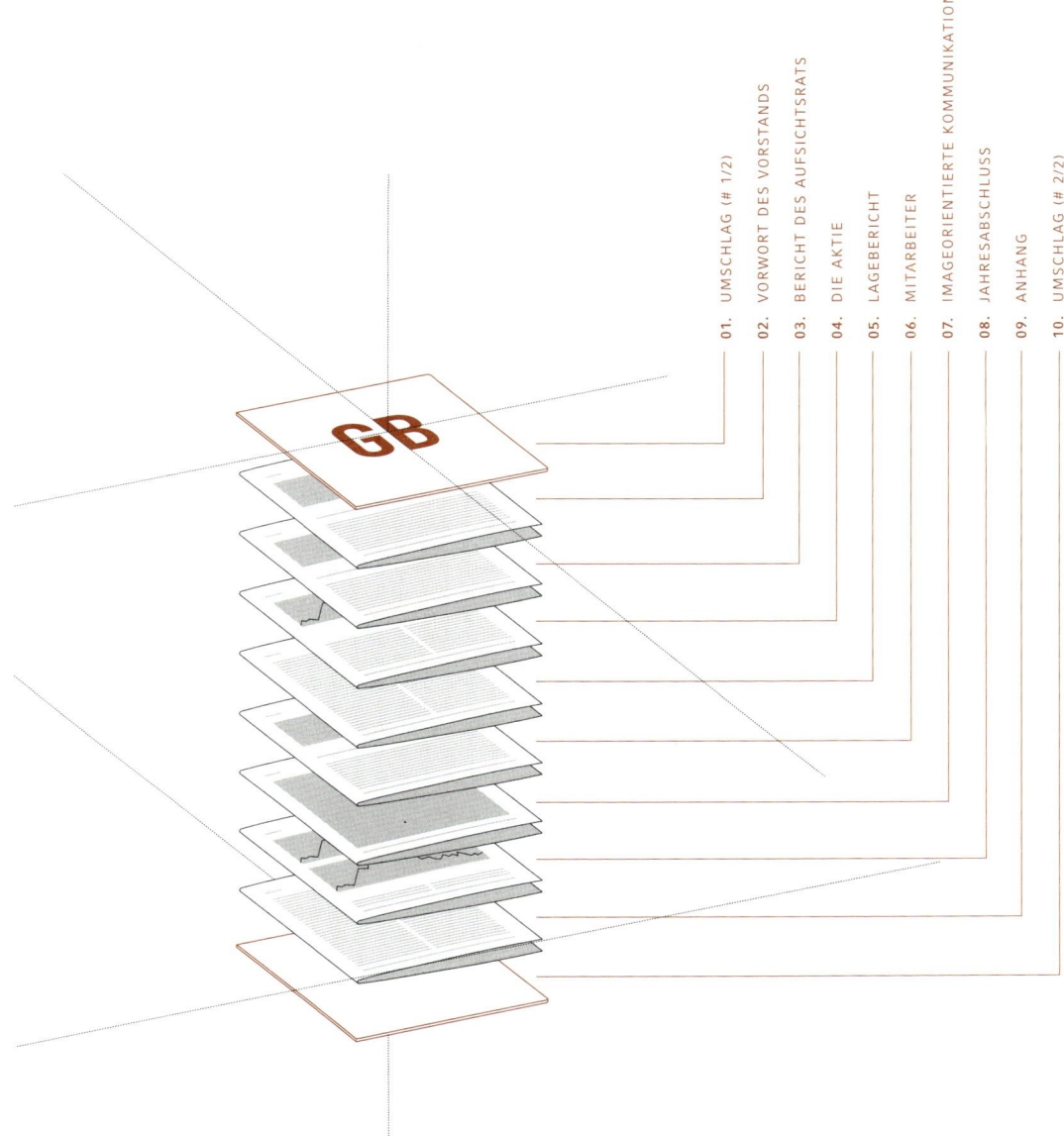

01. UMSCHLAG (# 1/2)
02. VORWORT DES VORSTANDS
03. BERICHT DES AUFSICHTSRATS
04. DIE AKTIE
05. LAGEBERICHT
06. MITARBEITER
07. IMAGEORIENTIERTE KOMMUNIKATION
08. JAHRESABSCHLUSS
09. ANHANG
10. UMSCHLAG (# 2/2)

GB

VERPACKTES ZERHACKTES II
bericht lesen: drei minuten

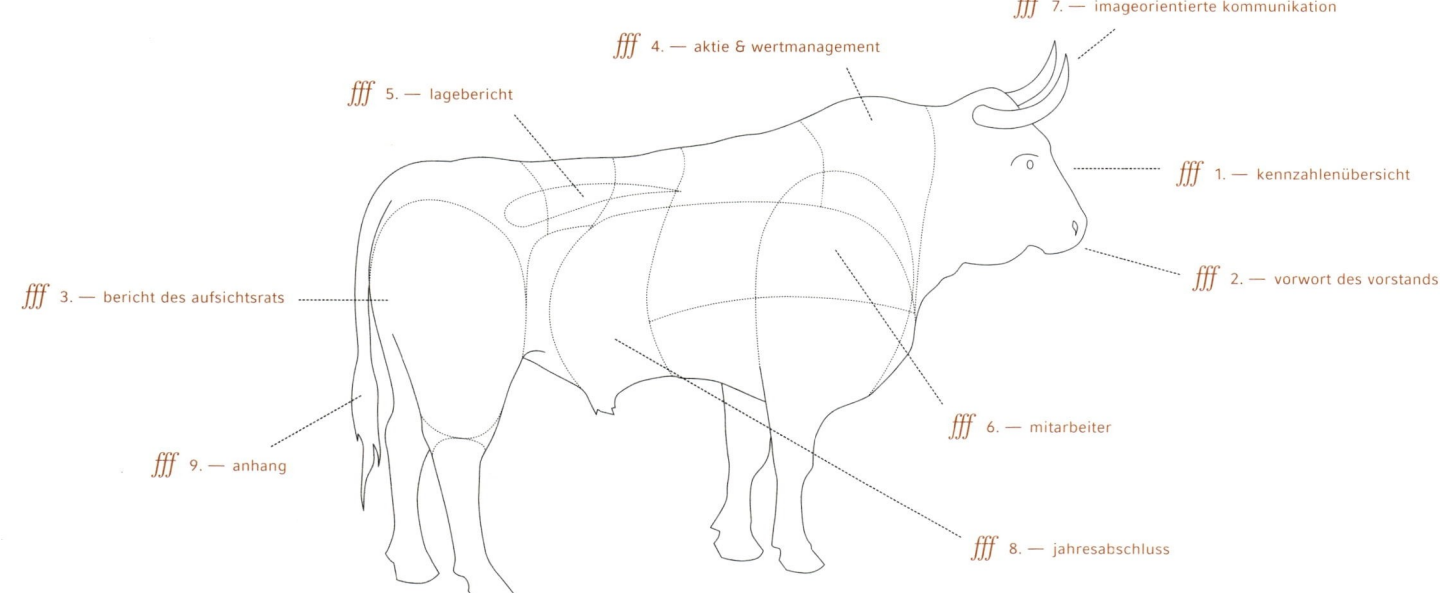

fff 7. — imageorientierte kommunikation

fff 4. — aktie & wertmanagement

fff 5. — lagebericht

fff 1. — kennzahlenübersicht

fff 3. — bericht des aufsichtsrats

fff 2. — vorwort des vorstands

fff 6. — mitarbeiter

fff 9. — anhang

fff 8. — jahresabschluss

WIESO?
INTRO / VORWORTE

WARUM? 01
GRUNDLAGEN / FAKTEN

WAS? 02
AUSSAGE / BESTANDTEILE

WER? 03
ZIELGRUPPEN / ABSENDER

WANN? 04
PROJEKTSTART / ZEITPLAN

WOMIT? 05
TEXT / HANDWERKSZEUG

WIE? 06
IDEE / KONZEPT

WWW? 07
INTERAKTION / ONLINE

WIEVIEL? 08
WEITERES / WETTBEWERBE

WOHER? 09
GLOSSARE / REGISTER

FINEST FACTS & FIGURES

kirsten dietz //
/ jochen rädeker

DREI MONATE FÜR DREI MINUTEN

KAUM EIN ANDERES MEDIUM WIRD SO INTENSIV VORBEREITET UND SO SCHNELL BEISEITE GELEGT WIE EIN GESCHÄFTSBERICHT: DER LESER NIMMT SICH IM SCHNITT NICHT MEHR ZEIT ZUR LEKTÜRE EINES REPORTS ALS ZUM GENUSS EINES HAMBURGERS.

DIE MACHER WISSEN:

Wenn auf hundert oder mehr Seiten eine einzige Zahl nicht stimmt, wandert der Report in den Shredder statt zum Aktionär. Das zu verhindern, braucht viel Zeit. Der Leser wiederum nimmt sich keine, denn er erwartet vom Jahresbericht ohnehin keine Überraschungen: Die Ergebnisse kennt er längst aus dem Internet.

ZAHLENKOLONNEN UND DESINTERESSE:

Denkbar schlechte Voraussetzungen für kreative Feuerwerke, grandioses Design, sensible Typografie und aufwändige Produktion. Trotzdem gilt der Geschäftsbericht den meisten Unternehmen und Gestaltern als wichtigstes und anspruchsvollstes Kommunikationsmedium überhaupt, wird viel Geld, Herz und Hirn investiert.

Denn in der Informationsgesellschaft sind drei Minuten sehr viel Zeit: Ein Großflächenplakat schneidet mit 1,7 Sekunden deutlich schlechter ab. Fernsehspots schaffen für viel mehr Geld nur dreißig Sekunden und teilen sich die Aufmerksamkeit mit Chips, Bier und dem Gang zur Toilette. Im Vergleich dazu ist der Geschäftsbericht ein High-Interest-Produkt. Und aus drei Minuten können dreißig werden, wenn die Geschäftsberichtsmacher bedenken, dass die Bilanzen nur der Anlass, aber nicht die Botschaft sind. Der Geschäftsbericht als »conversation piece«, als Imageträger, als Stimmungsmacher für ein ganzes Jahr: Das ist es, wofür sich die Nachtschichten lohnen, die guten Ideen, das Engagement aller Beteiligten und das Budget des Unternehmens.

Gute Geschäftsberichte machen: Wie das funktioniert, was es zu beachten gibt, was möglich ist und wie das aussieht, beschreibt und zeigt dieses Buch. Ein Buch für alle, die in der Berichteküche nicht nur an Ernährung denken, sondern an Geschmack: Was aus besten Zutaten virtuos komponiert, einzigartig abgeschmeckt und attraktiv angerichtet wird, macht nicht nur satt, sondern glücklich.

KIRSTEN DIETZ & JOCHEN RÄDEKER

fff ················   > **DER GESCHÄFTSBERICHT.**

EINMAL IM JAHR *ziehen sich die Unternehmen ihren Nadelstreifenanzug an und zeigen sich ihren Besitzern, den Aktionären. Aber nicht nur ihnen, sondern auch der Öffentlichkeit, der Presse, den Kunden und Lieferanten; das sind weitgefasste Zielgruppen mit flüchtigem bis zu sehr intensivem Interesse an diesem Auftritt.*

Es ist nicht unangemessen, wenn die Unternehmen bei diesem Auftritt eine gute Figur machen wollen und deshalb zum Maßschneider gehen. Und dessen Kunst ist das Maßnehmen für die Angemessenheit, die Präsentation einer glaubwürdigen Figur. Dafür haben die Menschen ein durchaus feines Gespür: Übertriebenes, Verdecktes, Lautes, Protziges entgeht ihnen nicht und hinterlässt das Gegenteil des Gewünschten. Die Unternehmen stehen das ganze Jahr über mit ihren Produkten, ihrer Führung, ihrem Tun und Lassen im Lichte der Öffentlichkeit. Der jährliche Gesamtauftritt darf keine Mogelpackung sein. Es geht darum zu dokumentieren, nicht zu ornamentieren.

Wir reden vom Geschäftsbericht, vom Jahresrechenschaftsbericht. Das Maßschneider-Handwerks-Buch gibt vor allem den Machern, aber auch ihren Auftraggebern einen kenntnisreichen Einblick in das Unternehmen. Die Autoren, ein junges, sehr erfolgreiches Designerteam, sind nicht nur Kenner, sondern auch Könner speziell in Sachen Geschäftsbericht.

Kirsten Dietz und Jochen Rädeker sind Gründer der Agentur »strichpunkt« und haben aus freud- und leiderfahrener Kenntnis als Macher alles zusammengetragen, was herausgebende Auftraggeber und detailgenau ausführende Auftragnehmer zu wissen, zu bedenken und gestaltend zu verwirklichen haben.

Das muss passen: für Schnell-Leser, Zwischen-den-Zeilen- und Zwei-Stellen-hinter-dem-Komma-Leser. Das ist auf 312 Seiten klar gegliedert, vorbildlich gestaltet, gründlich recherchiert und nachvollziehbar aufbereitet. Vom Projektstart bis zu den Kosten: umfangreich mit Beispielen belegt und mit Tipps angereichert.

PROF. KURT WEIDEMANN
Stuttgart, im Juni 2004

fff ---------------   > **DOPPELTER DANK.**

DA WAR DIE IDEE, *ein Buch über die Stand- und Spielbeine der Gestaltung von*
Geschäftsberichten zu machen. Anhand vorbildlicher Annual Reports aus aller
Welt. Strukturiert und gegliedert nach den Bausteinen, aus denen sich ein
Geschäftsbericht zusammen setzt und nach den Gestaltungselementen, die zur
Verfügung stehen. Da war der Wunsch, Kirsten Dietz und Jochen Rädeker als
Autoren zu gewinnen. Da war ihr JA und ein Sekt auf unserem Balkon. Dann
kam eine lange Zeit harter Arbeit. Länger und härter als wir alle gedacht hatten.
Wenn Kirsten Dietz und Jochen Rädeker sich aber etwas in den Kopf gesetzt
haben dann halten sie durch. Auf höchstem Niveau. Und das merkt man dann. An
hervorragenden Besprechungen, an unendlich vielen Preisen und Auszeichnungen*,
an reißender Nachfrage und eher als man denkt an ein deshalb leeres Lager – und
dennoch nicht nachlassenden Anfragen nach dem Buch.

Die komplett durchgesehene zweite Auflage berücksichtigt alles Wissenswerte und
Neue zum Thema Geschäftsberichtserstellung: Die neue Form des Lageberichts gemäß
DRS 15 – seit diesem Jahr gesetzliche Grundlage für die Report-Erstellung – wird
genauso erläutert wie die aktuelle Indexzusammensetzung der Deutschen Börse.
Gewürzt wird dieser Theorieteil mit neuen Trends aus der Berichteküche.
Darüber hinaus wurden sämtliche Zahlen, Daten und Fakten auf den neuesten
Stand gebracht. Im Bildteil haben die fleißigen Autoren aus der Agentur
Strichpunkt über 60 Beispiele aktueller Reports neu eingepflegt: Die spannendsten
Geschäftsberichte aus Deutschland, den USA und Asien aus den letzten Jahren.
Dafür gilt ihnen erneut unser herzlicher Dank.

Wir hoffen, dass so auch weiterhin »Geschäftsberichte – Konzept Design Know
How« als Meßlatte für gute Finanzkommunikation dient, Gestalter anregt und
Kunden anspornt, es den gezeigten Bestleistungen gleichzutun oder – noch lieber
– sie zu übertreffen.
Damit wir in der nächsten Auflage noch viel mehr gute Beispiele durch noch
bessere ersetzen müssen!

KARIN UND BERTRAM SCHMIDT-FRIEDERICHS
Mainz, im Oktober 2006

* *Glückwunsch an Kirsten und Jochen und alle helfenden Hände und kreative Köpfe im Hintergrund:*
Silber DDC 2005, Outstanding Achievement Award HOW INTERNATIONAL DESIGN 2005, Gold MIDAS AWARDS
2005, Veröffentlichung PRINT MAGAZINE – BEST OF EUROPEAN DESIGN, Certificate of Typographic Excellence
TYPE DIRECTORS CLUB NEW YORK (TDC 51), Design Award 2005 IF COMMUNICATION, 1. Platz Kategorie
Verlagsmedien DESIGN PREIS RHEINLAND PFALZ, Auszeichnung DIE SCHÖNSTEN DEUTSCHEN BÜCHER 2004,
Auszeichnung ART DIRECTORS CLUB DEUTSCHLAND 2005, besondere Nennung BOB – BEST OF BUSINESS TO
BUSINESS-AWARD 2005, Veröffentlichung COMMUNICATION ARTS 2005, hohe Designqualität RED DOT AWARD
2005, Nominierung (Kategorie Graphic Design) ADC OF EUROPE 2005

FACTS & FIGURES

fff
2. _ der aufhänger: hgb und aktienrecht

fff
1a. _ kalter kaffee für investoren

fff
1b. _ fachchinesisch für designer

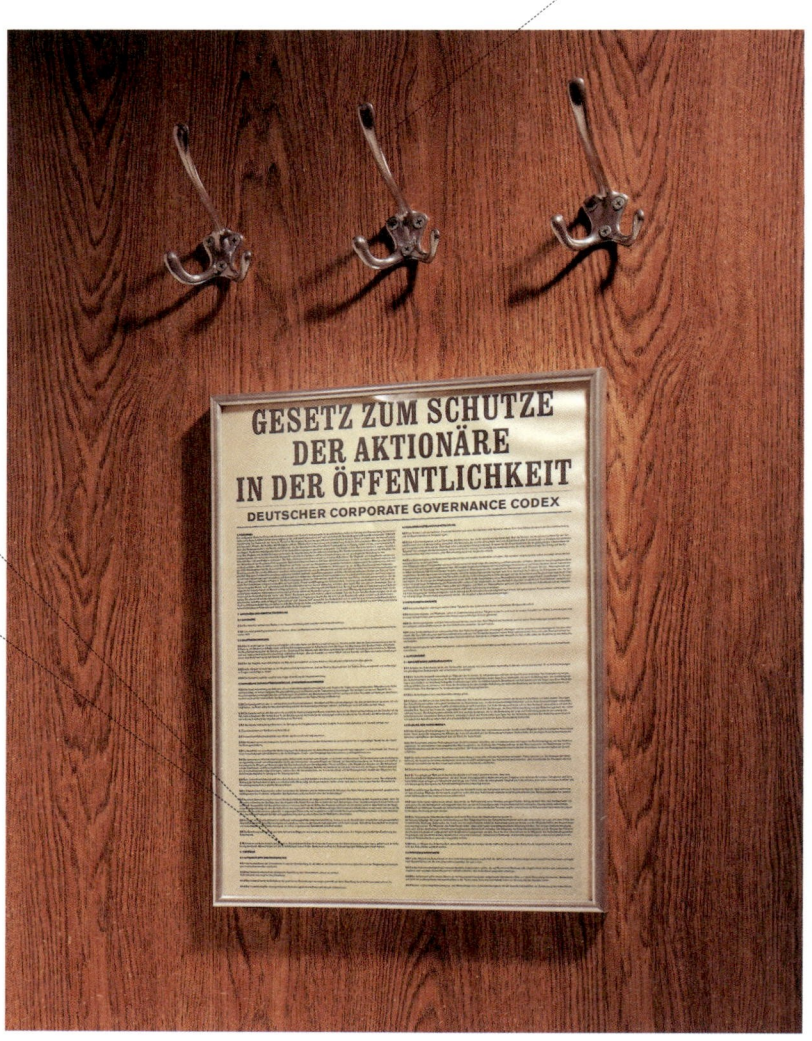

WARUM>

01.0
GRUNDLAGEN /
FAKTEN

KLEINVIEH MACHT AUCH MIST:

__ BÖRSENWERT ALLER FIRMEN AN DER DEUTSCHEN BÖRSE IM SEPTEMBER 2006: 830 MILLIARDEN €

A _

> börsennotierte
Aktiengesellschaften
in New York
(NSYE & NASDAQ)...

5872

805

B _

... und in Frankfurt
(Prime, General und Entry
Standard 31.8.2006)

GRUNDLAGEN / FAKTEN

Wer Hamburger macht, muss viel wissen: Was zunächst einfach aussieht, ist ein komplexes Gebilde mit unterschiedlichsten Zutaten von unterschiedlichen Produzenten: Rindfleisch aus Argentinien, Salat vom Bauernhof, Brötchen vom Bäcker und die Gewürze für die Sauce aus aller Welt.

Gleichzeitig muss sich der Produzent in seiner Küche auskennen. Er muss wissen, was er an Arbeitsgeräten braucht, er muss die Ansprüche seiner Kunden genau kennen und alles so sauber halten, dass der Wirtschaftskontrolldienst nichts auszusetzen hat. Und am Ende soll alles appetitlich aussehen und prima schmecken. Wer Geschäftsberichte erstellt, muss zunächst das Kommunikationsumfeld kennen, in dem er sich bewegt.

Die Grundlagen dazu beschreibt dieses Kapitel:

----- WER BRAUCHT ÜBERHAUPT GESCHÄFTSBERICHTE – UND WARUM?
----- WIE FUNKTIONIERT DER AKTIENHANDEL – UND WAS HAT DER BERICHT DAMIT ZU TUN?
----- WAS SIND DIE GRUNDLAGEN DER FINANZMARKTKOMMUNIKATION?

Auch wenn die meisten Berichteköche das meiste schon wissen werden: Zweimal kapiert ist besser als keinmal gehört. Beginnen wir mit den Grundzutaten – und dem Grundverständnis dafür. Denn das ist erlernbar: sogar für Kreative.

DIE GANZE BÖRSE HÄNGT NUR DAVON AB, OB ES MEHR AKTIEN GIBT ALS IDIOTEN ODER MEHR IDIOTEN ALS AKTIEN.
ANDRÉ KOSTOLANY (AMERIKANISCHER BÖRSENGURU ¬ 1906–99)

- k - 01.0 *

FFF : //////// / //// /////
_ _ BÖRSE, BERICHTE UND BERICHTENSWERTES

WER WIE WARUM ÜBER WAS BERICHTET

* WAS IST EIGENTLICH EIN GESCHÄFTSBERICHT?

Der Geschäftsbericht informiert die Kapitalgeber eines Unternehmens, seine Mitarbeiter, die interessierte Öffentlichkeit und potentielle Investoren über das abgelaufene Geschäftsjahr.

Er sorgt vor allem dafür, dass sich die Aktionäre ein verlässliches Bild davon machen können, warum ihr Investment erfolgreich oder erfolglos war, wie es um das Unternehmen bestellt ist und was die Zukunft nach Meinung des Managements bringen wird.

Der Bericht enthält umfassende und weit reichende Informationen: auf verlässlicher Grundlage mit Brief und Siegel erstellt, jahresaktuell und facettenreich. Weil es dabei nicht nur um Zahlen, Daten und Fakten, sondern auch um deren Interpretation geht, wird der Report fast automatisch auch zum wichtigsten Imagemedium des Unternehmens.

Langweilig wird es dabei ohnehin nicht, denn es geht um Geld. Um sehr viel Geld: Im Juni 2006 lag der Aktienwert der Unternehmen an der New York Stock Exchange bei 21 Billionen € [1]. Und es geht um viele Menschen: Jeder sechste Deutsche ist Aktionär [2] – eine Zielgruppe, die gewaltige Potentiale für ein Unternehmen bietet, wenn es sich entsprechend positionieren kann. Grund genug also, den eigenen Report so zu erstellen, dass er unter rund 10.000 jährlich allein in Deutschland veröffentlichten Berichten positiv heraussticht.

* WER MUSS GESCHÄFTSBERICHTE VERÖFFENTLICHEN?

In Deutschland gibt es rund 2,1 Millionen Firmen bzw. Gesellschaften. Davon sind eine Million Kapitalgesellschaften (GmbH, KgaA, AG u. a.). Das heißt, sie erwirtschaften ihre Gewinne oder Verluste auf Basis eines von einem oder mehreren Investoren eingezahlten Kapitals, wobei die Kapitalgeber im

Quelle > 1.) NYSE // 2.) DAI

— Gegensatz zu so genannten Personengesellschaften nicht unbedingt aktiv am Geschäftsleben der
— Gesellschaft teilnehmen müssen.
— 15.500 (STAND 06.2006) dieser Gesellschaften haben sich die Rechtsform der Aktiengesellschaft
— (AG) gegeben. Von diesen AGs bezieht etwa ein Zehntel sein Kapital nicht nur von seinen bekannten
— und verbundenen Anteilseignern, sondern beschafft es sich durch Aktien, die an einer oder mehreren
— Börsen gehandelt werden. Für diese Kapitalgesellschaften gibt es eine Anzahl von Pflichten, die im
— HGB (Handelsgesetzbuch) geregelt sind. Eine davon ist die Aufstellung des Jahresabschlusses,
— bestehend aus Bilanz, Gewinn- und Verlustrechnung sowie Anhang, und eines Lageberichts – den
— wichtigsten Bestandteilen eines Geschäftsberichts *(A). Mit der Börsennotierung verpflichtet sich ein
— Unternehmen, den Jahresabschluss öffentlich zugänglich zu machen.
— Neben den börsennotierten Aktiengesellschaften gibt es Firmen, die aufgrund ihrer Größe (bei
— über 27,5 Mio.€ Umsatz, 13,75 Mio.€ Bilanzsumme und mehr als 250 Mitarbeitern) als »große
— Kapitalgesellschaft« gewertet werden und für die die gleichen rechtlichen Grundlagen gelten –
— allerdings nicht die Vorschriften der Börsen (s.u.). Darüber hinaus sind einige andere Unternehmens-
— formen verpflichtet, Geschäftsberichte zu veröffentlichen, so z.B. Banken und Versicherungen.

* WER KANN GESCHÄFTSBERICHTE VERÖFFENTLICHEN?

— Außer den dazu verpflichteten Unternehmen gibt es viele Firmen, Institutionen und Vereinigungen,
— die einen Geschäftsbericht auf freiwilliger Basis veröffentlichen oder eine andere Form der Pflicht-
— veröffentlichung (z.B. den Rechenschaftsbericht eines Vereinsvorstands oder den Bericht einer
— Stiftung, eines Fonds etc.) so ausarbeiten, dass sie einem Geschäftsbericht sehr nahe kommen. Viele
— Unternehmen, die einen Börsengang in den kommenden Jahren planen, veröffentlichen ebenfalls
— einen Bericht – einerseits, um zukünftigen Kapitalgebern Vorabinformationen zu liefern, andererseits
— auch, um zu üben –, denn der Wandel von einem Unternehmen, das es gewohnt ist, niemandem etwas
— über seinen Umsatz und Ertrag mitzuteilen, hin zu einem Konzern, der jeden Cent frist- und formge-
— recht in der Öffentlichkeit belegen muss, ist auch intern ein sehr komplexer Prozess, bei dem an vielen
— Stellen umgedacht werden muss. Für diese »Geschäftsberichte« gibt es keine rechtlichen Vorschriften
— (bis auf die Verpflichtung zur wahrheitsgemäßen Erstellung des Jahresabschlusses), häufig steht der
— Imagefaktor deshalb absolut im Vordergrund.

* WIE FUNKTIONIERT DER AKTIENHANDEL?

— Gibt ein Unternehmen Aktien aus, tun das seine Inhaber vor allem, um sich nach einer erfolgrei-
— chen Entwicklung und zur Finanzierung neuer Pläne frisches Kapital zu beschaffen. Dazu verkaufen
— sie Anteile am Unternehmen – die Aktien – zum aktuellen Unternehmenswert an der Börse. Der
— Aktienausgabe- bzw. Emissionskurs liegt in aller Regel deutlich höher als das ursprünglich in die
— Gesellschaft investierte Startkapital: Das »Going Public« des Unternehmens, der »IPO« (Initial Public
— Offering), hat sich gelohnt. Der Käufer und damit neue Aktionär hofft darauf, dass der Wert seiner
— Aktien steigt – und geht im Prinzip damit das gleiche finanzielle Risiko ein wie ein »richtiger«
— Unternehmer. Denn der tatsächliche Wert der Aktie hängt nicht vom auf ihr vermerkten Wert (dem
— Nennwert, »Gezeichnetes Kapital«), sondern von Erfolg oder Misserfolg des Unternehmens ab **(B).

*(A)
In rein rechtlicher Hinsicht ist der Lagebericht
der eigentliche Geschäftsbericht – im allgemeinen
Sprachgebrauch und so auch in diesem Buch bezeichnet das
Wort Geschäftsbericht dagegen das komplette Werk
(siehe auch S. 27: Gesetzliche Grundlagen).

**(B)
Ein Beispiel
Im Jahr 2000 betrug das Gezeichnete
Kapital einer der größten deutschen
Aktiengesellschaften, der Deutschen Telekom AG,
7,76 Mrd.€; ihr Börsenwert (das heißt
die Summe des gehandelten Werts aller
Aktien des Unternehmens)
lag jedoch bei maximal 313,56 Mrd.€.
2006 sah das schon anders aus:
Da lag das Gezeichnete Kapital nach
einer Kapitalerhöhung bei 11,16 Mrd.€,
war an der Börse aber nur noch
53 Mrd.€ wert.

FFF : //////// / //// /////

Börsenplätze weltweit

Die Pflichtinhalte eines Geschäftsberichts können sich deutlich unterscheiden, je nachdem, in welchem Land eine Aktiengesellschaft ihren Hauptsitz hat und an welcher Börse sie gehandelt wird. Es ist wichtig zu wissen, ob ein deutsches Unternehmen auch an einer US-Börse gelistet ist.

Die beiden New Yorker Börsen haben weltweit eine Leitfunktion, zunächst wegen der wirtschaftlichen Macht der USA, aber auch aufgrund der Anzahl der an ihr gehandelten Gesellschaften: Während es in den USA über 15.000 börsennotierte AGs gibt, sind es in Tokio 3.500, in London 3.100, an der Euronext-Börse 1.250 und in Frankfurt 800 [1].

Land	Börse / Ort	Wichtigste Indizes [2]
USA	NYSE (New York Stock Exchange, »Wall Street«)	Dow-Jones-Index
		S&P (Standard & Poors, die 500 größten US-Unternehmen)
USA	NASDAQ (reine Computerbörse, Sitz New York)	Nasdaq Composite (Technologiewerte)
GB	London (Hauptanteilseigner seit 2006: NASDAQ)	FTSE 100
D	Frankfurt	DAX 30
F, NL, BE, POR	Euronext / Paris, Amsterdam, Brüssel, Lissabon	FTSEurofirst
CH	Zürich	SMI
		Euro STOXX (die 50 größten europäischen AGs, ermittelt von Dow Jones und den Börsen in D, CH, F)
I	Mailand	MIB 30
AUT	Wien	ATX
JAP	Tokio	Nikkei
CHINA	Hongkong	Hang Seng

De facto spielen traditionellen »Wert-Papiere« keine Rolle mehr: Eine Aktie ist heute meist ein nennwertloser Datensatz, der einen Unternehmensanteil nicht mit einer festen Summe, sondern als Bruchteil der Gesamtzahl ausgegebener Aktien definiert. Elektronische Systeme wickeln heute täglich millionenfach die Vermittlung von Käufern und Verkäufern ab und definieren so permanent den aktuellen Unternehmeswert als Ergebnis von Angebot und Nachfrage. Nirgends wird der Unternehmenswert so schnell sichtbar wie an der Börse. Aber nur viermal im Jahr werden umfassende Fakten, die die Grundlage für die Unternehmensbewertung bilden, geliefert – und in den Geschäfts- und Quartalsberichten veröffentlicht.

* WAS SIND DIE GRUNDLAGEN DER FINANZMARKTKOMMUNIKATION?

Weil ein börsennotiertes Unternehmen seine Inhaber, die Aktionäre, zum großen Teil nicht persönlich kennt, muss es seine Beziehungen zu ihnen (neudeutsch: »Investor Relations (IR)«) in der Öffentlichkeit pflegen. Nachrichten sind formbar und verformbar.

Naturgemäß sind sowohl die Firmen selbst als auch ihre Aktionäre an Wertsteigerung interessiert. Die Versuchung ist daher theoretisch groß, den kleinen Teil des Nachrichtenspektrums, der durch ein Unternehmen beeinflusst werden kann, so positiv wie möglich zu kommunizieren; gute Nachrichten aufzubauschen und Negatives gar nicht erst zu veröffentlichen.

Dem schieben unterschiedliche Regelwerke einen Riegel vor: Zum einen sind die Kapitalgesellschaften zur Veröffentlichung eines Jahresabschlusses innerhalb einer bestimmten Frist gesetzlich verpflichtet. Zum anderen haben die Börsen selbst Regeln dafür aufgestellt, unter welchen Bedingungen ein Unternehmen überhaupt zum Aktienhandel zugelassen wird – beispielsweise die Pflicht zur Veröffentlichung wichtiger Nachrichten, ob positiv oder negativ, innerhalb von drei Tagen (»Ad-hoc-Publizität«), oder die Verpflichtung zur Herausgabe vierteljährlicher Zwischenbilanzen für Aktiengesellschaften, die in einem bestimmten Börsensegment gelistet werden wollen, das eine Art »Qualitätsgarantie« für die Aktionäre bietet (an der Deutschen Börse der so genannte »Prime Standard«, *siehe nebenstehende Grafik*).

Aber auch und gerade bei Pflicht-Information kommt es darauf an, wie professionell und ehrlich, wie nachvollziehbar, offen und sympathisch sie kommuniziert wird. Außerdem bildet sie die Basis für diejenigen freiwillig gegebenen Informationen, die sich im Rahmen der Pflichtveröffentlichungen praktischerweise gleich mitkommunizieren lassen und als so genannter Kür- oder auch PR-Teil oft mehr als die Hälfte der Seiten einnehmen.

1.) Zahlen gerundet, Angaben aus den Jahren 2005 und 2006 // Quelle > Börsen

2.) Ein Index ist eine Zusammenfassung bestimmter Aktienkurse in unterschiedlicher Gewichtung, der ein Gesamtbild über die Entwicklung der Börsenkurse eines Landes oder einer Branche gibt.

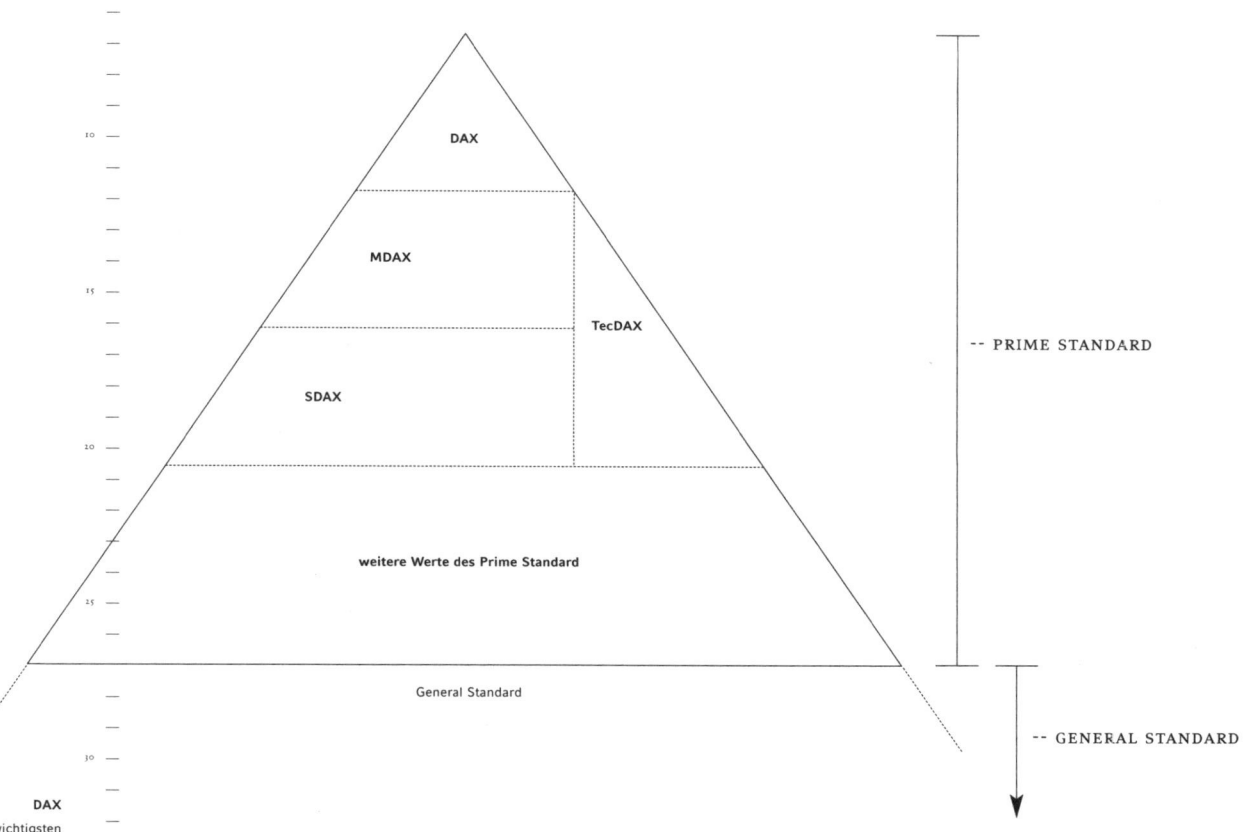

DAX

MDAX

TecDAX

SDAX

weiter Werte des Prime Standard

General Standard

-- PRIME STANDARD

-- GENERAL STANDARD

DAX
Bildet die 30 wichtigsten
deutschen Aktiengesellschaften
ab ("Bluechips")

MDAX
Die 50 dem DAX 30
nachfolgenden, wichtigsten
klassischen Industriewerte

TecDAX
Die 30 dem DAX 30
nachfolgenden, wichtigsten
Technologiewerte

SDAX
50 kleinere Industriewerte
unterhalb des MDAX

EURO-STOXX 50
Die 50 wichtigsten europäischen
Aktiengesellschaften

DEUTSCHE BÖRSEN: STANDORTE, SEGMENTE UND INDIZES

In Deutschland gibt es acht Börsenstandorte (Frankfurt, Stuttgart, Berlin, Hamburg, München, Hannover, Düsseldorf, Bremen), wobei die Frankfurter Wertpapierbörse (FWB) mit Abstand die größte ist. Bestimmendes Kursbarometer ist der DAX, ermittelt im elektronischen Handel des XETRA-Handelssystems der Gruppe Deutsche Börse AG in Frankfurt. Die Deutsche Börse AG hat eine wechselvolle Geschichte hinter sich: Nachdem die Deutschen ihr Geld jahrelang lieber aufs Sparbuch brachten statt zu spekulieren und in Aktien zu investieren, reagierte die Börse auf den Boom der Technologie- und Internetfirmen, verließ ihr Schattendasein und eröffnete 1998 das Segment »Neuer Markt« auch für kleinere Firmen. Der »Neue Markt« wurde schnell zur Erfolgsstory und löste einen Börsenboom aus, den in Deutschland niemand erwartet hatte. Kurssteigerungen von bis zu 1.000 % und mehr waren keine Seltenheit, manche Aktien gewannen an einem Tag mehr als das Doppelte ihres Werts. Nach dem Traumjahr 1999 ging es jedoch rapide abwärts: Viele Firmen und Anleger hatten nur das große Geld im Sinn und schauten weniger auf echte Unternehmenswerte. Manche Startup-Firmen waren nicht dazu in der Lage, die Zulassungskriterien mit ordentlichen Geschäfts- und Quartalsberichten korrekt zu erfüllen. Einige große Bilanzfälschungsskandale beschleunigten die Talfahrt und das Platzen der Spekulationsblase. Schließlich war das Image des einstigen Vorzeigesegments so ramponiert, dass die Deutsche Börse im März 2003 den »Neuen Markt« schließen musste. Seitdem teilt sich die deutsche Aktienlandschaft in zwei Hauptgruppen:

GENERAL STANDARD

Hier sind alle AGs gelistet, die den Mindestanforderungen an eine Börsennotierung genügen.

PRIME STANDARD

Für Firmen im Prime Standard gelten zusätzliche Vorschriften, die eine verbesserte Information der Aktionäre sicherstellen sollen, so z. B. die Pflicht zur Veröffentlichung von Quartalsberichten (einem »Kurz-Geschäftsbericht« alle drei Monate) sowie die Rechnungslegung nach internationalen Grundsätzen.

Die wichtigsten Firmen im Prime Standard werden in vier Indizes, die »guten Stuben« der Deutschen Börse, aufgenommen – unterschieden nach Marktkapitalisierung (Zahl der Aktien im Streubesitz multipliziert mit ihrem Kurs), täglichem Handelsvolumen (Liquidität) und Branchenzugehörigkeit. Die Aufnahme in einen Index ist ein wichtiges Ziel für eine Firma, da viele Fondsgesellschaften nur Aktien von in wichtigen Indizes enthaltenen Unternehmen kaufen.

HOT SPOTS

fff
2. _ müssen

fff
1. _ können

SECURITIES EXCHANGE ACT *of 1934*

-1.- brief business description
-2.- audited financial statements
-3.- accountant changes
-4.- list of company directors and executive officers
-5.- financial data for five years
-6.- discussion of financial conditions and results
-7.- shareholder info (availability of Form 10-K)

HANDELSGESETZBUCH §§ 264—289

§ 289 Lagebericht
(1) Geschäftsverlauf, Lage der Kapitalgesellschaft,
Risiken der künftigen Entwicklung
(2)
1. Nachtragsbericht
2. Ausblick
3. Forschungs- und
   Entwicklungsbericht
4. Segmentbericht

finest
FACTS

&

finest
FIGURES

fff
3. _ dürfen

WAS>

02.0
AUSSAGE /
BESTANDTEILE

- 1 -   - 4 -

- 2 -   - 5 -

- 3 -   - 6 -

Null Toleranz:
Ein Burger, der noch roh oder schon verbrannt ist, ist ein Fall für die Tonne. Alles andere ist ungesund.
Ein Geschäftsbericht, der den rechtlichen Vorschriften nicht entspricht, ist Papiermüll. Alles andere ist Gift für das Unternehmen.

AUSSAGE / BESTANDTEILE

>

Ein Hamburger kann eine Qual sein – oder ein kulinarisches Ereignis.
In jedem Fall gibt es einiges zu verdauen. Nicht anders geht es mit einem Geschäfts-
bericht: Nach drei Minuten bleiben entweder ein schaler Nachgeschmack oder
Lust auf mehr.

Auch Aufbau und Zusammensetzung ähneln sich frappierend:
Ein Hamburger ist ein Stück Kleingehacktes, handlich gemacht mit einem mehr
oder weniger pappigen Deckel oben und unten. Mehr Inhalt ist schon optional.
Ein Geschäftsbericht ist zunächst nicht mehr als ein handlich zwischen
zwei Pappen gebundener, in viele Einzelbeträge zerhackter Jahresabschluss
eines Unternehmens.

Für beide gilt: Das Fleisch muss gut sein. Appetitlich, mit Biss und lecker
im Detail. Woher die Zutaten stammen, welche Mischung wann die richtige ist,
wie sie beurteilt und in Form gebracht wird steht in diesem Kapitel:

Hackfleisch darf nie raw oder medium aufs Brötchen kommen, denn bleibt
es innen roh, kann es tödlich sein für die gesamte Kundenbeziehung.
Außerdem gilt: kein Burger ohne Brötchen, kein Report ohne Pflichtbestandteile.
Was dazu gehört, steht auf den kommenden Seiten, genauso wie das, was nicht
sein muss, aber sein sollte.

Denn es kommt auf vieles an, um einen Bericht zu machen, der nicht nur
Zahlen kommuniziert, sondern Inhalte.

Das Wichtigste dabei ist, die Kernaussage zu definieren. Sie liefert den Maß-
stab für alles Weitere, sie macht den Report erst zur Premium-Kommuni-
kationsmaßnahme – und sie ist Chefsache. Wenn zu Beginn nur die Hilfsköche
agieren, kommt das fertige Menü meist in die Tonne statt auf den Tisch: Mit
der falschen Botschaft als Basis kann kein Konzept überzeugen.

THOUGH THIS BE MADNESS, YET THERE'S METHOD IN.
SHAKESPEARE (HAMLET)

- k - 02.0[*]

FFF : ///////// / //// /////
_ _ WOLLEN, MÜSSEN, SOLLEN, KÖNNEN

WOLLEN, MÜSSEN, SOLLEN, KÖNNEN

* MEHR WERT AUF MEHRWERT LEGEN

Für den Lagebericht und Jahresabschluss incl. Anhang besteht Veröffentlichungspflicht nach verschiedenen Gesetzen, Vorschriften und Bilanzierungsregeln *(siehe S. 26 f.)*. Die dort beschriebenen Inhalte reichen aber bereits aus, um für Aufbereitung, Druck und Versand erhebliche Kosten für ein Unternehmen zu produzieren – und sie bringen nicht viel Neues. Dafür sorgt schon die Verpflichtung zur Ad-hoc-Publizität: Da das Management innerhalb von drei Tagen für das Unternehmen wichtige Ereignisse öffentlich kommunizieren muss, wird es häufig bereits die vor Erscheinen des Berichts vorliegenden vorläufigen Zahlen zur Unternehmensentwicklung veröffentlichen.

Viele Unternehmen wissen, dass die Art und Weise der Kommunikation mit den Anlegern einen wesentlichen Einfluss auf den Börsenwert hat. Je offener berichtet wird, desto größer ist das Vertrauen und desto eher wird in eine Firma investiert.

Deshalb nutzen die meisten Aktiengesellschaften die Form des Geschäftsberichts für die Pflichtinformation und deren grafische Aufarbeitung sowie Ergänzung um freiwillige Bestandteile.

Damit werden sie der Bedeutung des Geschäftsberichts für die »Financial Community« aus Aktionären, Analysten und institutionellen Anlegern besser gerecht: Das »Handelsblatt« hat ermittelt, dass für sie ein umfassender Geschäftsbericht die wichtigste »Investor Relations«-Maßnahme eines Unternehmens ist.

Das Geld dafür ist dann gut angelegt, wenn der Report nicht nur das Informationsbedürfnis des Markts befriedigt. Denn es geht um mehr: Neben den Aktionären sind Kunden, Lieferanten und Partner wichtige Zielgruppen für den Geschäftsbericht. Nirgendwo können sie sich besser über die wirtschaftliche Lage eines Unternehmens informieren, und nirgendwo hat das Unternehmen eine

fff .) -----   *

— bessere Möglichkeit, sich durch zusätzliche Informationen positiv und glaubwürdig darzustellen. Auch die Innenwirkung auf bestehende und potentielle Mitarbeiter ist zu beachten: Ein guter Geschäfts-bericht liegt zu Hause auf dem Küchentisch (»Schau, da arbeite ich!«) und ist Akquisebroschüre für neues Personal (»Da würde ich auch gerne arbeiten!«).

Insbesondere große Unternehmen setzen den Geschäftsbericht bewusst als prägendes Element für ihr Bild in der Öffentlichkeit ein – das Image eines Unternehmens kann hier von ihm selbst definiert werden und ist durch die Nähe zum testierten Pflichtteil des Reports glaubwürdiger als in der klassi-schen Werbung zu vermitteln (was es auch unbedingt sein sollte: Vertrauen ist das A und O der Finanz-kommunikation!). Gute Gründe also, um den Geschäftsbericht zum Imageträger auszubauen: Ein gut gemachter Geschäftsbericht kann nicht nur zu einer höheren Börsenbewertung führen; er ist wert-voll für das gesamte Unternehmen.

* WOLLEN

DIE ERSTE PFLICHT: WISSEN, WAS MAN WILL

Der Report ist das wichtigste Kommunikationsinstrument eines Unternehmens. Und transportiert die wichtigste Aussage des Unternehmens.

Leider fehlt es bei vielen Geschäftsberichten genau daran. Vor lauter Pflichtbestandteilen, kreativem Wunschdenken und Zeitnot wird schnell vergessen, dass es nur einen wirklichen Bewertungsmaßstab für einen Geschäftsbericht gibt:

Sagt er das aus, was das Unternehmen aussagen möchte?

Sachliche Korrektheit und fristgerechte Abwicklung sind das Handwerkszeug, Kreativität ist die Verpackung. Beides ist zunächst nicht relevant, denn nichts davon hat mit der Aussage zu tun. Und die ist Chefsache: die Vision des Managements. Die Unternehmensstrategie. Die Platzierung im Markt. Mit dieser Kernaussage beginnt alle Arbeit am Bericht. Und auf sie führt alle Arbeit hin.

DIE KEY MESSAGE IST SACHE DES KEY SPEAKERS

Chefsache heißt, dass alle Beteiligten Klarheit darüber haben müssen, was genau der Vorstand kommu-nizieren will. Gerade weil der Vorstandsvorsitzende Autor des Berichts und Motor seines Unter-nehmens ist, darf er die Definition der Kernaussage nicht anderen überlassen. Für das »Wie« der Kom-munikation gibt es Profis auf Unternehmens- und Agenturseite. Das »Was« definiert der CEO. Je eher das geschieht, desto weniger unnötige Arbeit entsteht, desto weniger stochern die Beteiligten im Nebel.

Für den IR-Manager, der seinem Vorstand möglichst viel Arbeit abnehmen möchte, ist es die beste Vorbereitung auf das erste Meeting, ein weißes Blatt Papier und einen Stift mitzunehmen – und sonst gar nichts. Jede Agentur ist gut beraten, ohne ein eindeutiges, klares und möglichst direktes Vorstands-briefing lieber ins Casino als an die Arbeit zu gehen: Die Gewinnchancen liegen dort höher, der »Stille-Post-Effekt« entfällt. Ein Briefing wird zwar punktgenau erfüllt, das Ergebnis aber dennoch vom Vorstand abgelehnt, weil bereits bei der Formulierung der Aufgabenstellung innerhalb des Unterneh-mens ein Missverständnis aufgetreten war. Das ist auch der Grund, warum ein Pitch meistens weder für ein Unternehmen noch für die Agenturen eine gute Wahl ist: Die Zeit des Vorstands und der IR-Manager für den Geschäftsbericht bleibt die gleiche, ob das Thema fünf Dienstleistern in aller Kürze oder nur einem, aber ausführlich erläutert wird. Auch die Agenturen investieren in einen Wettbewerb weniger Zeit als in einen Festauftrag. Doch Zeit muss sein: für eine punktgenaue Definition der Kern-aussage. Und ihr punktgenaues Kommunizieren.

-- US GAAP

-- IAS / IFRS

-- HGB

*(A)

Bilanz ist nicht gleich Bilanz

Im Wesentlichen werden zwei Regelwerke zur Rechnungslegung vorgeschrieben und angewandt, die international als Standards anerkannt werden und weltweit die Basis für die Börsenzulassung bilden: die IAS bzw. IFRS (International Accounting Standards bzw. International Financial Reporting Standards) und die US GAAP (United States Generally Accepted Accounting Principles).

In Deutschland gibt es die Grundpublizität gemäß dem HGB (Handelsgesetzbuch) in Verbindung mit weiteren Gesetzestexten (AktG, GmbHG, PublG, BilReG). Alle drei Regelwerke schreiben bestimmte Rechnungslegungsprinzipien vor, wobei die wesentlichen Zielsetzungen durchaus unterschiedlich sind – und die Ergebnisse entsprechend ganz erheblich voneinander abweichen können. Das wird am einfachsten dort erkennbar, wo etwa ein deutsches Unternehmen seine Rechnungslegung von HGB auf IFRS umstellt und dabei Pro-forma-Abschlüsse nach alter und neuer Bilanzierungsregel aufstellt: Da purzeln die Euromillionen munter durcheinander, und was im HGB einen herben Verlust ergibt, kann nach IFRS ein hübscher Gewinn sein. Es kommt eben auch bei den Zahlen auf die Sichtweise an, und die liegt bei einer IAS / IFRS-Bilanz auf der Vermittlung von Informationen für wirtschaftliche Entscheidungen, beim US GAAP auf der Aufbereitung für Anlageentscheidungen, und beim HGB stehen Gläubigerschutz und Kapitalerhaltung im Vordergrund. Seit der verbindlichen Einführung der DRS 15-Standards 2005 gleicht sich jedoch auch ein Abschluss nach HGB immer mehr den international üblichen Standards an. Für eine Indexaufnahme bei der Deutschen Börse ist ein Abschluss nach internationalen Regeln längst Pflicht.

— PFLICHT UND KÜR: INFORMATION UND IMAGE

In der Folge unterscheiden wir zwischen informationsorientierten und imageorientierten Bestandteilen des Geschäftsberichts. In einem sinnvoll konzipierten Geschäftsbericht verfolgen beide Teile dasselbe Ziel: die Kernaussage zu stützen. Im informationsorientierten Teil können die Pflichtinhalte mit Zusatzinformationen in Texten, Diagrammen und Charts verwoben werden. Durch die Ergänzung der Pflichtinhalte wird so die Fokussierung auf das gewünschte Hauptthema möglich. Der allgemeine Sprachgebrauch ist also nicht ganz korrekt, wenn er den gesamten Informationsteil als Pflichtteil bezeichnet. Die imageorientierten Bestandteile ergänzen die wirtschaftliche Sicht der Dinge um eine Geschichte, geben der Company ein Gesicht, regen zum Nachdenken und zur Beschäftigung an, kurz: Sie generieren den emotionalen Mehrwert, der eine Aktionärsinformation erst zur Gesamtsicht auf einen lebendigen Konzern werden lässt. Hier liegt der allgemeine Sprachgebrauch mit der Bezeichnung »Kürteil« also durchaus richtig. Dieses Kapitel widmet sich vor allem den Informationsbestandteilen. Kapitel 6 geht ausführlich auf die imageorientierten Teile ein.

* WAS MUSS IN EINEM GESCHÄFTSBERICHT STEHEN?

MÜSSEN: DIE PFLICHTBESTANDTEILE

Die grundlegende Struktur der meisten Berichte folgt einem mehr oder weniger festen Schema, das die vom HGB eingeforderten und durch die Art der Bilanzierung *(A) festgelegten Pflichtangaben in eine umfassendere Information einbettet. Dies ist nicht zuletzt dem Wettbewerb »Die besten Geschäftsberichte« des deutschen »manager magazin« zu verdanken, dessen umfassende inhaltliche Bewertungskriterien im deutschen Sprachraum Quasi-Standards manifestiert haben[1] *(siehe auch S. 296 ff. »das Olaf-Prinzip«).* Hinzu kommen die Contests des Schweizer Magazins »Bilanz« sowie »trend« in Österreich.

Wer von dieser Struktur abweicht, sollte gute Gründe haben, denn er entzieht sich damit bewusst der Vergleichbarkeit mit anderen Geschäftsberichten – und diese Vergleichbarkeit der Lage und Bilanzen von Unternehmen für den Aktionär ist ursprünglich Sinn und Zweck des Reports. Dabei sollte man nicht vergessen, dass nur ein sehr kleiner Prozentsatz der Leser eines Geschäftsberichts Bilanzfachleute sind. Der Anspruch an einen guten Geschäftsbericht liegt deshalb vor allem in seiner Verständlichkeit, zu der die Pflichtbestandteile allzu oft Gegenteiliges beitragen. Nicht von ungefähr empfiehlt die amerikanische Börsen- und Finanzmarktaufsicht SEC ganz offiziell, dass der Lagebericht eines Unternehmens von ausgewiesenen Kommunikationsfachleuten erstellt werden sollte (und damit gerade nicht von der Rechnungslegungsabteilung, wo er meistens entsteht). Dazu passt auch die Tatsache, dass das Vorwort des Vorstands, der am meisten gelesene Teil des Berichts, ein völlig freiwilliger Bestandteil ist – sowohl nach europäischem als auch nach amerikanischem Recht.

Literaturempfehlung > 1.) Baetge / Kirchhoff: Der Geschäftsbericht, Wien 1997 (Ueberreuter)

2.) Heisters / Leu: Geschäftsberichte richtig gestalten, Frankfurt 2004 (FAZ)

fff .) -----   *

* (A)

HGB § 264 Pflicht zur Aufstellung

(1) Die gesetzlichen Vertreter einer Kapitalgesellschaft haben den Jahresabschluss um einen Anhang zu erweitern, der mit der Bilanz und der Gewinn- und Verlustrechnung eine Einheit bildet, sowie einen Lagebericht aufzustellen. Der Jahresabschluss und der Lagebericht sind von den gesetzlichen Vertretern in den ersten drei Monaten des Geschäftsjahrs für das vergangene Geschäftsjahr aufzustellen. (...)

(2) Der Jahresabschluss der Kapitalgesellschaft hat unter Beachtung der Grundsätze ordnungsmäßiger Buchführung ein den tatsächlichen Verhältnissen entsprechendes Bild der Vermögens-, Finanz- und Ertragslage der Kapitalgesellschaft zu vermitteln. (...)

HGB § 265 Allgemeine Grundsätze für die Gliederung

(1) Die Form der Darstellung, insbesondere die Gliederung der aufeinander folgenden Bilanzen und Gewinn- und Verlustrechnungen, ist beizubehalten, soweit nicht in Ausnahmefällen wegen besonderer Umstände Abweichungen erforderlich sind. Die Abweichungen sind im Anhang anzugeben und zu begründen.

§ 289 Lagebericht (Fassung vom 13.7.2006)

(1) Im Lagebericht sind der Geschäftsverlauf einschließlich des Geschäftsergebnisses und die Lage der Kapitalgesellschaft so darzustellen, dass ein den tatsächlichen Verhältnissen entsprechendes Bild vermittelt wird. Er hat eine ausgewogene und umfassende, dem Umfang und der Komplexität der Geschäftstätigkeit entsprechende Analyse des Geschäftsverlaufs und der Lage der Gesellschaft zu enthalten. (...). Ferner ist im Lagebericht die voraussichtliche Entwicklung mit ihren wesentlichen Chancen und Risiken zu beurteilen und zu erläutern; (...)

(2) Der Lagebericht soll auch eingehen auf:

1. Vorgänge von besonderer Bedeutung, die nach dem Schluss des Geschäftsjahrs eingetreten sind;

2. die Risikomanagementziele und -methoden der Gesellschaft (...)

3. den Bereich Forschung und Entwicklung;

4. bestehende Zweigniederlassungen der Gesellschaft;

5. die Grundzüge des Vergütungssystems der Gesellschaft (...)

GESCHÄFTSBERICHTE: GESETZLICHE GRUNDLAGEN: HGB IN DEUTSCHLAND

In Deutschland ergibt sich die Pflicht zur Veröffentlichung eines Geschäftsberichts aus dem Handelsgesetzbuch (HGB), §§ 264–289. Daneben greifen Regelungen des Aktiengesetzes und des Wertpapierhandelsgesetzes *(A) sowie die Regeln des Deutschen Reporting Standards 15 (DRS15).

RELEVANT FÜR EUROPA: RECHNUNGSLEGUNG IN DEN USA

**(B)

Pflicht-Inhalte amerikanischer Reports

¬ Beschreibung von Unternehmenszweck und Tätigkeitsfeld

¬ Benennung von Vorstand und Aufsichtsrat mit Tätigkeitsfeldern, Gesamtgehalt und Aktienbesitz

¬ Bericht des Managements mit Analyse der finanziellen Situation des Unternehmens und der Ergebnisse bezogen auf die letzten drei Jahre (Lagebericht)

¬ Risikobericht und Marktentwicklung

¬ Aktienentwicklung über zwei Jahre sowie Hauptversammlungsbeschlüsse

¬ Fünfjahresübersicht der wichtigsten Finanz-Kennzahlen absolut und pro Aktie

¬ testierte Bilanz, Gewinn- und Verlustrechnung sowie Kapitalflussrechnung und Eigenkapitalveränderungsrechnung jeweils im Zwei- bzw. Dreijahresvergleich

¬ Anhang mit Testat des Wirtschaftsprüfers, bei Wechsel des Wirtschaftsprüfers mit Begründung

¬ Kosten des Geschäftsberichts bzw. der Prüfung

Dem New Yorker Börsengang von Daimler-Benz im Jahr 1993 folgten bald weitere amerikanische Notierungen deutscher Unternehmen. Um den hohen Aufwand einer dualen Rechnungslegung nach HGB und nach amerikanischem Recht zu vermeiden, muss ein Unternehmen, das nach US-GAAP bzw. IAS / IFRS bilanziert, inzwischen nur noch die Unterschiede zu einem HGB-Abschluss erläutern. Für den Prime Standard der deutschen Börse ist die Rechnungslegung nach internationalen Grundsätzen sogar Pflicht, weshalb sich der Inhalt vieler deutscher Reports heute nach US-Recht richtet.

GESCHÄFTSBERICHTE: GESETZLICHE GRUNDLAGEN: SEC IN DEN USA

Die direkt vom Präsidenten der Vereinigten Staaten eingesetzte U.S. Securities and Exchange Commission, kurz SEC (www.sec.gov), wacht über die Einhaltung formaler Kriterien in der Geschäftswelt. Ihr zweites Aufgabenfeld neben der Kontrolle von Formen, Fristen, Veränderungen und Abschlüssen aller Unternehmen mit mehr als 10 Millionen US$ Umsatz und mehr als 500 Mitarbeitern ist die Sicherstellung des öffentlichen Zugangs zu diesen Informationen. Folgerichtig wurde bis 1996 konsequent auf eine elektronische Datensammlung umgestellt. Im EDGAR-System auf der Website der SEC können sämtliche Reports aller an US-Börsen notierten Unternehmen und zahlreiche weitere Informationen vollständig von jedermann kostenfrei eingesehen werden.

Zur Standardisierung des riesigen Datenvolumens dient eine bereits durch den »Securities Exchange Act of 1934« festgelegte Form zur Berichterstattung. Diese »Form 10-K« (für ausländische Konzerne »Form 20-F«) lässt sich als pdf-Datei aus dem Internet mit Tickboxen und ausfüllbaren Leerzeilen ganz einfach herunterladen und muss binnen 90 Tagen nach Geschäftsjahresende ausgefüllt und testiert wieder auf den Server gestellt werden. So einfach kann das Erstellen eines »Geschäftsberichts« sein! Der Haken dabei: Ebenso pragmatisch weist die SEC auf dem Formular darauf hin, dass die durchschnittliche Bearbeitungszeit des elfseitigen Dokuments bei genau 2.196 Stunden liegt ... Das Ausfüllen des Formulars ist Pflicht. Der entscheidenden Vorteil gegenüber den europäischen Berichten: Der gedruckte Geschäftsbericht muss für US-Unternehmen außer einer Kurzbilanz keine Daten mehr enthalten, die in der Form 10-K bereits veröffentlicht sind **(B). Das erklärt, warum amerikanische Berichte im Auftreten, Format und Umfang fast reine Imagebroschüren geworden sind.

FFF : ///////// / //// /////

* MÜSSEN, SOLLEN, KÖNNEN: DER AUFBAU EINES TYPISCHEN GESCHÄFTSBERICHTS

Wie ist ein Geschäftsbericht aufgebaut? Was sind die den reinen Pflichtteil ergänzenden optionalen Bestandteile, was wird als Standardbestandteil erwartet, obwohl es dafür keine rechtliche Verpflichtung gibt?

In der Folge wird der klassische Aufbau eines Berichts im Überblick beschrieben. Auf viele der genannten Teile wird aus grafischer Sicht mit vielen Beispielen in den Kapiteln 5 und 6 eingegangen. Während die Gliederung des Abschlusses und Anhangs gesetzlich vorgeschrieben ist, gibt es für den Aufbau des gesamten Berichts keine fixen Vorgaben. Die meisten Reports orientieren sich dennoch am geschilderten Schema, wobei vor allem die Position des Imageteils variieren kann, ebenso die der Kennzahlenübersichten, des Aktienkapitels und des Aufsichtsratsberichts.
Die einzelnen Teile sind jeweils gekennzeichnet.

MUSS   ---- PFLICHT

SOLL   ---- WIRD ERWARTET

KANN   ---- NICE TO HAVE

SOLL   UMSCHLAGSEITEN > TITEL

Für den Titel eines Berichts gibt es keinerlei zwingende Vorschriften. Vom vollständigen Freilassen bis zur Nutzung als Inhaltsverzeichnis ist alles möglich. Üblicherweise wird wie in der Belletristik verfahren: Nennung von Autor, Gattung (in diesem Fall nicht »Dokumentation«, »Science Fiction« oder »Krimi«, sondern alles zusammen: »Geschäftsbericht 200X«) und Titel (mit Verweis auf das Hauptthema). Dazu ein attraktives Bild bzw. eine illustrative, grafische oder typografische Umsetzung. In Kapitel 6.2, S. 174 ff. wird ausführlich auf Möglichkeiten der Titelgestaltung eingegangen.

SOLL   UMSCHLAGSEITEN > KENNZAHLENÜBERSICHT

Viele Unternehmen verwenden sechs- oder achtseitige Umschläge mit Ausklappseiten für die prominente Platzierung übergreifender Informationen. Im Prinzip werden die Umschlagklappen so genutzt wie beim klassischen Roman-Schutzumschlag: eine appetitanregende Zusammenfassung des Inhalts und eine prägnante Beschreibung des Autors.

Meist geschieht dies durch eine Übersicht über die wichtigsten Zahlen und Daten des Jahresabschlusses auf der U3, damit während des Lesens im Bericht alle wichtigen Daten neben dem Text präsent sind. Andere halten wenig vom »Verstecken« der Kennzahlen auf der Klappen-Innenseite und präsentieren sie auf der U2. Im Ergebnis verschwinden dadurch die Zahlen während des Lesens im Report hinter allen anderen Seiten. Eine sinnvolle Lösung ist deshalb die Platzierung auf der U3, aber mit einem deutlichen Hinweis darauf auf der U2 – oft auch in Form einer Stanzung.

Eine Kennzahlenübersicht ist kein Pflichtbestandteil, aber neben dem Vorwort des Vorstands die am häufigsten beachtete Seite eines Geschäftsberichts. Das Handelsgesetzbuch schreibt den Vergleich von aktuellen Zahlen mit denen des Vorjahres zwingend vor. Viele Unternehmen stellen darüber hinaus Fünf- oder Zehnjahresübersichten zum Teil in separaten Tabellen auf. Daneben werden auf den Umschlagseiten oft die wichtigsten Kennzahlen zusätzlich in Diagrammform aufbereitet (z. B. Umsatz- und Ergebnisentwicklung, Mitarbeiter, Umsatz nach Geschäftsfeldern, Ergebnis je Aktie).
Beispiele > siehe S. 96 ff.

U1

U2

U3   U4

U5   U6

U7

U8

fff .) - - - - -

*

FFF : ///////// / //// /////

> der aufbau des reports

KANN **UMSCHLAGSEITEN > MISSION STATEMENT**
— Die innere Klappenvorderseite (U2) lässt sich gut dazu nutzen, die wichtigsten Unternehmenswerte,
— ein Mission Statement oder grundlegende Gedanken zum Imagekonzept des Berichts prominent zu
— platzieren.

SOLL **INHALTSVERZEICHNIS**
— Dem Inhaltsverzeichnis fällt eine schwere Aufgabe zu: Es soll eine schnelle Orientierung ermöglichen
— und dabei alle wesentlichen Bestandteile auflisten – bei zum Teil über 200 Seiten in der Folge kein
— leichtes Unterfangen. Außerdem soll es auf der ersten Inhaltsseite gut aussehen und Lust zum Lesen
— machen. Sinnvoll ist deshalb die Aufteilung in ein Verzeichnis für den ersten Teil und eines für Jahres-
— abschluss incl. Anhang, auf das vorne nur mit einer Seitenzahl verwiesen wird. So bleibt für beides
— mehr Raum; unterschiedliche Lesergruppen finden sich schneller zurecht und eine Überfrachtung der
— Startseite wird vermieden. Einige sehr umfangreiche Berichte leiten jedes Kapitel mit einer eigenen
— Inhaltsübersicht ein.
— Weitere Orientierungsmerkmale wie ein Farbleitsystem, gestanzte Register oder Trennseiten
— aus festerem Material erleichtern die Navigation und können erläuternd ins Inhaltsverzeichnis einge-
— bunden werden. *Beispiele > siehe S. 76 ff. (Inhaltsverzeichnisse) und 146 ff. (Register)*

SOLL **BRIEF DES VORSTANDS**
— Der am häufigsten (und oft der einzige) gelesene Bestandteil eines Berichts ist das Vorwort des
— Vorstands, auch »Brief an die Aktionäre« genannt. Er ist kein Pflichtbestandteil, verbindet aber die
— zwei kommunikativen Hauptziele in einem konsumierbaren Bissen. Erwartet wird die zusammen-
— gefasste Information über den Jahresverlauf und Ausblick sowie die Emotionalisierung und Personali-
— sierung dieses Inhalts. Ein Unternehmen ist eine anonyme Masse, der Vorstandsvorsitzende (CEO,
— Chief Executive Officer) ist es nicht. Deshalb gehören ein aktuelles, möglichst dialogorientiertes Foto
— sowie eine handschriftliche Begrüßungszeile und in jedem Fall eine gut reproduzierte Unterschrift
— zum guten Ton. Je nach Führungsstil kann das den gesamten Vorstand betreffen, doch je mehr Men-
— schen kommunizieren, desto weniger wird dies als persönliche Ansprache wahrgenommen.
— Der persönliche Charakter kann durch Typografie (kein Mensch schreibt zweispaltige Briefe) und
— Materialauswahl (z. B. durch Einbindung eines Vorstands-Briefpapiers) zusätzlich verstärkt werden.
— Im Text sollte auf eine direkte Ansprache und die Herausstellung persönlicher Sichtweisen und Verant-
— wortung geachtet werden. *Beispiele > siehe S. 80 ff. (Vorworttypografie)*

SOLL **VORSTELLUNG DES MANAGEMENTS**
— Ein zusätzliches Element der persönlichen Bindung ist die Vorstellung der weiteren Vorstands-
— mitglieder in Bild und Text, mit Angaben zur Person und zur Funktion. Hier gilt: je persönlicher und
— lebendiger der Auftritt, desto besser die Wirkung. Die meisten Vorstellungsseiten haben dennoch
— eher den Charakter von Fahndungsaufrufen oder Ahnengalerien.
— Weil die Ämter und Tätigkeitsbereiche eines Vorstands (Aufsichtsratsmandate, Geschäftsführung
— von Tochterunternehmen etc.) ohnehin im Anhang aufgeführt werden müssen, kann an dieser Stelle
— darauf verzichtet werden. *Beispiele > siehe S. 124 ff. (Managementfotos)*

FFF : //////// / //// /////

MUSS*   CORPORATE GOVERNANCE

— Common Sense der Investoren, common Horror des Managements: Der seit 2002 geltende und 2006
— überarbeitete Kodex soll deutsche Unternehmen für internationale Investoren attraktiver machen. Dort
— wird die mangelnde Transparenz der Führung und die Stellung der Aufsichtsräte in Deutschland sowie
— die mangelnde Ausrichtung auf Aktionärsinteressen kritisiert.
—   Der Codex (http://www.corporate-governance-code.de) beinhaltet zahlreiche Vorschriften, die u. a.
— darauf hinauslaufen, dass deutsche Unternehmen unter Beibehaltung einiger durch das HGB bedingter
— Eigenheiten so kommunizieren, wie es international üblich ist – inklusive der Rechnungslegung.
—   Die Gesellschaften können hiervon abweichen, sind dann aber verpflichtet, jeden Einzelfall im
— Geschäftsbericht offen zu legen. Dies ermöglicht zwar die Berücksichtigung spezifischer Bedürfnisse,
— brandmarkt aber auch die Geheimniskrämer. Große Unternehmen mit internationalen Investoren
— können sich ein Umgehen der Empfehlungen deshalb kaum leisten, dennoch setzen nicht alle den
— gesamten Kodex um. Bei den kritischen Punkten geht es um das deutsche Verhältnis zum Erfolg. Wer
— in den USA viel Geld verdient, gilt als Vorbild. Wer in Deutschland viel Geld verdient, gilt als Abzocker.
— Da kommt der Kodex gerade recht, in dem es u. a. heißt: *» Die Gesamtvergütung jedes Vorstandsmit-*
— *glieds wird, aufgeteilt nach erfolgsunabhängigen, erfolgsbezogenen und Komponenten mit langfristi-*
— *ger Anreizwirkung, unter Namensnennung offengelegt (...)«*
—   Der Deutsche redet nicht über Geld. Schon gar nicht über sein Gehalt. Und erst recht nicht über
— dessen genaue Zusammensetzung. Wenn er Vorstand ist und es trotzdem nicht tut, muss er das im In-
— land öffentlich zugeben und gilt im Ausland als Lachnummer. Wenn er es tut, zieht er sich im Inland
— den Zorn des kleinen Mannes zu und gilt im Ausland unter Kollegen als armer Schlucker.
— Gerhard Cromme hat sich bei seinen Kollegen nicht eben beliebt gemacht – auch wenn er Recht hat.
— Weil sich aber Mentalitäten nicht so schnell ändern, werden auch die schönsten Geschäftsberichte
— noch auf Jahre hinaus einen kleinen, schmutzigen Fleck auf ihrer weißen Weste haben, der da heißt:
— *»Folgende Empfehlungen des Corporate Governance Codex wurden nicht umgesetzt: ...«.*

SOLL   BERICHT DES AUFSICHTSRATS

— Der am wenigsten beachtete Teil des Reports – meist nicht mehr als eine Ansammlung von Floskeln,
— die besagt, dass man seinen Pflichten nachgekommen ist, mehrfach getagt hat und dem Management
— kritisch und wohlwollend zur Seite stand. Auch hier sollte versucht werden, mit den Mitteln der Perso-
— nalisierung vertrauensbildend zu arbeiten: Foto und Unterschrift des Aufsichtsratsvorsitzenden sind
— das Minimum. Manchmal gehören dem Aufsichtsrat nicht nur ehemalige Vorstände an, die dort heim-
— lich weiterregieren (bestes Zeichen dafür: die Platzierung vor dem Vorwort des Vorstands) oder ihr
— Gnadenbrot erhalten, sondern auch klingende Namen aus Wirtschaft und Öffentlichkeit.
—   Je nach Rechtsform können auch Verwaltungsrat, Beirat oder andere Gremien mit einem Vorwort
— im Bericht vertreten sein.

KANN   STRATEGIE

— Immer häufiger zu sehen: ein separates Kapitel widmet sich außerhalb des streng geregelten Lagebe-
— richts den wesentlichen strategischen Aussagen des Konzerns und informiert kompakt über die mittel-
— und langfristigen Ziele des Unternehmens.

*) Die Veröffentlichung der Entsprechenserklärung zum Corporate Governance Codex ist nur im Internet verpflichtend.

fff .) -----   *

FFF : ///////// / //// /////

> der aufbau des reports

SOLL   IMAGETEIL

— Ein guter Geschäftsbericht hat etwas zu erzählen: Er hat eine Story, die sich als roter Faden durch
— den Report zieht und die Kernaussage trägt. Einige Berichte integrieren das in den Lagebericht, was
— aber die Kreativansätze ganz erheblich einschränkt, denn der Lagebericht ist eine rechtsverbindliche
— Unternehmensäußerung, für die der Vorstand zur Verantwortung gezogen werden kann.
—   Üblicherweise werden Image-Kommunikationsbestandteile als Themenblock bzw. Bildstrecke ganz
— an den Anfang des Berichts oder aber vor den Lagebericht gestellt – wie ein Magazin im Magazin.
— In manchen Berichten sind sie sogar physisch getrennt und kommen als separate Broschüre daher.
— Gerne werden Bildseiten auch als Trennseiten zwischen den sonstigen Kapiteln des Berichts eingesetzt.
— Vorgaben gibt es keine, die kreativen Möglichkeiten sind unendlich und die Auswirkungen auf die Ge-
— samtwirkung des Reports entscheidend. *(Dieses Buch widmet den Imageteilen sein umfangreichstes Kapi-*
— *tel ab Seite 167. Auf den Seiten 190 bis 273 werden konzeptionelle Ansätze nach Themen gegliedert vorgestellt.)*

KANN   HIGHLIGHTS

— Hilfreich für den Schnell-Leser: eine Doppelseite mit den Highlights des abgelaufenen Geschäftsjahres.

MUSS   LAGEBERICHT

— Der Lagebericht ist das Herzstück des Berichts. Er gibt verbindlich darüber Auskunft, wie sich das
— Unternehmen entwickelt hat und wie das Management diese Entwicklung interpretiert. In diesem Sinne
— ist er Pflichtbestandteil, meistens außerdem mit weiteren Informationen, dem »Zusatzbericht« durch-
— zogen und garniert. 100 Seiten und mehr können da schnell zusammenkommen. Es gibt aber
— auch Reports, die den Lagebericht auf drei Seiten unterbringen – das ist auch eine Aussage zur Wert-
— schätzung der Aktionäre. Der Optimalfall liegt irgendwo dazwischen – relevante Informationen
— verständlich und strukturiert aufbereitet, mit der Möglichkeit zur Vertiefung dort, wo es Sinn macht.
—   Wenn sich die Firma nicht nur als eine einzelne AG, sondern als Konzern mit konsolidierten (in die
— Bilanz mit eingerechneten) Tochterunternehmen organisiert hat, muss sie einen Lagebericht und einen
— Konzernlagebericht erstellen. Werden die gleichen Bilanzierungsgrundsätze angelegt, können die
— Berichte auch zusammengefasst werden. Nicht selten bilanzieren deutsche Unternehmen im Einzelab-
— schluss jedoch nach HGB und für den börsennotierten Konzern nach IAS oder US-GAAP – dann führt
— kein Weg an zwei Berichten vorbei, selbst wenn diese sehr ähnliche Informationen enthalten. Nach
— größeren Bilanzfälschungsskandalen regelte der Deutsche Standardisierungsrat in den *Deutschen*
— *Reporting Standards (DRS) 15* den Aufbau des Lageberichts ab 2005 verbindlich für alle Unternehmen.
— Er schreibt in Ergänzung zum HGB die nachhaltige Wertschöpfung als zentrale Unternehmensaufgabe
— fest und fordert Aussagen über die zukünftige Entwicklung, Risiken und Chancen für zwei Jahre ein.
— Das ist gut für die Aktionäre und gut für die Druckindustrie: Die Umfänge vieler Geschäftsberichte sind
— seit 2005 um rund 10% gestiegen.

— Der Lagebericht nach DRS 15 muss folgende Themen umfassen:
— *Geschäfts- und Rahmenbedingungen*
— Eine Darstellung des Unternehmens und der Rahmenbedingungen als Ausgangspunkt der Analyse des
— Geschäftsverlaufs und der wirtschaftlichen Lage. Dazu gehören Organisation, Entwicklung von Markt
— und Wettbewerb im Vergleich zur Unternehmensentwicklung sowie Forschung und Entwicklung.

FFF : ///////// / //// /////

Ertrags-, Finanz- und Vermögenslage

Der Hauptteil: Die Ergebnis- und Umsatzentwicklung werden ausführlich im Zusammenhang mit allen wesentlichen Veränderungen im Unternehmen erläutert und in Bezug zu den Vorjahren gesetzt. Die Grundsätze des Finanzmanagements und die Kapitalstruktur werden dargestellt, eine Investitions- und Liquiditätsanalyse vorgenommen sowie die Vermögenslage aufgezeigt. Diagramme und Charts helfen dabei, den Text zu strukturieren und Entwicklungen zu verdeutlichen.

Segmentbericht

Wenn ein Unternehmen in Geschäftsfelder aufgeteilt ist, müssen deren Ergebnisse separat dargestellt werden. Außerdem wird eine Aufsplittung nach Regionen verlangt (Inlands-/Auslandsumsatz etc.).

Nachtragsbericht

Gibt Auskunft über wichtige Veränderungen im Unternehmen nach Abschluss des Geschäftsjahres, über das berichtet wird. Auch wenn nichts passiert ist, muss das ausdrücklich gesagt werden.

Risikobericht

Der Risikobericht gibt umfassend Auskunft über alle Einschränkungen, denen die Company ausgesetzt sein kann und die die Entscheidungen der Adressaten beeinflussen könnten. Nachdem die ersten Börsenstars des Neuen Markts bis zur letzten Minute strahlend in den Untergang segelten, wurden die Bestimmungen zum Risikobericht deutlich ausgeweitet. Wer hier ausführlich liest, muss starke Nerven haben, um Aktionär zu bleiben, denn das Leben am Markt ist wild und gefährlich.

Prognosebericht

Der Ausblick soll so konkret wie möglich darüber informieren, welche Chancen und Risiken das Management für die Entwicklung mindestens der nächsten zwei Jahre sieht. Deshalb ist dieser Teil für die Aktionäre der interessanteste und für den Vorstand der schwierigste – denn auf hier genannte Prognosen wird er gnadenlos festgelegt: von den Aktionären, von den Analysten und natürlich auch von der Konkurrenz, weshalb viele AGs sich hier bedeckt halten.

SOLL   **AKTIE UND WERTMANAGEMENT**

Diese Seiten im Geschäftsbericht gehören der Investor-Relations-Abteilung: Neben dem Aktienkurs und Kennzahlen zur Aktie wird Rechenschaft über die Beziehungen zu den Aktionären abgelegt. Hat sich das Unternehmen aktiv um seine Aktie und um seine Anteilseigner gekümmert? War der Vorstand bei Analystenmeetings im In- und Ausland gefragter Gesprächspartner? Wie agiert das Unternehmen in der Finanzmarktkommunikation über den Geschäftsbericht hinaus? Daneben informiert dieses Kapitel über die Struktur der Anteilseigner und über den Aktienbesitz der Organe des Unternehmens.

Beispiele > siehe S. 110 f.

SOLL   **MITARBEITER**

Keine Pflicht, aber guter Ton – schließlich sind die Mitarbeiter eine der wichtigsten Zielgruppen des Geschäftsberichts. Von der Minimalversion (Zahl der Mitarbeiter im Vergleich zum Vorjahr) bis zur Maximalversion (ausführliche Schilderung von Tätigkeitsbereichen, Porträts, Personalentwicklungsmaßnahmen, Weiterbildungsmöglichkeiten etc.) ist alles möglich. Ein beliebter Aufhänger auch für den Imageteil – denn wer vertritt eine Firma besser als ihre Beschäftigten? *(Siehe auch S. 240 ff.)*

MUSS   **JAHRESABSCHLUSS UND BILANZ**

Der Zahlenteil: Er enthält die je nach Rechnungslegungssystem vorgeschriebenen Abrechnungen, von der Bilanz über die Gewinn- und Verlustrechnung zur Kapitalflussrechnung und Eigenkapital-

FFF : ///////// / //// /////

> der aufbau des reports

— veränderungsrechnung. Auf die einzelnen Tabellenformen wird im Kapitel 5.3 ab S. 84 ausführlich
— eingegangen.

— *Wichtig:* Ein deutlicher Hinweis, nach welchem Verfahren bilanziert wurde.
— *Gerne vergessen:* In den Tabellen müssen Hinweise auf Erläuterungen im Anhang enthalten sein.

MUSS   ANHANG
— Der Anhang erläutert als Teil des Jahresabschlusses die Bilanz sowie Gewinn- und Verlustrechnung im
— Detail mit umfangreichen Zusatzangaben und Tabellen, die oft kaum auf einer Doppelseite Platz finden.
— Gliederung und Struktur sind bindend. Den Wirtschaftsprüfern bleibt hier sehr wenig Spielraum, auch
— wenn kleinere Verschiebungen zu Gunsten eines übersichtlicheren Layouts durchaus denkbar sind.
— Auch hierzu finden sich im Kapitel 5.3 Beispiele und Erläuterungen.

MUSS   BESTÄTIGUNSGVERMERKE
— Die Testate der Wirtschaftsprüfer müssen im Geschäftsbericht vollständig abgedruckt sein. Auch sie
— können Aufschluss darüber geben, ob es irgendwelche Einschränkungen gibt, die die Rechtmäßigkeit
— des Abschlusses in Frage stellen könnten – denn wenn es sie gibt und sie nicht kommuniziert werden,
— haftet der Wirtschaftsprüfer. In aller Regel wird man jedoch die üblichen Standardformulierungen
— vorfinden: Bevor ein Unternehmen einen nicht uneingeschränkt testierten Bericht veröffentlicht, zahlt
— es lieber die Strafen für eine verspätete Veröffentlichung und bereinigt den Ärger.

SOLL   FINANZKALENDER
— Eine kurze Auflistung der wichtigsten Termine für das neue Geschäftsjahr – von der Vorlage der
— Quartalsberichte bis zur Hauptversammlung und nächsten Bilanzpressekonferenz. Der Finanzkalender
— findet sich meistens ganz am Ende des Berichts.

SOLL   ORGANIGRAMM
— Die meisten börsennotierten Unternehmen haben eine komplexe Firmenstruktur mit diversen
— Niederlassungen und Beteiligungen. Die hintere Umschlagklappe, falls vorhanden, wird oft zu ihrer
— ausführlichen grafischen Darstellung verwendet.

KANN   GLOSSAR
— Eine Erläuterung der verwendeten Fachbegriffe aus der Branche und aus der Finanzkommunikation
— hilft, den Bericht auch als Laie besser zu verstehen. Und das sind die meisten Leser.
— Auch ab Seite 302 dieses Buches finden sich entsprechende Register zu Design bzw. Herstellung und
— zu Begriffen und Abkürzungen aus der Finanzwelt.

MUSS   IMPRESSUM
— Ein Herausgeber muss wie in jeder Druckschrift genannt werden; Web-Adresse, Ansprechpartner,
— E-Mail-Kontakte und Verweise auf Fremdsprachenversionen sind Standard. Daneben sollte Platz für
— die Nennung der wichtigsten Beteiligten sein: Agentur, Fotografen, Druckerei etc. Auch das eine oder
— andere Dankeschön kann Platz finden – hier muss sich ein Geschäftsbericht nicht von anderen
— Publikationen unterscheiden. Schön für die Grafiker unter den Lesern ist die Angabe von Papiersorten,
— Schrifttypen und Druckverfahren.

EVERYBODY'S DARLING

DIE ZIELGRUPPEN : ////////// / //// /////

fff
1. _ analysten und investoren

fff
2. _ presse und öffentlichkeit

fff
3. _ kunden und mitarbeiter

WER>

03.0
ZIELGRUPPEN /
ABSENDER

JEDEM DAS SEINE.

_ _ ZIELGRUPPENORIENTIERTE KOMMUNIKATION

Wer einen Menschen erreichen will, muss seine Sprache sprechen.
Nicht einfach bei nur einem Medium, aber ganz unterschiedlichen Zielgruppen.
Oberste Grundsätze in der Finanzmarktkommunikation sind deshalb Offenheit, Ehrlichkeit und Klarheit.

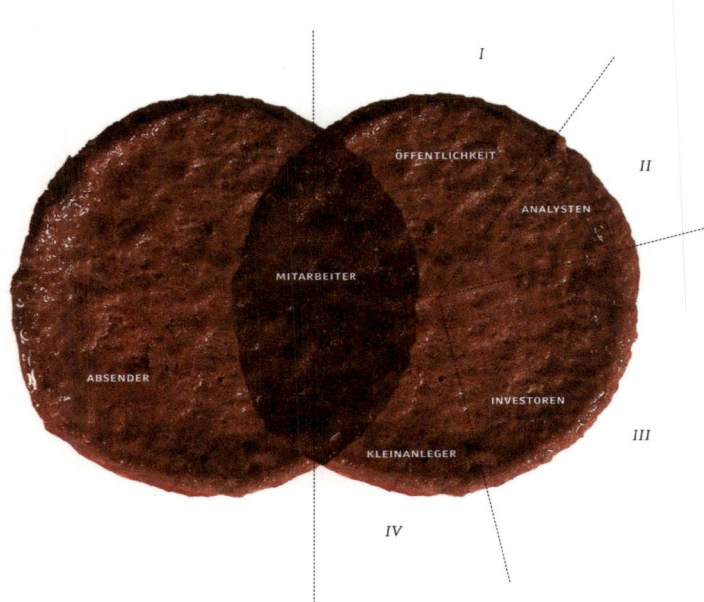

ZIELGRUPPEN / ABSENDER

>

Wer ein Restaurant eröffnet, sollte nicht nur eine Vorstellung davon haben, was er anbieten möchte – sondern vor allem: Wem.

Denn danach richten sich Lage, Öffnungszeiten, Innenausstattung, Personal und Speisekarte, kurz, der gesamte Betrieb. Trifft nur einer dieser Faktoren nicht den Geschmack der gewünschten Kundschaft, bleibt sie aus. Stattdessen kommen keine oder, manchmal noch schlimmer, die falschen Gäste.

Ähnlich fatal wie ein Punkertreff im Gourmetlokal ist ein Geschäftsbericht, dessen detaillierte Angaben über Wohl und Wehe so formuliert und gestaltet sind, dass sie die Konkurrenz sehr, die Analysten und Investoren aber überhaupt nicht interessieren. Beim einen bleibt der Wein im Keller, beim zweiten der Aktienkurs. Erfolgreich kommunizieren heißt gerade auch im Geschäftsbericht, primäre und sekundäre Zielgruppen möglichst exakt zu definieren und punktgenau anzusprechen.

Genauso wichtig ist das Verständnis der Macher untereinander. Wer an einem Report arbeitet, hat ständig mit Leuten zu tun, die irgendetwas ganz genau wissen wollen oder alles sowieso viel besser wissen. Da ist es gut zu definieren, welche wie ausgebildeten Köche was kochen sollen und dürfen, und vorherzusehen, welche wo den Brei verderben könnten.

Das dritte Kapitel beleuchtet deshalb einerseits die Fokussierung des Geschäftsberichtes auf mögliche Zielgruppen nebst Nebenwirkungen, andererseits liefert es eine Kurzcharakteristik der Protagonisten auf Dienstleister- und Unternehmensseite.

OMNIUM RERUM HOMO MENSURA EST *

PROTAGORAS

* der mensch ist das maß aller dinge

- k - 03.0*

FFF : //////// / //// /////
__ ADRESSATEN, AUTOREN UND ANDERE

WELCHE SPRACHE SPRICHT WELCHE ZIELGRUPPE?

Wer Menschen erreichen möchte, muss ihre Sprache sprechen.
Unterschiedliche Zielgruppen reagieren auf dieselben Informationen unterschiedlich.
Oder sie reagieren überhaupt nicht, weil die Tonalität nicht stimmt.

EIN BEISPIEL:

Die Prognosen eines Unternehmens sind aufgrund einer Panne bei einem Großauftrag nicht erreicht worden.

In einem auf Investoren und Analysten ausgerichteten Geschäftsbericht heißt es dazu:

»Aufgrund eines außerplanmäßigen Vorkommens im technischen Bereich hat es spürbare Einmaleffekte beim EBITDA sowie in der Folge leicht vermindert auch beim EBIT gegeben, ebenso musste die Umsatzplanung nach unten revidiert werden. Die Mittelfristprognosen sind davon jedoch nicht betroffen; es ergibt sich lediglich eine Ertragsverschiebung ins erste Quartal des nächsten Geschäftsjahres. Zur Deckung des erhöhten Liquiditätsbedarfs im Rahmen der Kompensationsbemühungen gegenüber unseren Vertragspartnern war die Aufnahme von kurzfristigen Verbindlichkeiten notwendig, die in den Folgemonaten vollständig zurückgeführt werden.«

In einem auf die brancheninteressierte Öffentlichkeit und auf Kunden ausgerichteten Geschäftsbericht heißt es dazu:

»Unser Unternehmen ist für seine hochinnovativen Produktionsverfahren bekannt. Kleinere Störungen im Projektverlauf sind dabei trotz optimaler Planung nie ganz auszuschließen; die wertvollen Erkenntnisse in Pilotphasen kommen dabei der Prozesskettenoptimierung unmittelbar zugute. Im vorliegenden Fall kam es bei einem neuartigen Bauteil unter Volllast zu Fehlfunktionen, die in

fff.) ----- *

— der intensiven Testphase nicht absehbar waren und zu temporären Auswirkungen auf die laufende
— Produktion führten, was auch Einfluss auf Umsatz und Ergebnis hatte. Die Mängel wurden jedoch voll-
— ständig behoben. Die Analyse der Ursachen hat zu einer weiteren, signifikanten Verbesserung unseres
— Produkts geführt und unsere Position als Technologieführer im Markt nachhaltig gefestigt.«

In einem auf die eigene Belegschaft abzielenden Geschäftsbericht heißt es dazu:
»Wo viel gearbeitet wird, werden auch Fehler gemacht. Wichtig ist es dabei stets, die Fehler zu er-
— kennen, sie zu beheben und daran zu wachsen. Der unerwartete Ausfall der Druckgussanlage im Werk
— 11 hat uns zwar kurzfristig Probleme bereitet, die sich auch auf die Geschäftsergebnisse ausgewirkt
— haben. Er hat aber auch gezeigt, wie mit vereinten Kräften und großem, unermüdlichen Einsatz aller
— Beteiligten eine schwierige Situation gemeistert werden kann. Aus der dreiwöchigen Reparaturphase
— ist unser Team weiter gestärkt hervorgegangen. Die spontane Mithilfe und die Zusatzschichten der
— Kollegen in den übrigen Werken haben uns in unseren Kernwerten bestätigt: beste Voraussetzungen
— für eine erfolgreiche, gemeinsame Zukunft.«

Eine schwierige Ausgangslage für den Berichtemacher, denn der Report richtet sich in der Regel
an alle oben aufgeführten Zielgruppen. Und was hier an einem fiktiven Textbeispiel veranschaulicht
wurde, gilt entsprechend für die gesamte äußere und innere Form, den Aufbau, die Wertigkeit, die
Bildsprache, das Gesamtkonzept und die Art der Imagekommunikation.

* DIE PRIMÄRE UND DIE SEKUNDÄREN ZIELGRUPPEN DEFINIEREN

Neben der Definiton der Kernaussage sollte zu Beginn geklärt werden, wer vor allem angesprochen
werden soll.

Der Bericht muss so aufgebaut werden, dass er die Informationen bietet, die diese Zielgruppe interessieren. Und er muß sie so aufbereiten, dass sie von ihr verstanden werden.

Dabei darf die Multi-Tasking-Fähigkeit des Geschäftsberichts nicht beeinträchtigt werden. Finanz-
oder Technochinesisch hat deshalb keinen Platz.

Wer von vorneherein mit der Prämisse »für jeden etwas« das Menü zusammenstellt, kommt über
kleine Degustationen nicht hinaus, die zwar jede für sich schmecken, aber nicht zusammenpassen: Die
Luftaufnahmen aller Werke für die Banken, die wissen wollen, wo ihr Geld steckt. Die Interviewstrecke
mit dem Vorstandsvorsitzenden für die schmökernden Kleinaktionäre. Die 400-Zeilen-Tabelle zur Entwicklung der Aktivitäten im Hindukusch für die Analysten. Die Mitarbeiterporträts für die demotivierte
Belegschaft. Die Zuwachsraten in Mammuttypo für die Investoren. Die kreativ interpretierten Unternehmenswerte als Bildstrecke für das Marketing. Und die Produkte für den Vertrieb.

Was bei einem solchen Geschäftsbericht am Ende jedem fehlt, ist das Hauptgericht.

Denn das kommt bestenfalls lauwarm auf den Tisch, dafür aber ohne Messer und mit vier Gabeln.

Wer vorher weiß, auf welchen Gast es ihm ankommt und wer am Ende die Rechnung zahlt, serviert
einen ausgewogen gewürzten, gut durchgegarten Bericht aus einem Guss, in einer Tonalität, mit einer
Story und einer kreativen Leitidee. Das muss nicht jedem schmecken, macht aber alle satt. Und einige
glücklich.

FFF : ///////// / //// /////

* WER SIND DIE LESER EINES GESCHÄFTSBERICHTS?

Der Geschäftsbericht ist ein Instrument der Finanzmarktkommunikation und Hauptträger des Corporate Image. Die Form des Berichts kann deshalb stark davon abhängen, ob die imageorientierte Zielgruppe mit der Financial Community identisch ist oder nicht.

WER SIND DIE ZIELGRUPPEN?

Financial Community
Institutionelle Investoren & Analysten -- Großaktionäre -- Kleinaktionäre -- Banken
Mitarbeiter
Führungskräfte -- Belegschaft -- Bewerber
Umfeld
Geschäftspartner -- Kunden -- potentielle Kunden -- Behörden --
Wirtschaftspresse & Öffentlichkeit -- Wettbewerber

Die Erwartungshaltung an den Geschäftsbericht ist je nach Sichtweise durchaus unterschiedlich. Die Financial Community erwartet vor allem Grundlagen zur Überprüfung eines bestehenden oder möglichen Investments und zur Kreditwürdigkeit eines Unternehmens. Kommunikationsziel ihr gegenüber ist die möglichst transparente und vertrauensbildende finanzorientierte Darstellung der Geschäftsentwicklung und zukünftiger Potentiale.

Die Innenwirkung des Berichts wird vielfach unterschätzt. Ein guter Geschäftsbericht mit starker Story kann motivierend und gemeinschaftsfördernd wirken, die Unternehmensziele klar kommunizieren und Bewerbern ein umfassendes Bild ihres zukünftigen Arbeitgebers vermitteln – von der banalen Beschreibung der Geschäftstätigkeit bis zur Unternehmenskultur.

Bei Kunden, Partnern und in der Öffentlichkeit entfaltet der Geschäftsbericht vor allem Imagewirkung und wird damit zu einem wichtigen Business-Tool zur Steigerung des Unternehmens- und/oder Markenwerts. Bei der Entscheidung möglicher Neukunden zur Platzierung eines Auftrags kann ein souveräner Geschäftsbericht eine große Rolle spielen – oft entscheidet er über eine Kontaktaufnahme.

Bei der möglichst umfassenden Verfolgung der diversen Kommunikationsziele ist nicht zu vergessen: Die Konkurrenz liest mit. Das ist besonders dann von Bedeutung, wenn Wettbewerber kleinerer AGs selbst nicht börsennotiert sind, die Informationen also nur in eine Richtung fließen können. Und auch der örtliche Bürgermeister, dem gerade noch vorgejammert wurde, dass die Erschließungskosten des neuen Werksgeländes unmöglich ohne erhebliche Zuschüsse aufgebracht werden können, wird den Bericht mit Interesse lesen.

fff .) - - - - -   ∗

FFF : ///////// / //// /////

> adressaten, autoren und andere

∗ GUT ZU WISSEN, MIT WEM MAN ES ZU TUN HAT: DIE MACHER

Es ist wichtig zu wissen, für wen man einen Geschäftsbericht macht. Und mit wem.
Die nachfolgende Auflistung bringt – bei aller individuellen Abweichung – ein wenig Klarheit ins
Dickicht der Geschäftsbeziehungen.

Ein Geschäftsbericht ist eine komplexe Angelegenheit, an der viele Menschen mit ganz unterschiedlichen Zielen, Befugnissen und Kenntnissen beteiligt sind. Es hilft, sich in die Interessenlage seiner
Gesprächspartner hineinzudenken. Wie bei jedem größeren Projekt liegen die größten Hindernisse und
Fallen im Kommunikationsverhalten der Beteiligten. Wer der richtige Ansprechpartner für welche Fragen ist, ist vielen Beteiligten unklar – sei es auf Unternehmens- oder Dienstleisterseite.

In der Folge werden die wichtigsten Protagonisten beispielhaft skizziert – ohne Anspruch auf Voll-
ständigkeit oder globale Richtigkeit, denn Zuständigkeiten können in jedem Unternehmen und jeder
Agentur variieren. So gibt es Firmen mit einer vielköpfigen Investor-Relations-Abteilung und solche,
in denen das Marketing diese Aufgaben nebenher erledigt.

∗ DIE BETEILIGTEN AUF UNTERNEHMENSSEITE

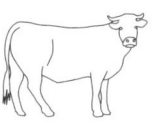

VORSTAND
Der Vorstand ist der Autor des Geschäftsberichts. Und bezahlt Mitarbeiter und Agentur dafür, es
nicht wirklich sein zu müssen. Er selbst wird dafür bezahlt, die Grundlagen zu schaffen, Visionen zu
entwickeln und für das Ergebnis den Kopf hinzuhalten. Denn auf Basis dessen, was im Geschäftsbericht steht, erfolgt die Entlastung des Vorstands durch die Hauptversammlung.
Der Bericht ist wichtig für den Vorstand, aber er hat wenig Zeit dafür. Wenn er doch Zeit hat, kann
er gut zuhören, denn nur auf dieser Basis fallen die Entscheidungen, für die der Vorstand dort sitzt,
wo er sitzt. Deshalb: Keine Blabla-Präsentationen, sondern auf den Punkt kommen.
Jeder hat Zeit für den Vorstand. Weil der Vorstand Details ausblendet, interessiert ihn bei Ände-
rungswünschen nicht, ob der Report bereits im Druck ist. Deshalb: Puffer einbauen!
Und vor allem: In vielen Unternehmen sitzen in den oberen Etagen viele Menschen, die nur sagen,
was ihren Vorgesetzten gefallen könnte. Deshalb benötigt der Vorstand eine Agentur nicht dafür,
ihm auch noch nach dem Mund zu reden, sondern für eine kreative und kritische Auseinandersetzung
mit den Themen, die ihn bewegen.

IR-MANAGER / ABTEILUNG PR- UND ÖFFENTLICHKEITSARBEIT
Die Investor-Relations-(IR)-Abteilungen und Public-Relations-(PR)-Verantwortlichen haben einen frust-
rierenden Job. Ständig veröffentlichen sie bahnbrechende Ad-hoc-Mitteilungen über unglaubliche
Unternehmenserfolge, und der Aktienkurs bewegt sich um einen halben Cent. Wird der Finanzvorstand
zwei Tage später auf dem Opernball mit einem Model gesehen, das die Nichte des Mehrheitsaktionärs
eines großen Konkurrenten ist, verdoppelt sich der Aktienkurs binnen Stunden aufgrund der berau-
schenden Übernahmefantasien. Dem Finanzvorstand bleibt die Hitze der Nacht, dem Investor-Relations-
Manager die Aufräumarbeit.
IR-Manager sind leise Marktschreier. Gibt es gute Nachrichten, stellen sie ihre Bosse in die Sonne,
gibt es Ärger, stehen sie selber im Regen. Folgerichtig sind sie meist mehr zahlen- als kommunika-
tionsorientiert, denn in diesem Job müssen sie mit allem rechnen. Vor allem mit viel Arbeit.
Sie kümmern sich um die Beziehungen zu Investoren und Analysten. Sie arbeiten dem Vorstand zu,

FFF : ///////// / //// /////

— organisieren Meetings, Konferenzen, Hauptversammlungen und Präsentationen, erstellen die
— Zwischenberichte und den IR-Webauftritt. In der Regel »machen« sie den Geschäftsbericht von der
— Budgetierung über die Inhaltserstellung und die Koordination der Abschlussbestandteile bis zur
— Abstimmung mit der Agentur.

MARKETINGLEITER /-ABTEILUNG

— Es gibt viele Unternehmen, in denen der Geschäftsbericht nicht nur als Zahlenwerk, sondern als
— Imageträger gesehen wird. Und das ist gut so. Wo dem so ist, kommt das Marketing mit ins Spiel –
— meist in beratender Funktion. Schließlich soll der Geschäftsbericht zu den anderen Kommunikations-
— maßnahmen des Unternehmens passen. Die intensive Auseinandersetzung damit ist Pflicht für jeden
— Geschäftsberichtsmacher – und im Marketing sitzen dazu oft die kompetentesten Partner mit der
— größten Bereitschaft, auch mutige Konzepte mitzutragen. Der Haken daran: Wenn der Geschäftsbericht
— als Leit-Medium definiert wird, wird er für's Marketing schnell zum Leid-Medium. Wer lässt sich
— von fachfremden Abteilungen schon gerne sagen, was er zu tun und zu lassen hat? Integrierte Kom-
— munikation erfordert deshalb von allen Beteiligten ein hohes Maß an Fingerspitzengefühl.

RECHNUNGSLEGUNGSABTEILUNG UND CONTROLLING

— Arbeitet dem Finanzvorstand und der IR-Abteilung zu. Die Rechnungslegungsabteilung hat mit einem
— Printprodukt wie dem Geschäftsbericht und seinen Problematiken wenig zu tun, ist aber in der Regel
— der Meinung, ihn komplett erstellt zu haben. Der Weg von einem Stapel Tabellen mit automatischen
— Bezügen zu 27 Servern im Konzern bis zu einem sauber gesetzten Layout ist ihnen nicht einmal unbe-
— greiflich – er interessiert schlicht nicht. Was auch seine Richtigkeit hat, denn der Job ist schon komplex
— genug. Und ziemlich genau das Gegenteil von dem, wovon Agenturmenschen träumen.

AUFSICHTSRAT

— Die Agentur berät bei der Strukturierung des Reports. Aber: Die Agentur ist gut beraten, wenn sie die
— Entscheidung, ob der Bericht des Aufsichtsrats vor oder nach dem des Vorstands steht, tunlichst dem
— Management überlässt. Der Aufsichtsrat ist als von den Aktionären eingesetztes Kontrollgremium
— zweiter Key-Player im Geschäftsbericht – und in manchen Unternehmen der heimliche erste. Ein Unter-
— nehmenspolitikum ersten Ranges und keine Spielwiese für kreative Vorschläge.

* DIE NEUTRALE INSTANZ

WIRTSCHAFTSPRÜFER (WP) stehen mit Brief und Siegel für das Wahre und Klare am Geschäfts-
— bericht. Für das Schöne weniger. Sie testieren die Pflichtbestandteile. Sie werden vom Konzern zwar
— bezahlt, gehen aber einem unabhängigen Prüfauftrag nach. Und sind entsprechend kompromisslos,
— was den Inhalt angeht – selbst, wenn es zu Lasten des Timings geht. Auch wenn WPs in aller Regel
— sehr dienstleistungsorientiert arbeiten, gehen manche davon aus, dass bei einer 90-Tage-Frist bis zum
— Erscheinen des Jahresberichts etwa 88 Tage für die Prüfung zur Verfügung stehen – die verbleibende
— Zeit sollte für Layout, Satz, Reproduktion und Druck gut ausreichen. Das hat seine Gründe vor allem
— in der hohen Verantwortung, die ein WP übernimmt, wenn er einen Abschluss testiert. Es gibt aber
— auch Zeitfaktoren, deren Sinn sich dem unbefangenen Betrachter nicht sofort erschließt, wie z.B. die
— von einer großen WP-Gesellschaft jahrelang praktizierte mehrfache interne Hin- und Rückübersetzung
— der Abschlüsse zur Abstimmung mit der Europazentrale in London und dem Hauptsitz in den USA.

FFF : ///////// / //// /////

> adressaten, autoren und andere

* DIE BETEILIGTEN AUF DIENSTLEISTERSEITE

DAS RICHTIGE AGENTURTEAM für die Erstellung eines Geschäftsberichts besteht aus mehrfach geklonten eierlegenden Wollmilchsauen mit Urlaubssperre, Kreativitätsgarantie, Null-Fehler-Automatik und Antibiotika-Pflichtkonsum von Januar bis April. Alles andere macht nur Probleme.

Nehmen wir die *Einzelkämpfer*: Sie scheitern am »Fast-Close-Prinzip«, d.h. dem Wunsch, den Bericht möglichst schnell nach Geschäftsjahresende zu veröffentlichen. Bei hundert Tabellenseiten am Tag kommt da schon mal Panik auf.

Die *klassische Agenturszene* scheitert ebenfalls weniger am Kreativkonzept als an der zeitkritischen Erstellung der Pflichtbestandteile: Eine auf Anzeigensatz spezialisierte DTP-Abteilung ist mit dem verständlichen Layouten einer Kapitalflussrechnung schnell überfordert.

Verantwortlich für die meisten Geschäftsberichte zeichnen deshalb *PR- und Designagenturen*. Die Vertreter beider Genres haben den Vorteil, dass sie je eine notwendige Kernkompetenz für die Reporterstellung beherrschen: Die Designbüros den Umgang mit einem komplexen Dokument und die PR-Büros den Umgang mit der Financial Community. Beide vergessen dabei oft und gerne, dass erst die ausgewogene Mischung einen sauberen Report ergibt. Und wenn das gelungen ist, vergessen sie, dass zu einem guten Report auch eine gute Idee gehört, damit er überhaupt wahrgenommen wird.

Vermeintlich optimal eingestellt auf den potentiellen Geschäftsberichtskunden sind *Spezialagenturen* für Geschäftsberichte, die beides miteinander verbinden. Ihr Vorteil ist eine hohe Sach- und Fachkompetenz in allen relevanten Gewerken. Ihr Nachteil liegt in den fehlenden kreativen Einflüssen aus anderen Projekten.

SATZSTUDIO, REPROANSTALT, DRUCKEREI

Den Letzten beißen die Hunde. In den meisten Fällen (zumindest bei Konzernen ohne zentralen Einkauf) bindet die Agentur ihre Sublieferanten in das Projekt Geschäftsbericht eigenständig ein. Für den Kunden hat das den Vorteil, dass er die alles entscheidenden Faktoren Timing und Qualität nur mit einem Ansprechpartner diskutieren muss; der Agentur obliegt dann das Lavieren zwischen »geht gerade noch zur Not« und »geht überhaupt nicht mehr«. Wichtig ist es deshalb, Betriebe auszuwählen, die in Service, Qualität und Flexibilität mit dem Thema Report vertraut sind. Der billigste Anbieter ist in den seltensten Fällen wirklich der preis-werteste, denn hohe Qualität unter extremen Zeitdruck lässt sich nicht zu Dumpingkosten gewährleisten.

ÜBERSETZER

Ein guter Übersetzer kann alles: Er ist extrem schnell, extrem korrekt, extrem fachspezifisch, extrem kundenorientiert und extrem kreativ. Deshalb ist er auch extrem selten und extrem schnell ausgebucht. Außerdem sollte er eine Spielernatur sein: Für das Wort »Jahresabschluss« etwa gibt es im Englischen vier differierende Ausdrücke. Der zuständige Mitarbeiter des Kunden kennt aber sicherlich nur einen davon und hält alles andere für falsch.

Erschwerend kommt hinzu, dass aus Zeitgründen meist parallel zur Arbeit am deutschen Text übersetzt wird und entsprechend alle Korrekturschritte nachgearbeitet werden müssen. Das spart Zeit, aber kein Geld, denn die möglichen Einsparungen durch einen parallelen Fremdsprachendruck mit Textplattenwechsel werden durch den doppelten Korrekturaufwand eliminiert.

I) SELBSTCHECK FÜR AGENTUREN UND DESIGNER: FIT FÜR EINEN REPORT?

FFF : //////// / //// /////

Da ist sie, die Anfrage zur Erstellung eines Geschäftsberichts. Was wie ein möglicher Traumauftrag klingt, birgt andere Stolpersteine als eine gewöhnliche Anfrage zur Erstellung einer Imagebroschüre. Vor dem Start in dieses Geschäftsfeld sollte deshalb ein Selbstcheck stehen – die Kreativkompetenz einmal vorausgesetzt. Je mehr der unten stehenden Punkte abgehakt werden können, desto weniger Probleme sind zu erwarten. Aber keine Bange: Nobody is perfect!

KNOW-HOW UND MITARBEITER:

○ —— Gibt es bereits ausreichend große Erfahrungen mit dem Kunden oder genügend Zeit, sich intensiv mit einem Neukunden zu beschäftigen, seine Ziele und Strategien sowie die Branche zu verstehen?

○ —— Gibt es ausreichend Erfahrung mit zeitkritischen, komplexen Printprodukten?

○ —— Gibt es Mitarbeiter oder Partner, die im Textbereich Erfahrung mit der Branche des Kunden und in der Finanzmarktkommunikation haben? (Selbst wenn alle Texte vom Kunden kommen: Werden diese verstanden?)

○ —— Gibt es Mitarbeiter oder Partner mit Fachwissen im Bereich Bilanzierung und Abschluss?

○ —— Sprechen die Mitarbeiter im Satzbereich Englisch?

○ —— Gibt es im Satzbereich ausreichend Fachwissen zur fehlerfreien, schnellen und sinnhaften Übertragung von Word- und Excel-Daten in Layout- und Tabellensatz?

○ —— Gibt es ein agenturinternes Korrektorat? Gibt es einen verlässlichen Workflow für die Ausführung von Korrekturschritten?

○ —— Gibt es ausreichend Fachwissen zur Erstellung von schreibgeschützten pdf-Dokumenten?

○ —— Gibt es die Möglichkeit zum FTP-Upload von Daten auf Internetserver?

○ —— Gibt es eine Mitarbeiterverpflichtung zur Geheimhaltung nach dem Wertpapierhandelsgesetz?

ZEIT- UND KAPAZITÄTSPLANUNG

○ —— Ist eine kontinuierliche Kundenbetreuung über den gesamten Projektzeitraum durch die gleiche(n) Person(en) sichergestellt (Urlaub/Krankheitszeiten!)?

○ —— Ist eine exakte Dokumentation aller Kundenwünsche und Änderungen darstellbar?

○ —— Gibt es genügend Kapazitäten in allen Phasen der Report-Erstellung, auch bei Terminverschiebungen, auch bei umfangreichen Änderungen, auch nachts und am Wochenende?

○ —— Gibt es ausreichend Kapazitäten für begleitende Arbeiten wie Drucküberwachung, Erstellung von ppt-Präsentationen, Vorbereitung von Unterlagen zur Bilanzpressekonferenz etc.?

HARD- UND SOFTWARE

○ —— Gibt es die Möglichkeit zur verschlüsselten E-Mail-Kommunikation?

○ —— Ist die Empfangs- oder Sendegröße von E-Mails limitiert?

○ —— Gibt es keine Probleme mit dem Datenaustausch bei unterschiedlichen Betriebssystemen (Mac/PC)?

○ —— Gibt es ausreichende Datensicherungsmöglichkeiten sowie ggf. sofort verfügbare Ersatzhardware?

PARTNER

○ —— Gibt es Verbindungen zu Übersetzungsbüros und Lektoraten?

○ —— Gibt es Verbindungen zu Fotografen oder Illustratoren für Managementporträts und Imageteil?

○ —— Gibt es Druckpartner, die auch sehr kurzfristig auf Änderungen reagieren können und jederzeit ansprechbar sind? Wird dort auch nachts gearbeitet?

○ —— Können Vorabauflagen im Digitaldruck erstellt werden?

II)   CHECKLISTE FÜR UNTERNEHMEN, DIE EINE AGENTUR SUCHEN

FFF : ///////// / //// /////

Ein Unternehmen, das einen Partner für die Umsetzung seines Geschäftsberichts sucht, interessiert sich vor allem für die positive Beantwortung der nebenstehenden Fragen zum Agentur-Selbstcheck. Abhängig von seiner eigenen Organisationsstruktur wird es jedoch auch andere Aspekte in die Bewertung einfließen lassen. Wer z. B. seine Texte selbst professionell erstellt, braucht keinen Komplettdienstleister. Wer hohe Ansprüche an die Imagewirkung seines Berichts stellt, wird andere Partner wählen, als wer nur die Pflichtbestandteile fehlerfrei und in time zu Papier und ins Web gebracht haben möchte. Wichtigste Auswahlkriterien für den IR-Manager bei der Agentursuche finden sich nachfolgend.

○ ——— ERFAHRUNG, LEISTUNGSFÄHIGKEIT, SPEZIALISIERUNG

Hat die Agentur bereits Geschäftsberichte in ähnlichem Umfang für Firmen ähnlicher Größe erstellt?
Hat sie ausgewiesenes Geschäftsberichts-Know-how?

○ ——— REFERENZEN

Nennt die Agentur Ansprechpartner auf Kundenseite zum Erfahrungsaustausch?
Wie beurteilen die bisherigen Kunden die Agenturleistung?

○ ——— LEISTUNGSUMFANG *(Beratung, Konzeption, Design, Text, Satz (Deutsch und Fremdsprache), Printproduktion, Onlineproduktion)*

Bietet die Agentur alle Leistungen an, die ich benötige?
Ist sie bereit, mit anderen Partnern zusammenzuarbeiten, die bereits im Boot sind (z. B. Text, DTP, Druck)?

○ ——— SYMPATHIE

Stimmt das Bauchgefühl? Sind die Ansprechpartner die Menschen, mit denen ich mir gerne in den nächsten
Wochen die Nächte um die Ohren schlagen möchte?

○ ——— ANSPRECHPARTNER UND AGENTURGRÖSSE *(Kompetenz, Ebene, Kontinuität)*

Stehen mir kompetente Ansprechpartner kontinuierlich zur Verfügung? Erreiche ich die Entscheidungsträger in der
Agentur? Ist mein Geschäftsbericht für die Agentur möglicherweise ein zu großes oder ein zu unwichtiges Projekt?

○ ——— MITARBEITERSTRUKTUR UND -BINDUNG

Hat die Agentur qualifiziertes Personal? Wie hoch ist die Mitarbeiterfluktuation?
Kann ich damit rechnen, ggf. über mehrere Jahre vom gleichen Team betreut zu werden?

○ ——— FLEXIBILITÄT

Wie reagiert die Agentur auf unerwartete Ereignisse? Wie schnell können Termine zustande kommen?
Ist Wochenend- und Nachtarbeit selbstverständlich?

○ ——— KREATIVKOMPETENZ

Wie »tickt« die Agentur? Ist sie kreativ erfolgreich? Kann sie Emotionalität in meinem Sinne kommunizieren?
Hat sie Wettbewerbserfolge in für mich relevanten Wettbewerben vorzuweisen?

○ ——— FINANZMARKTKOMPETENZ

Hat die Agentur Erfahrung mit der Finanzmarktkommunikation?
Ist sie in der Lage, die Positionierung des Unternehmens zu verstehen und zu unterstützen?
Können die Projektbeteiligten mit den Fachausdrücken der Financial Community umgehen?

○ ——— BRANCHENKOMPETENZ

Arbeitet die Agentur auch für andere Firmen in meiner Branche (kann als Vorteil oder als Ausschlusskriterium
gewertet werden)? Ist sie mit der Fachterminologie meines Unternehmens vertraut?

○ ——— TECHNISCHE KOMPETENZ UND ABWICKLUNGSKOMPETENZ

Gewährleistet die Agentur einen problemlosen Workflow und Datenaustausch? Erstellt sie detaillierte Zeitpläne
und überwacht sie die Einhaltung in allen Gewerken? Ist sie technisch auf der Höhe der Zeit?
Welche Qualität haben die bereits produzierten Berichte der Agentur in technischer Hinsicht
(Repro, Druck, Satzweiterverarbeitung, Spezialitäten)?

○ ——— PREIS-LEISTUNGS-VERHÄLTNIS, ART DER ABRECHNUNG *(seitenbasiert / stundenbasiert / pauschal, Einbeziehung von Fremdleistungen, Provisionen, Zuschlägen, Korrekturkosten)*

Erhalte ich einen aussagefähigen und transparenten Kostenvoranschlag unter Einbeziehung aller
Leistungen, aller notwendigen Fremdleistungen und ohne versteckte Kosten? Sind die Preise branchenüblich
und leistungsgerecht? Gibt es Ansprechpartner im Jobcontrolling der Agentur, die einen laufenden Einblick
in die Kostenentwicklung ermöglichen?

LET'S GO!

fff
4. _ der blick ins ungewisse

fff
1. _ vorarbeit

fff
2. _ just in time

fff
3. _ last minute

WANN>

04.0
PROJEKTSTART /
ZEITPLAN

VON DER AUSSAGE ZUR AUSLAGE

- 1 -   - 2 -   - 3 -   - 4 -   - 5 -   - 6 -   - 7 -   - 8 -

Kernaussage festlegen

Umsetzungsform definieren

Konzept abstimmen

Imageteil erstellen

Pflichtteil mit Blankodaten vorbereiten

Pflichtteil setzen

Freigabeprozess und Produktion

Auslieferung

PROJEKTSTART / ZEITPLAN

>

In der Burger-Küche ist gutes Timing der halbe Job: Wer mit dem Salatputzen erst beginnt, wenn die Bestellung kommt, hat schnell unzufriedene Gäste. Wer die Blätter zu früh zupft, legt verwelktes Grün aufs Fleisch – der Effekt ist derselbe. Sind die Zwiebeln geschnitten, die Gurken vorbereitet und der Ketchup bereitgestellt, fängt der Stress trotzdem erst an: Exakte Toast- und Bratzeiten sind unabdingbar für den guten Geschmack. Und dann die Sonderwünsche zum Schluss: Käse? Tomate? Ananas? Wer da nicht weiß, was ihn erwarten könnte, kommt ins Schwitzen. Auch langfristig gesehen spielt die Planung eine große Rolle:

Bevor eine neue Kreation auf die Karte kommt, wollen Rezeptvarianten ausprobiert und getestet, Lieferanten gesucht und überprüft, Lagerkapazitäten geschaffen und die Logistik sichergestellt sein.

So kann Monate dauern, was am Ende in wenigen Minuten fertiggestellt und in 180 Sekunden verspeist ist.

Geschäftsberichte sind da noch ein wenig heikler: Kommen sie nicht exakt zur vereinbarten Zeit auf den Tisch der Bilanzpressekonferenz, sind sie nicht lauwarm, sondern eiskalt: Ein deutliches Zeichen für die Unfähigkeit eines Unternehmens, seinen Jahresabschluss und damit sein Business in den Griff zu kriegen. Stehen die Online-Versionen nicht drei Monate nach Geschäftsjahresende auf dem Server, gibt es nicht nur schlechte Presse für die Company, sondern empfindliche Strafen noch obendrein.

Um das zu verhindern, müssen zur richtigen Zeit die richtigen Fragen gestellt (und beantwortet) werden. Ein für alle Beteiligten verbindlicher Zeitplan ist das A und O – die Erfahrung lehrt, dass es dennoch genügend Beteiligte und Begebenheiten gibt, die das O bis zum Z dehnen werden. Hilfestellung, wie es dennoch klappt, gibt dieses Kapitel.

DIE ZEIT IST KURZ, DIE KUNST IST LANG.
GOETHE (FAUST)

- k - 04.0 *

FFF : //////// / //// /////
_ _ START, STRESS UND STOLPERSTEINE

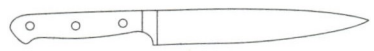

WIESO IST EIN GESCHÄFTSBERICHT SO ZEITKRITISCH?

Den Rahmen liefert das Handelsgesetz: Innerhalb von drei Monaten nach Geschäftsjahresende muss der Bericht fertig sein, bei kleineren Gesellschaften genügen neun Monate. Um dieser Vorgabe zu genügen, reicht die Auslage in den Geschäftsräumen. Zu diesem Zeitpunkt muss nichts gesetzt, gestaltet oder gedruckt sein.

Die Deutsche Börse fordert im DAX, MDAX, TecDAX und SDAX, nach drei bzw. vier Monaten eine deutsche und eine englische Version als pdf-Datei auf ihrem Server zur Verfügung zu stellen. Wer zu spät liefert, zahlt empfindliche Strafen und kann im Extremfall vom Handel ausgeschlossen werden.

Die Praxis spricht die härteste Sprache: Die meisten Unternehmen stellen ihren Geschäftsbericht zur Bilanzpressekonferenz (der öffentlichen Vorlage des Abschlusses durch den Vorstand) fertig gedruckt vor (oft als Vorabauflage im Digitaldruck). Nun möchte sich kein Unternehmen die Aufmerksamkeit der Wirtschaftsjournalisten mit 300 anderen Prime-Standard-Konzernen teilen, die alle ihre Bilanzpressekonferenz am 31. März abhalten. Der tatsächliche Termin liegt also meistens früher, und es kann durchaus etwas über die Management-Kompetenzen eines Unternehmens aussagen, wie früh im Jahr eine solche Pressekonferenz abgehalten wird. Unter den großen Aktiengesellschaften gibt es deshalb bereits im Februar einen Wettbewerb um die erste Berichterstattung des Jahres, oft in Form eines »Berichts zur Bilanzpressekonferenz«. Das bedeutet schweißtreibende Temperaturen in der Berichteküche: Innerhalb weniger Wochen müssen die Abschlüsse vom Rechnungswesen erstellt und von den Wirtschaftsprüfern testiert, der Lagebericht geschrieben und korrigiert, Texte und Grafiken layoutet und Fotos geschossen, alles zusammengesetzt, lithografiert, gedruckt und weiterverarbeitet sein.

Damit nicht genug: kein Bericht ohne den Segen des Aufsichtsrats. Ob der erst am Tag vor der Bilanzpressekonferenz tagt oder schon etwas früher, bleibt abzuwarten. Kein Wunder also, dass

fff .) -----

✳

fig. a)

FRISCHE DATEN ...

... sind – selbst in optimaler Verpackung – nur begrenzt haltbar.

— Firmen, deren Geschäftsjahr vom Kalenderjahr abweicht, von Agenturen und anderen Dienstleistern
— umworben werden wie Popstars von ihren Fans: Ein Geschäftsbericht erfordert nach langer und inten-
— siver Vorbereitungszeit massiven Personaleinsatz innerhalb weniger Tage – und das gleichzeitig
— zu weiteren, von derselben Agentur oder Druckerei betreuten Berichten. Daneben wollen auch noch
— andere Kunden bedient werden, die zum Januar ihre frischen Marketingetats auspacken. Geschäftsbe-
— richtemacher sprechen deshalb in der Zeit von Januar bis März von »der Saison« – den Skiurlaub gibt
— es frühestens zu Ostern.

✱ GUT BEGONNEN IST HALB GEWONNEN

Für einen Geschäftsbericht arbeiten viele Interessengruppen und Fachleute unter hohem Zeitdruck
— zusammen *(siehe Kap. 3)*. Deshalb hilft eine strukturierte, detailliert geplante und überprüfte Vor-
— gehensweise. Für die Agenturseite gilt: Mit Kreativität alleine ist es nicht getan – erfahrungsgemäß fällt
— rund ein Drittel der Gesamtarbeitszeit an einem Geschäftsbericht für Organisation und Abstimmung an.
Eine gute Planung hilft nicht nur, Zeitpläne einzuhalten, sondern spart auch Geld: Bei einer Text-
— korrektur kann man davon ausgehen, dass die Umsetzungskosten exponentiell steigen, je später
— sie erfolgt. Grob gerechnet gilt: Faktor 1 im Textdokument, Faktor 10 im Layoutsatz, Faktor 100 in der
— Druckmaschine.

✱ DIE DREI WEISEN: ERFAHRUNG, KONTINUITÄT UND TIMING

Der Hauptgrund, warum viele Unternehmen ihren Geschäftsbericht einem anderen Partner anver-
— trauen als ihre sonstige Kommunikation, ist der Wunsch nach ERFAHRUNG in einem Bereich, der für die
— Außendarstellung des Unternehmens und seine Bewertung wesentlich, gleichzeitig zeitkritisch und
— hochkomplex ist. Und tatsächlich ist es so, dass Routine zwar keine Detailplanung ersetzt, ihre Ausfüh-
— rung aber signifikant erleichtert. Ein erfahrener Projektmanager ist für einen erfolgreichen Geschäfts-
— bericht genauso wichtig wie ein kreativer Kopf.
Der Hauptgrund, warum viele Unternehmen ihren Geschäftsbericht über Jahre mit dem gleichen
— Partner »machen«, ist der Wunsch nach KONTINUITÄT. Nichts ist der Financial Community lieber als ein
— vergleichbar aufgebauter Bilanzteil. Auch für die Erstellung gilt: Stehen die Strukturen einmal, lassen
— sie sich in den kommenden Jahren leichter und schneller ausfüllen. Die Ansprechpartner kennen
— sich, die Agentur kennt das Unternehmen und hat seine Entwicklung übers Jahr begleitet, der Prozess
— wird einschätzbarer, Schwächen des Vorjahres können gemeinsam analysiert und optimiert werden.
Der Hauptgrund, warum viele Unternehmen so schlechte Geschäftsberichte machen, ist ein
— schlechtes TIMING: Sobald es hektisch wird, leiden der Überblick, die Kreativität und die Qualität.

FFF : //////// / //// /////

* SIEBEN TIPPS ZUM START

1.] DIE LINIE DEFINIEREN
— Liegt die grundsätzliche Linie nicht fest, fehlt allen Gewerken die Zielvorgabe.
— Umfangreiche Korrekturen, Zeitnot und Unzufriedenheit sind vorprogrammiert.
— Deshalb sollten auf Unternehmensseite zu Beginn folgende Punkte fixiert sein:
— ⁻ Definition der Kernaussage durch den Vorstandsvorsitzenden;
— ⁻ Definition der Kommunikationstonalität unter Berücksichtigung der Entwicklung des
— Geschäftsjahres, der Veränderungen im Unternehmen und am Markt sowie des Feedbacks
— zum Vorjahresbericht;
— ⁻ Erstellung einer groben inhaltlichen Struktur;
— ⁻ Fixierung in einem schriftlichen Briefing für alle Beteiligten – durch den Vorstand definiert oder
— mit ihm abgestimmt –, um frühe interne Missverständnisse auszuschließen.

2.] DIE BETEILIGTEN ZUSAMMENBRINGEN
— Direkte Informationswege sind die besten Wege, um Missverständnisse zu vermeiden. Einerseits. An-
— dererseits: Je mehr Menschen kommunizieren, desto größer ist die Gefahr von Parallelarbeit und Ab-
— schieben von Verantwortlichkeiten. Deshalb sollten die Beteiligten je einen zentralen Ansprechpartner
— definieren, der alle Informationen sammelt und weiterleitet, auch wenn sie unter Fachleuten direkt
— besprochen werden müssen. Dazu gibt es die CC-Funktion im Mailprogramm, Telefonkonferenz, Proto-
— kolle und gemeinsame Meetings.
— Zu Beginn des Arbeitsprozesses gehören alle wesentlichen Partner zum Kick-Off-Meeting an einen
— Tisch. Insbesondere ein Agenturbriefing und eine frühzeitige Diskussion zwischen Kreativpartner
— und Top-Ebene auf Kundenseite sparen später viel Zeit und lange Irrwege. Gibt es keine Möglichkeit
— für die Agentur, vor der eigentlichen Konzeptionsphase direkten Kontakt mit der Entscheiderebene zu
— bekommen, sollte sie auf einem von ihr unterzeichneten schriftlichen Briefing (siehe Punkt 1) bestehen.
— (Mit die schlechteste Voraussetzung für eine effektive und erfolgreiche Zusammenarbeit ist die Kon-
— zepterstellung im Rahmen eines Pitches. Denn das heißt in der Regel, dass die Agentur viel zu spät und
— ohne Kontakt zur Führungsebene ins Boot geholt wird. Hausmannskost im Briefing und biedere Kon-
— zepte aus der Schublade sind dann oft die Folge.)

3.] DIE PRODUKTIONSPARTNER EINBINDEN
— Eine frühzeitige Einbindung der Umsetzungspartner in den Entstehungsprozess ist notwendig, denn
— das schönste Konzept nutzt nichts, wenn es hinterher nicht produziert werden kann. Druckereien oder
— Buchbinder sind in der Lage, wertvolle Ideen und Hinweise in den Kreativprozess mit einzubringen.
— Sinnvoll: ein gemeinsames Meeting (Unternehmen, Kreative, Produktion) bereits in der Konzeptions-
— phase.
— Außerdem gut: eine frühzeitige Kontaktaufnahme zum Bilanzbereich bzw. zur Wirtschaftsprüfungs-
— gesellschaft. In welcher Form sind welche Daten zu erwarten? Und: Die Erstellung des Online-Reports
— nicht vergessen. Sind hier weitere Dienstleister erforderlich, sollten sie frühzeitig mit an den Tisch.

4.] DAS BUDGET KLÄREN
— Die Kosten für einen Geschäftsbericht setzen sich aus vielen Einzelposten zusammen. Um diese auf
— eine Gesamtsumme zu bringen, gibt es zwei Wege: Budgetierung oder Angebot. Beides bietet

fff.) ----- *

FFF : //////// / //// /////

> start, stress und stolpersteine

— Vor- und Nachteile für beide Seiten, denn der Erstellungsprozess eines Berichts ist von vielen Varia-
— blen geprägt, z. B. bei der Seitenzahl, Autorenkorrekturen oder den Kosten externer Dienstleister (Foto-
— grafie etc.). Eine partnerschaftliche Zusammenarbeit funktioniert am besten, wenn offen kommuniziert
— wird: Wenn die Agentur weiß, was der Kunde insgesamt ausgeben kann, und wenn der Kunde weiß,
— welche Kosten noch nicht im Vorfeld beziffert werden können, vermutlich aber anfallen werden.
— Ein Budgetplan sollte genauso transparent wie verbindlich gemeinsam erstellt und während des ge-
— samten Prozesses immer wieder auf Abweichungen hin überprüft werden. *(Siehe auch: »Was kostet ein*
— *Geschäftsbericht?«, S. 294 f.)*

5.]   DEN ZEITPLAN ERSTELLEN
— Die übliche Zeitspanne für die Erstellung eines Geschäftsberichts von der Themendefinition bis zur
— Auslieferung liegt zwischen vier und acht Monaten. Ein Zeitplan hilft allen, und er sollte unbedingt ge-
— meinsam von Unternehmen, Agentur und Produktionspartnern erstellt werden. Je klarer die Regelun-
— gen und Deadlines, desto weniger Ärger gibt es im Nachhinein. Flexibilität sollte nicht vorausgesetzt,
— sondern in das Timing in Form von Puffertagen integriert werden. Auch wenn etwas schief geht, wird
— die Bilanzpressekonferenz nicht verschoben. Termintreue ist deshalb absolutes Muss.
—   Ist das Timing von allen Beteiligten abgezeichnet, sollte es fixer Auftragsbestandteil werden – was
— einer Agentur zunächst Angst machen kann. Es kann ihr aber auch zugute kommen: Ein vertraglich
— bindendes Timing ist ein neutrales Druckmittel – auch gegenüber dem Kunden, zu dessen Wohl es
— entwickelt wurde. *(Siehe auch Muster-Timing auf S. 56)*

6.]   DIE TEXTERSTELLUNG VORBEREITEN
— Die meisten Geschäftsberichte enthalten Texte, die aus voneinander unabhängigen Unternehmens-
— abteilungen stammen, dazu Imagetexte von der Agentur und den Anhang vom Bilanzbereich. Es ist
— notwendig, vorab zu definieren, wer welche Texte liefert und wer für das Zusammenführen verant-
— wortlich ist. Weil das Dokument aus einem Guss sein soll, hilft ein Styleguide. Von der Schreibweise
— der Fachbegriffe und Namen über Auszeichnungsform (Kursive, Small Caps, Fett) und die allgemeine
— Tonlage bis zum Grad der Komplexität lässt sich vieles bereits im Vorfeld definieren, was später teure
— Korrekturen verursacht. *(Siehe auch Kapitel 5.1, S. 64: »Wer schreiben sollte«)*

7.]   DIE VORLIEBEN ABFRAGEN
— Kommunikation hat mit Emotion zu tun. Emotionalität mit Individualität. Und Individualität mit Indivi-
— duen. Deshalb sollte frühzeitig abgeklärt werden, ob es Dinge gibt, die den Autoren des Berichts
— wichtig sind – und seien es Kleinigkeiten. Der schönste konzeptionelle rote Faden zieht nicht, wenn der
— Finanzvorstand Rot nicht mag (was berufsbedingt vorkommen soll). Gibt es andere Medien, die gefal-
— len oder überhaupt nicht gefallen haben? Gibt es Wünsche oder No-Go-Areas, Vorstellungen, Anregun-
— gen unabhängig von der Kernaussage und den Zahlen, Daten und Fakten? Ist der CEO ein konservati-
— ver Knochen oder ein verkappter Freak? Gibt es visuelle, textliche, fotografische, illustrative Vorlieben
— der Verantwortlichen?
—   Es hilft, sich anhand von Arbeiten der Agentur für andere Kunden einen Eindruck zu verschaffen,
— was ankommen könnte und was nicht. Und sich anzuschauen, wie das Unternehmen sonst publiziert.

05 —

FFF : ///////// / //// /////

* TIMING: DIE PROJEKTPHASEN

Die Arbeit an einem Geschäftsbericht lässt sich in zehn Phasen unterteilen:

1.] THEMENDEFINITION
2.] KONZEPTION UND BASISLAYOUT // *Online-Konzeption*
3.] TEXT
4.] FOTOGRAFIE/ILLUSTRATION, LAYOUT // *Online-Layout*
5.] FORMALE/INHALTLICHE KORREKTUREN
6.] FEINLAYOUT, TEXTSATZ, BLINDSATZ DES ZAHLENTEILS // *Prototyp-Programmierung*
7.] TEXTKORREKTUREN // *Technische Korrekturen*
8.] EINPFLEGEN REALZAHLEN, ÜBERSETZUNGEN, FEIN-/FREMDSPRACHENSATZ // *Testphase Online-Betaversion*
9.] PRODUKTION UND AUSLIEFERUNG // *Online-Freischaltung*
10.] FEEDBACKMEETING

* TIMING: DIE FIXPUNKTE

Erklärtes Ziel nahezu jeden Timings ist ein fertig gestellter Bericht zur Bilanzpressekonferenz.
Um folgende Fixpunkte kann ein Timing »gestrickt« werden:

HANDELS- UND BÖRSENRECHTLICHE GRUNDLAGEN
Je nach Börsensegment muss der Abschluss 90 oder 120 Tage nach Geschäftsjahresende
vorliegen. Je nach Börsenplatz muss der Bericht zwischen 10 Tagen und sechs Wochen vor der
Hauptversammlung verfügbar sein.
FIXTERMINE DES UNTERNEHMENS
Termin der Bilanzpressekonferenz.
Termin der Aufsichtsratssitzung zur Bilanzfeststellung.
»WEICHE« ZEITFAKTOREN (UNTERNEHMENSBEZOGEN)
Verfügbarkeit des Executive Managements für Fotoaufnahmen;
(i. d. R. Vorstands- und AR-Sitzungen; Letztere finden oft nur wenige Male im Jahr statt!).
Verfügbarkeit des Managements für Erstgespräche und Präsentationen.
Verfügbarkeit der Verantwortlichen für Korrekturen und Freigaben.
Voraussichtliche Dauer der Bilanzerstellung und -prüfung.
EXTERNE ZEITFAKTOREN
Dauer von Reproduktion, Druck, Weiterverarbeitung, Verpackung und Versand.
Zeitpunkt der Erteilung Druckauftrages (> rechtzeitige Papierbestellung, Druckereiverfügbarkeit).
DAUER DER ÜBERSETZUNG
Kapazitäten der Agentur / des Satzstudios zwischen Zahlenfreigabe und Drucklegung.

* TIMING: DER DETAILPLAN

Ein Detail-Timing muss für jeden Report individuell erstellt werden – die Prozesse innerhalb der
berichtenden Unternehmen sind zu unterschiedlich. Hilfreich ist die ständige Aktualisierung einer
Timingdatei und ihre Erstellung in einem Programm, das alle Beteiligten systemübergreifend lesen und
verwenden können (z. B. Excel). Ein Beispiel aus der Praxis mit den wichtigsten Steps (mit Ausnahme
einer ggf. zu erstellenden Online-Version) findet sich auf S. 56.

FFF : ///////// / //// /////

> start, stress und stolpersteine

* TIMING: DER SEITENSTATUSPLAN

Ein weiteres hilfreiches Steuerungstool ist ein Seitenplan. Sobald die Seitenaufteilung absehbar ist, kann ein Dokument erstellt werden, das auf einen Blick den Seiteninhalt und den Grad der Fertigstellung verdeutlicht. Es hilft, Schwachstellen schnell aufzudecken, das Gesamtprojekt im Überblick zu haben und z. B. frühzeitig die buchbinderisch bedingte Notwendigkeit von Kürzungen oder Zusatzseiten zu erkennen. Ebenfalls in Excel oder in einem Layoutprogramm erstellt, kann der Seitenstatus in pdf-Dateien mit den aktuellen Layoutseiten eingebunden werden. Je nach Grad der Fertigstellung erhalten die Einzelseiten eine unterschiedliche Farbgebung.

Input fehlt
Input vorhanden, nur teilweise oder noch nicht umgesetzt
Input umgesetzt
zur 1. Korrektur beim Kunden
von 1. Korrektur zurück, noch nicht umgesetzt
zur 2. Korrektur beim Kunden
von 2. Korrektur/Lektorat zurück, noch nicht umgesetzt
Lektoratskorrekturen umgesetzt, zur Freigabe beim Kunden
freigegeben
in der Produktion

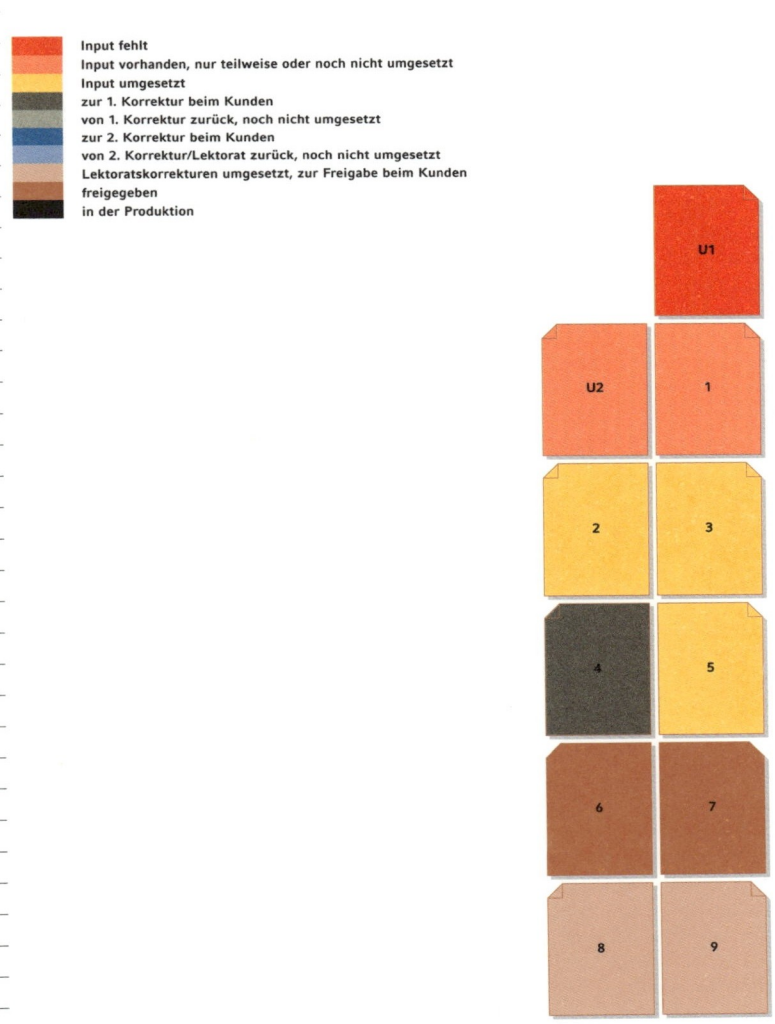

BEISPIEL EINES DETAIL-TIMINGS ZUR REPORT-ERSTELLUNG

#	KW	TAG SOLL	MASSNAHME	ZUSTÄNDIG	TAG IST	ERL.
1			Themendefinition	Unternehmen		
2			Agenturbriefing	Unternehmen / Agentur		
3			Erstellung Angebot / Grobkalkulation	Agentur		
4			Beauftragung	Unternehmen		
5			Konzeptpräsentation	Agentur / Unternehmen		
6			Feedback und Korrekturphase	Unternehmen / Agentur		
7			Nachpräsentation	Agentur / Unternehmen		
8			ggf. zweite Korrekturphase, Freigabe Konzept	Unternehmen / Agentur		
9			Angebote und Auswahl Produktionspartner	Agentur / Unternehmen		
10			Beauftragung Reproanstalt, ggf. Satzstudio und Druckere	Agentur / Unternehmen		
11			Erstellen eines verbindlichen Timings	Agentur / Unternehmen / Druckerei		
12			Erstellung Seiten- / Inhaltsplan (Status fortlaufend aktualisiert)	Unternehmen / Agentur		
13			Start Texterstellung	Unternehmen / Agentur		
14			Angebote, Testdatei und Beauftragung Übersetzer	Unternehmen / Agentur		
15			Angebote und Beauftragung Lektorat	Unternehmen / Agentur		
16			Erstellung Fotobriefing / Angebote und Beauftragung Fotograf / Illustrator	Agentur / Unternehmen		
17			Gesamtkalkulation	Agentur		
18			Papierbestellung	Druckerei		
19			Organisation / Timing Fotoshooting	Agentur / Fotograf		
20			Fotoshooting Imageteil	Fotograf / Agentur		
21			Fotoshooting Management	Fotograf / Agentur / Unternehmen		
22			Fertigstellung Imagetexte	Unternehmen / Agentur		
23			Fertigstellung Pflichttexte ohne Zahlenteil	Unternehmen		
24			Satz Textteil / Layout Imageseiten	Agentur		
25			Blindsatz Zahlenteil	Agentur		
26			Korrekturphase(n)	Unternehmen / Agentur		
27			Foto-Auswahl, Übernahme ins Layout	Agentur / Unternehmen		
28			Fertigstellung Layout Imageteil	Agentur		
29			Korrekturphase(n)	Agentur		
30			Lektorat	externes Lektorat		
31			Einarbeitung Lektoratskorrekturen Imageteil	Agentur		
32			Freigabe Layout Imageteil	Unternehmen		
33			Reproduktion	Reproanstalt		
34			ggf. Beginn Vorabproduktion Imageteil	Agentur / Druckerei		
35			Zahleninput, Input Anhang	Unternehmen / Wirtschaftsprüfer		
36			Definition von Grafiken und Charts (wenn möglich, auch früher)	Agentur / Unternehmen		
37			Gestaltung der Grafiken und Charts, Layout und Satz Pflichtteil	Agentur		
38			Layout und Satz Zahlenteil	Agentur		
39			Übergabe Pflichtteil an Unternehmen	Agentur		
40			Korrekturphasen	Unternehmen / Agentur		
41			Übergabe Zahlenteil an Unternehmen	Agentur		
42			Korrekturphasen	Unternehmen / Agentur		
43			Lektorat	externes Lektorat		
44			Einarbeitung Lektoratskorrekturen Zahlenteil	Agentur		
45			Freigabe Pflichtteil und Zahlenteil	Unternehmen		
46			Erstellung Vorabexemplare für AR	Agentur		
47			Aufsichtsratssitzung / Feststellung des Jahresabschlusses	Unternehmen		
48			ggf. Einarbeitung der AR-Korrekturen	Agentur		
49			Freigabe Gesamtbericht	Unternehmen		
50			Beginn Übersetzung (wenn keine Parallelbearbeitung notwendig, sonst früher)	Übersetzer		
51			Reproduktion	Repro / Druckerei		
52			Satz engl. Version	Agentur		
53			interne Korrekturphase (Abgleich dt. / engl. Version)	Agentur		
54			Lektorat engl. Version	Lektorat		
55			Einarbeitung Lektoratskorrekturen	Agentur		
56			Prüfung und Freigabe engl. Version	Unternehmen		
57			Produktionsfreigabe dt. und engl. Version	Kunde		
58			Daten belichtungsfähig stellen und Druckübergabe	Agentur / Druckerei		
59			Erstellung von Proofs / Plots / Andrucken	Druckerei		
60			Prüfung und ggf. Korrekturen	Unternehmen / Agentur		
61			Druckfreigabe	Unternehmen		
62			ggf. Digitaldruck einer Vorabauflage für die BPK	Druckerei		
63			Druck und Verarbeitung inkl. aller Veredelungsmaßnahmen	Druckerei / Buchbinder etc.		
64			Erstellen von pdf-Dateien	Agentur		
65			Freigabe der pdf-Dateien	Unternehmen		
66			Übergabe der pdf-Dateien an den Kunden und Einstellen bei der Börse	Agentur / Unternehmen		
67			Auslieferung Vorabauflage	Druckerei		
68			Bilanzpressekonferenz	Unternehmen		
69			Auslieferung Hauptauflage	Druckerei		
70			Versand	Unternehmen		
71			Feedbackgespräch	Agentur / Unternehmen		

SO TIPPS ZUR VERMEIDUNG DER 10 HÄUFIGSTEN FEHLER UND ZEITKILLER

FFF : ///////// / //// /////

1. Kommunikations- und Timingfehler	-- Erstellen eines verbindlichen Timings (Auftragsbestandteil!)
	-- Definition klarer Verantwortungsbereiche und verantwortlicher Personen bei allen Beteiligten
	-- Sicherstellen von Verfügbarkeit und Vertretung aller Beteiligten
	-- Realistische Zeitplanung mit ausreichenden Pufferphasen für alle Seiten (Erfahrungswerte abfragen!)
	-- Permanente Aktualisierung der Timeline, Controlling mit Frühwarnsystem
2. Zahlenfehler in der Vorlage	-- Nachrechnen aller Summen
	-- Abgleich von mehrfach genannten Zahlen über den gesamten Report (z. B. Jahresüberschuss, Umsatz)
	-- Abgleich von Zahlen im deutschen und englischen Report
3. Zahlenfehler im Layout	-- Nachrechnen aller Summen während und nach dem Satz, Überprüfen eines sinnvollen Satzbildes
	-- Summenstriche etc. im Layoutprogramm nicht separat, sondern als Linie unter Text anlegen
	-- Verbindlichen Rundungsmodus und Modus zur Summenbildung bei gerundeten Zahlen definieren
	-- Niemals Zahlen von Hand eingeben, immer Import bzw. Copy & Paste aus der Vorlagendatei
	-- Kennzahlenübersichten mit Bilanz, Jahresüberschuss und Anhang gegenprüfen
	-- Vorjahreszahlen mit Vorjahresbericht gegenprüfen, bei Differenzen erst nachfragen, dann korrigieren
4. Verschiebungen in Tabellen	-- Tabellen in Tabulatorschritten anlegen, nicht in Einzelspalten
	-- Seitenübergreifende Tabellen als Montagefläche anlegen, Trennung erst für den Druck (im pdf)
5. Satzfehler und formale Fehler	-- Externes Lektorat beauftragen: Kunde und Agentur haben die Texte zu oft gesehen
	-- Automatische Rechtschreibprüfung schon in der Textdatei, nicht erst im Layout
	-- Überschriften, Inhaltsverzeichnis & Pagina sowie Telefonnummern separat prüfen:
	Bei den Standards werden die meisten Fehler übersehen
	-- Fachbegriffe im gesamten Dokument abgleichen
	-- Layout nach Satzende mit ursprünglichen Vorlagedateien Absatz für Absatz auf Vollständigkeit prüfen
	(alle Tabellen, Fußnoten, Anhänge eingearbeitet?)
	-- Anhangsverweise in den Haupttabellen nicht vergessen bzw. aktualisieren
	-- Abgleichen von Namen in Bildunterschriften mit abgebildeten Personen durch den Kunden,
	ebenso von Namen mit Signaturen
6. Korrekturfehler	-- Korrekturen nur schriftlich geben und annehmen (optimal: Notizen in pdf-Datei via Adobe Acrobat),
	falls Korrekturen am Bildschirm notwendig werden (Endphase) immer parallel notieren
	-- Alle Korrekturen mit Medium (pdf, Fax, schriftlich, ...), Datum und Uhrzeit (minutengenau, auch hier kann
	es Überschneidungen geben!) übersichtlich schriftlich dokumentieren
	-- Mechanismus zur Prüfung der korrekten Korrektureinarbeitung vereinbaren
	(agenturintern / durch Kunde direkt nach Satz)
	-- Nur ein Setzer je Dokument oder Dokumentabschnitt
	-- Auf beiden Seiten nur eine Person definieren, die Korrekturen sammelt und gibt bzw. annimmt
	und verteilt
	-- Keine Korrekturen in der Hektik »schnell« direkt mit dem DTP-Setzer besprechen
	-- Verbindlichen Endtermin je Korrekturphase definieren (»nichts geht mehr«)
7. Übersetzungsfehler	-- Frühzeitige Beauftragung eines Büros mit Unternehmenskenntnis, Finanzmarkt- und Branchenkompetenz
	-- Vorlage und Abgleich eines verbindlichen »internen Wörterbuchs« für branchen- und firmenübliche Begriffe
	-- Vorabübersetzung und -abgleich feststehender Tabellen und Finanzmarkttermini
	-- Wenn zeitlich machbar: Start der Übersetzung erst nach endgültiger Freigabe der deutschen Version
	(Vermeidung unübersichtlicher Doppelkorrekturen; aber: hoher Zeitdruck! Ggf. Imageteil vorab übersetzen!)
8. Umfangsfehler	-- Seitenzahl mit Bindeverfahren abstimmen (z. B. Fadenheftung: durch 16 oder 8, zur Not durch 4 teilbar),
	frühzeitig Seitenplan erstellen und permanent aktualisieren
	-- Ausklappseiten mitzählen!
	(ggf. Imageteil so anlegen, dass Seiten flexibel dazukommen oder entfallen können)
	-- Veränderungen am Umfang rechtzeitig an Druckerei kommunizieren (Papierbestellung!)
	-- Satzbreite bzw. Satzspiegel an Gesamtumfang und Bindeform anpassen
9. Datenhandlingsfehler	-- Vorab-Austausch von Testdateien zwischen Kunde und WP, Kunde und Agentur, Rechnungslegungs-
	abteilung bzw. WP und Agentur sowie Agentur und Dienstleistern (Repro/Setzerei/Druckerei)
	-- Klarheit über Dateitypen vorab schaffen (z. B. nur Word-Datei oder Word und Excel
	gemischt vom WP; offene Layoutdatei oder Druck-pdf von Agentur an Druckerei), Redaktionssysteme
	-- Selbst beim engsten Zeitplan ausreichend Zeit für Proof und Proofkontrolle einplanen
	-- Ausgedrucktes Ablaufmuster gemeinsam mit Daten an die Druckerei übergeben
10. Fehler in Druck und Weiterverarbeitung	-- Maschinenandruck mit komplexen Beispielseiten (hoher Farbauftrag, feine Typo etc.) vorab
	-- Papierauswahl auch im Hinblick auf Trocknungszeiten treffen
	-- Drucküberwachung immer gemeinsam durch Kunde und Agentur
	-- Druckerei mit Geschäftsberichtskompetenz und Mehrschichtbetrieb wählen,
	keine reine Preisentscheidung treffen
	-- Timing mit Puffertag für Druckfehler: Zeit für Nachproduktion eines Bogens einplanen
	-- Frühzeitige Planung und Vorabproduktion von Extras (Prägung, Veredelungen etc.),
	ggf. Vorabproduktion des gesamten Imageteils
	-- Veredelungen möglichst nicht im Zahlenteil einplanen
	-- Ggf. Digitaldruck-Vorabauflage für Bilanzpressekonferenz planen

NUTRITION FACTS

fff
2. _ zusammensetzung

fff
1. _ zutaten

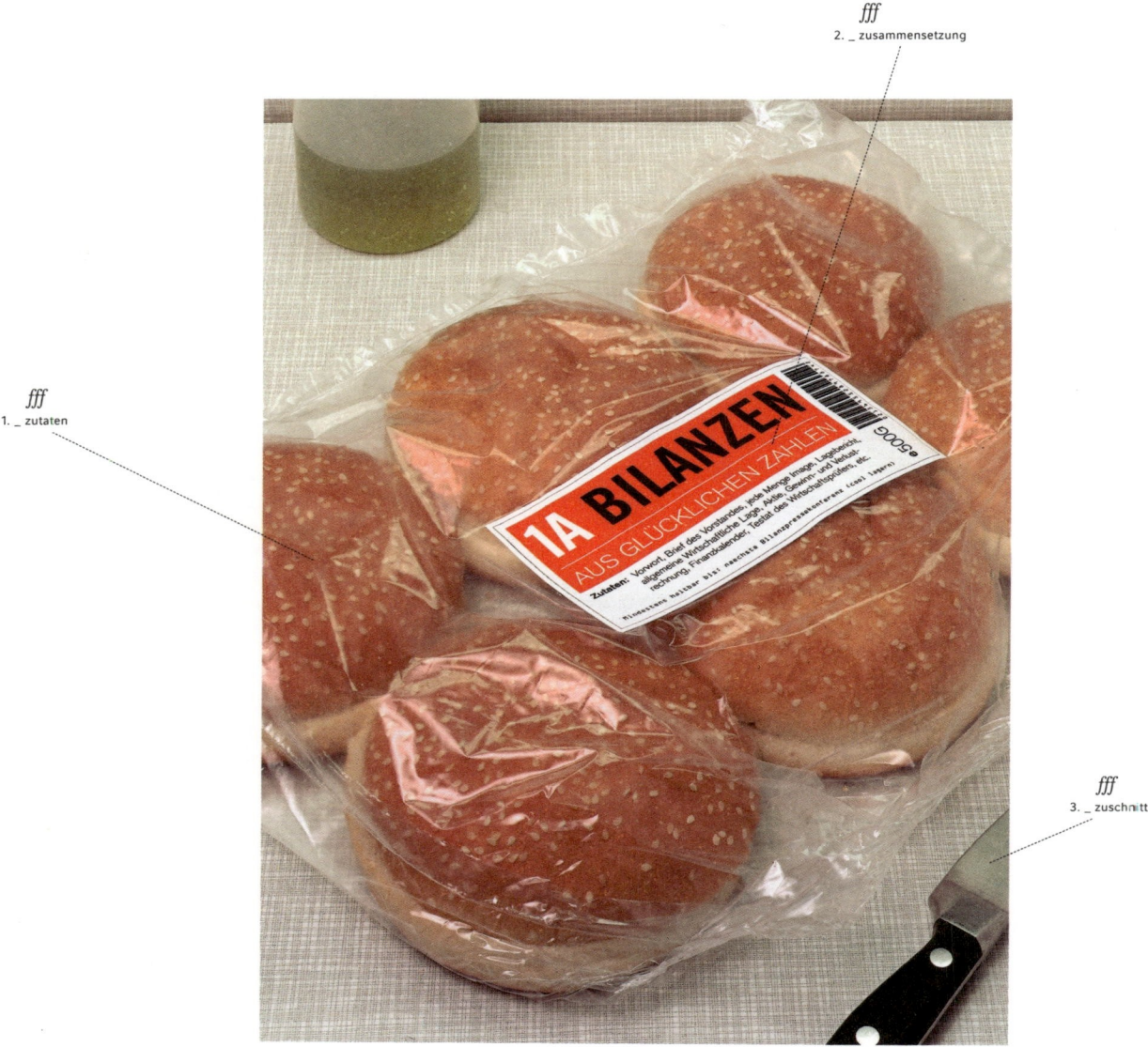

fff
3. _ zuschnitt

WOMIT>

05.0
TEXT /
HANDWERKSZEUG

TORTEN, RETORTEN UND TORTUREN

DIAGRAMME HABEN VIELE FUNKTIONEN. DIE WICHTIGSTEN:

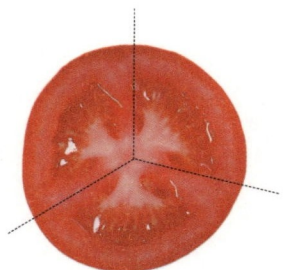

1.) der Klassiker

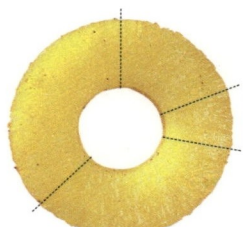

2.) der Ästhet *
* mit »Neuem-Markt-Loch«, hip seit 1998

3.) der Voluminöse

TEXT / HANDWERKSZEUG

>

Das Geheimnis jeder guten Küche ist es, gute Zutaten gut zu verarbeiten.

Ob auf dem Hamburger ein Filetsteak liegt oder Rinderhack, ob die Mayonnaise

aus dem Großküchengebinde kommt oder täglich frisch angerührt wird:

Das sind mehr als graduelle Geschmacksunterschiede.

Wenn die Zutaten stimmen, stimmt fast alles.

Stimmt nicht. Denn wenn der Burger zu heiß, zu kalt oder zu spät auf den

Tisch kommt, wird er nicht gegessen.

Ob das Brötchen gut getoastet, der Salat knackig, die Tomate leuchtend, die

Gurke dünn geschnitten und die Serviette blitzsauber ist, wird in der Küche

entschieden. Die Möglichkeiten, hier etwas anbrennen zu lassen, sind unendlich,

die Möglichkeiten, dem Grundrezept den letzten Schliff zu verleihen, auch.

INFORMATIONSORIENTIERTER TEIL DES REPORTS

Die Qualität eines Geschäftsberichts wird wesentlich von der guten Umsetzung

vernünftiger Inhalte bestimmt. Darum geht es im fünften Kapitel, und hier

besonders um den Einsatz der Mittel zur Information: Text, Typografie, Tabellen

und Diagramme. Welche Inhalte sollen wie kommuniziert werden? Wo sind

Fachausdrücke unabdingbar, wo unverständlich? Wo ist Information wichtiger,

wo die Imagewirkung? Und wovon sollte man ganz die Finger lassen?

An zahlreichen Beispielen werden guter Satz und Einsatz von Schrift

in Fließtexten, Charts und Tabellen besprochen und die Potentiale und Um-

setzungsformen von Diagrammen aufgezeigt.

Schließlich geht es um zwei Spezialitäten auf der Zutatenliste, deren virtuoser

Einsatz entscheidend für die Innen- und Außenwirkung ist: die Veredelung des

Managements mit Hilfe der Fotografie und die Veredelung des Berichts mit

Hilfe der Weiterverarbeitung.

**DER HANDWERKER, DER'S ALLZU GUT WILL MACHEN,
VERDIRBT AUS EHRGEIZ DIE GESCHICKLICHKEIT.**
SHAKESPEARE (KÖNIG JOHANN)

05

10

15

20

25

30

- k - 05.1 *

FFF : //////// / //// /////
_ _ TYPO. TECHNIK UND TABELLEN

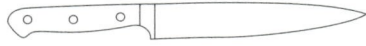

TEXT ODER TEXTUR?

* NICHTS IST SO UNWICHTIG WIE DER TEXT

Ein Geschäftsbericht besteht im Wesentlichen aus viel Text. Das Problem dabei ist, dass der Text den »Leser« überhaupt nicht interessiert: Was auf durchschnittlich 160 Seiten und 500.000 Zeichen
50 — Buchstabe für Buchstabe in monatelanger Arbeit akribisch geschrieben und mehrfach geprüft wurde, ist beim ersten Eindruck nichts als Grauwert.

Daran ändert sich im weiteren Verlauf der Auseinandersetzung nicht viel: Die mittlere Beschäftigungsdauer mit einem Geschäftsbericht liegt bei drei Minuten. In dieser Zeit könnte ein normaler Erwachsener etwa 6.000 Zeichen lesen – wenn er sich ausschließlich darauf konzentriert und nicht
55 — blättert oder Bilder betrachtet. *Mit anderen Worten: über 99 % eines Geschäftsberichts werden nicht gelesen.* Einen Geschäftsbericht zu schreiben ist eine gigantische Verschwendung von Arbeitszeit, Papier und Pigmenten.

* DIE ERSTEN EINDRÜCKE

60 — Ein Report besteht – als Objekt gesehen – aus drei Komponenten: Information, Informationsträger und Verpackung. Aus deren Zusammenspiel entstehen der erste Eindruck und die Gesamtwirkung. Im Bruchteil einer Sekunde analysiert das menschliche Gehirn die sinnlichen Wahrnehmungen und entscheidet darüber, ob ein Objekt interessant ist, ob eine Beschäftigung damit lohnen könnte. Titelgestaltung, Materialwahl und Weiterverarbeitung sind dafür entscheidende Kriterien. Auch
65 — während der näheren Beschäftigung vermitteln Papier und Buchbindung über die taktile und visuelle Wahrnehmung Aussagen zur Wertigkeit und Funktionalität, die in die Bewertung des Gelesenen unterbewusst mit einfließen.

70

fff .) - - - - -   *

— Nach dem ersten Eindruck folgt der zweite: Die allerwenigsten Menschen öffnen eine Broschüre oder
— ein Buch auf der ersten Seite und beginnen zu lesen. Wie ein Raubtier seine Beute von allen Seiten
— begutachtet, wird eine Druckschrift zunächst in die Hand genommen, gewogen, betrachtet und in
— wenigen Sekunden durchgeblättert (meist von hinten nach vorne). Wahrnehmungspsychologisch sind
— Geschäftsberichte deshalb wenig attraktiv, denn ihre Rückseite ist meist leer und der hintere Teil be-
— steht aus dem tabellenlastigen Anhang, der kaum visuell Aufregendes verspricht.
—   Während des ersten Blätterns nimmt unser Gehirn erstaunlich viele Informationen auf: Bilder und
— Teile von Überschriften, strukturierende Textelemente und das Verhältnis von Fließtext zu Diagram-
— men, Tabellen und Bildseiten. Ohne dass ein Satz gelesen wurde, formt der Leser bereits ein erstes
— Urteil, das im Nachhinein nur noch schwer zu revidieren ist. Denn der Mensch vertraut seiner Erfah-
— rung, seinem Instinkt und seinem vermeintlichen Überblick mehr als einer Qualität, die sich im Detail
— versteckt und erst bei genauerem Hinsehen offenbart. Das geschilderte Verhalten gilt für alle Typen
— von Lesern vom Zufallsbetrachter in der Firmenlobby bis zum Analysten.

— *** NICHTS IST SO WICHTIG WIE DER TEXT: WIE GELESEN WIRD**

—   Erst im dritten Schritt differenziert sich das Bild, denn dann folgt die gezielte Beschäftigung mit
— dem Bericht gemäß den individuellen Interessen: Die Suche nach bestimmten Inhalten. Der Analyst
— sucht nach Kennzahlen, der Investor nach dem Prognosebericht, der Kleinaktionär nach dem
— Dividendenvorschlag, der Kunde nach den Segmentumsätzen und der Vorstand nach seinem Bild.
— Was Grauwert war, bleibt Grauwert. Aber nicht überall. Denn jeder liest einen anderen Teil.
— Und den ganz genau.
—   Diese Art von Leseverhalten nennen die Experten[1] informierendes oder konsultierendes Lesen.
— Neben den Teilbereichslesern gibt es Menschen, die von Berufs wegen gezwungen sind, sich länger
— als die rein interessegesteuerten drei Minuten in einen Bericht einzulesen, und das sind für das Unter-
— nehmen die wichtigsten Adressaten. Sie haben es angesichts der Fülle und Komplexität des Materials
— schon schwer genug – die innere und äußere Form der Texte sollte es ihnen nicht noch schwerer
— machen. Aber das ist meist der Fall: Nicht genug, dass sich ein Lagebericht über sechzig oder achtzig
— Seiten hinzieht – er wird gerne auch noch so gesetzt, dass sich der Leser bei fortschreitender
— inhaltlicher Austrocknung immer tiefer in einer Bleiwüste wiederfindet. Ein Frontalangriff auf das
— Informationsbedürfnis.

— *** WAS GELESEN WIRD**

—   Mit Abstand meistgelesener Bestandteil des Geschäftsberichts ist das Vorwort des Vorstands.
— Danach folgen die Kennzahlenübersicht, Bildunterschriften und die Headlines innerhalb von image-
— orientierten, also von vielen Bildern durchsetzten Textpassagen. Erst auf Rang fünf der Beliebtheits-
— skala steht mit dem Prognosebericht ein Pflichtinhalt des Geschäftsberichts.
—   **DAS HEISST ZUM ERSTEN** Die Wahrnehmung der Wichtigkeit von Inhalten ist stark von ihrer Nähe
— oder ihrem direkten Bezug zu Bildern abhängig. **ZUM ZWEITEN** Diejenigen Texte werden am meisten
— gelesen, von denen sich der Leser eine konzentrierte, umfassende inhaltliche Aussage verspricht.
— **UND ZUM DRITTEN** Die Bedeutung der freiwilligen Bestandteile eines Berichtes wird unterschätzt.

—   1.) Hans Peter Willberg (†) und Friedrich Forssman. Ihr Standardwerk zur Lesetypographie kommt ebenfalls aus dem Verlag Hermann Schmidt Mainz,
—   heißt Lesetypographie und sei jedem ernsthaften Geschäftsberichtsgestalter und -setzer wärmstens ans Herz gelegt.

05

Glossar

Werden Fachausdrücke verwendet, gehören Verweise im Text und ein Glossar zum guten Ton.

In vielen Berichten finden sich zwei Glossare: eines für Fachbegriffe aus der Branche und eines für Fachbegriffe aus der

Finanzmarktkommunikation *(siehe auch das Glossar dieses Buchs auf S. 302 ff.).*

15

FFF : ///////// / //// /////

20

25

30

* WIE GESCHRIEBEN WERDEN SOLLTE

Aufgrund der Tendenz vieler Leser zum Diagonallesen, zur Suche nach bestimmten Stichworten
35 und zur genauen Beschäftigung mit dem darauf folgenden Textabschnitt kommt es beim Texten wie
auch bei der Textgestaltung eines Berichts darauf an, dass Textblöcke in sich abgeschlossen, the-
matisch klar strukturiert und schnell zu finden sind. Dieser Prozess kann durch ergänzende, exaktere
und schneller erfassbare Inhaltsträger wie Tabellen und Diagramme unterstützt werden.

* WER SCHREIBEN SOLLTE
40

Formal wird der Geschäftsbericht von zwei Autoren erstellt, die namentlich genannt werden: dem
Vorstand und dem Aufsichtsrat. In keiner Stellenbeschreibung für diese Jobs werden journalistische
oder schriftstellerische Fähigkeiten gefordert.
Das Gleiche gilt für die Co-Autoren im Hintergrund – die meisten Lageberichte werden immer noch
45 von Betriebswirten geschrieben.
Egal, was der spezifische Leser sucht: Er möchte die ihm dargebotene Information verstehen, ob
es sich dabei um allgemeine Aussagen zur Branchensituation, die Darstellung komplexer Produktions-
prozesse oder eine Bilanz handelt.
Das heißt: Rechtlich korrekte Aussagen müssen kein Juristendeutsch sein. Im Gegenteil: Ein gut
50 geschriebener Geschäftsbericht ist allgemeinverständlich formuliert, denn seine Zielgruppe ist zu in-
homogen für Fachchinesisch welcher Couleur auch immer.
Nicht umsonst fordert die amerikanische Börsenaufsicht SEC in ihren Richtlinien ausdrücklich dazu
auf, den Geschäftsbericht von Kommunikationsfachleuten schreiben zu lassen. Auch der in Deutschland
stilprägende manager-magazin-Wettbewerb *(siehe S. 296)* reserviert immerhin 18% seiner Gesamt-
55 wertung für die sprachliche Qualität.
Vornehmlich bei größeren Unternehmen finden sich in den Kommunikationsabteilungen Fachleute,
die in der Lage sind, über ihr Unternehmen auch für Laien verständlich und attraktiv zu berichten.
Wo dies nicht der Fall ist oder die Hierarchien so verteilt sind, dass das Rechnungswesen intern das
letzte Wort hat, ist die Investition in externe Texter absolut lohnend. Viele PR-Agenturen haben sich auf
60 Finanzmarktkommunikation spezialisiert. Sie sollten über genug Branchenkenntnis verfügen, um
das firmeninterne Kauderwelsch in vernünftiges Deutsch zu übersetzen. Und über genug Stehvermö-
gen, um die besseren Formulierungen durchzusetzen.

Aufgrund der rechtlichen Vorschriften lassen sich im Anhang zum Jahresabschluss Fachbegriffe
65 aus dem Finanzwesen kaum vermeiden. Das ist deshalb nicht weiter störend, weil dieser Teil von
Spezialisten (Bilanzierungsfachleuten) für Spezialisten (Analysten) geschrieben wird – niemand sonst
interessiert sich dafür im Detail.

70

FFF : ///////// / //// /////

> typo, technik und tabellen

* KORREKTURPHASEN UND LEKTORAT

Viele Menschen arbeiten gleichzeitig an den Inhalten eines Reports. Je näher der Endtermin rückt, desto wichtiger ist die Abstimmung untereinander, der Abgleich von Daten und ein gutes Projektmanagement. Korrekturen sind bis zur letzten Sekunde zu erwarten, selbst noch in der bilanzfeststellenden Aufsichtsratssitzung. Deshalb sollten Abstimmungs- und Umsetzungsmethoden vor Beginn aller Arbeiten für alle Beteiligten verbindlich, transparent und mit Netz und doppeltem Boden festgelegt werden. Dabei sind fünf unterschiedliche Korrekturphasen zu unterscheiden, die jeweils mehrere Schritte umfassen können und an unterschiedlichen Punkten des Gesamtprozesses greifen:

1.] KONZEPTIONELLE KORREKTUREN
Grundlegende Veränderungen an Idee, Struktur und geplanter Tonality

2.] FORMALE / INHALTLICHE KORREKTUREN
Überprüfung der Festlegung von Kernaussagen, der Informationsabfolge und inneren Logik, der Aufteilung von Informationen in Texte, Tabellen und Diagramme etc.

3.] TEXTKORREKTUREN
Formulierungsänderungen und Feintuning in den durchgetexteten Passagen und Tabellen (z. T. noch mit Blindzahlen), Abgleich der inhaltlichen Aussagen mit den Facts & Figures

4.] KORREKTURPHASEN BIS ZUR FREIGABE
Überprüfung sämtlicher Daten und Zahlen mit den Originalvorlagen, Abgleich vergleichbarer Daten über alle Reportteile, Überprüfung auf fehlende Textteile, interne Fertigstellung

5.] EXTERNES ENDLEKTORAT
Optimierung der Orthografie und Formulierungskonstanz.

Das Wichtigste dabei: Jede Phase sollte abgeschlossen sein, bevor die nächste beginnt. Nichts ist schlimmer als eine grundsätzliche konzeptionelle Änderung kurz vor Schluss. Das verspätete Einbinden einer zusätzlichen Tabelle in ein bereits gesetztes Dokument kann den Umbruch über 200 Seiten verschieben und tagelange Arbeit bedeuten.

Genauso ärgerlich (und eine der häufigsten Mehrarbeits- und Fehlerquellen!) sind nicht gekennzeichnete Korrekturen in einem in Word erstellten Basisdokument, während die Texte bereits in die Layoutsoftware eingeflossen sind. Abhilfe schaffen die Option »Änderungen verfolgen« in Word, ein Redaktionssystem oder die Definition eines festen Zeitpunktes zum Switch der Korrekturen auf Layout- anstatt Textdateien.

Die Korrekturzeiträume sollten so bemessen sein, dass die Verantwortlichen genügend Zeit haben. Überschneidungen sollten vermieden werden, etwa die Korrektur des Lageberichts gleichzeitig durch den Finanzvorstand, das Rechnungswesen und die Strategieabteilung – Doppelkorrekturen sind so unausweichlich und verschleppen den Gesamtprozess.

Es ist hilfreich, wenn eine einzige Person alle Korrekturen im Dokument durchführt, selbst wenn sich die Änderungen stapeln. So bleibt ein Überblick über das Gesamtdokument vorhanden und fehlende Querverweise können besser vermieden werden – zum Beispiel die Korrektur einer Zahl nur in der Bilanz, nicht aber in der Erläuterung und in der entsprechenden Stelle des Lageberichts.

Die sicherste Methode ist die Arbeit mit einem Redaktionssystem, das individuell vorprogrammiert Textbausteine und Tabellen pflegt und ggf. durch Eingaben direkt aus dem Rechnungswesen abändert. Große Unternehmen sind so in der Lage, ihren Bericht in wenigen Tagen komplett und unter weit gehendem Ausschluss von Fehlerquellen zu erstellen. Für kleine Companys ist dieser Aufwand jedoch zu hoch.

III) TEXTKORREKTUREN: ZEICHEN UND ANWENDUNGEN

FFF : ///////// / //// /////

ANWEISUNG	ZEICHEN	ANWENDUNG		KORREKTUR
FALSCHER BUCHSTABE		unser Geschäftsbericht, der sich		unser Geschäftsbericht, der sich
FALSCHES WORT		unser Umsatz der sich		unser Geschäftsbericht, der sich
ÜBERFLÜSSIGER BUCHSTABE		unsere Geschäftsbericht, der sich		unser Geschäftsbericht, der sich
ÜBERFLÜSSIGES WORT		unser unser Geschäftsbericht, der sich		unser Geschäftsbericht, der sich
FEHLENDER BUCHSTABE		unser Geschäfbericht, der sich		unser Geschäftsbericht, der sich
FEHLENDES WORT		unser der sich		unser Geschäftsbericht, der sich
FEHLENDES SATZZEICHEN		unser Geschäftsberich der sich		unser Geschäftsbericht, der sich
ÜBERFLÜSSIGES SATZZEICHEN		unser Geschäftsbericht, der sich		unser Geschäftsbericht, der sich
VERSTELLTER BUCHSTABE		unsre Geschäftsbericht, der sich		unser Geschäftsbericht, der sich
VERSTELLTES WORT		unser Geschäftsbericht, sich der,		unser Geschäftsbericht, der sich
VERSTELLTE ZAHL		im Jahr 0204	2004	im Jahr 2004
FALSCHE TRENNUNG		unser Geschäftsb-ericht		unser Geschäfts-bericht
WORTZWISCHENRAUM		unserGeschäfts bericht, der sich		unser Geschäftsbericht, der sich
ANDERE SCHRIFTART		unser Geschäftsbericht, der sich	bold normal	unser **Geschäftsbericht**, der sich
SPERRUNG		unser Geschäftsbericht, der sich	gespert	u n s e r Geschäftsbericht, der sich
FALSCHE LAUFWEITE		unser Geschäftsbericht, der sich	Laufweite	unser Geschäftsbericht, der sich
ABSATZ		unser Geschäftsbericht. Ein neuer		unser Geschäftsbericht. Ein neuer
ANHÄNGEN EINES ABSATZES		unser Geschäftsbericht, der sich		unser Geschäftsbericht, der sich
FEHLENDER ZEILENABSTAND		unser Geschäftsbericht, der sich mit den Vorjahreszahlen		unser Geschäftsbericht, der sich mit den Vorjahreszahlen
ZU GROSSER ZEILENABSTAND		unser Geschäftsbericht, der sich mit den Vorjahreszahlen		unser Geschäftsbericht, der sich mit den Vorjahreszahlen
FALSCHE AUSZEICHNUNG		unser Geschäftsbericht, der sich		unser Geschäftsbericht, der sich

fff.) -----   ✱

FFF : ///////// / //// /////

> typo, technik und tabellen

Korrekturen sollten auf die Minute genau schriftlich dokumentiert werden – zur Sicherheit für alle Beteiligten. Bei einer telefonischen Korrektur oder beim gemeinsamen Arbeiten vor dem Bildschirm mit Direkteingabe geht eine Information schneller verloren oder wird falsch abgesetzt. Kommt es zu einem teuren Nachdruck, ist die Fehlerquelle nicht mehr zu definieren.

Unbedingt notwendig ist die Überprüfung der Durchführung von Korrekturen. Deshalb sollte nicht der Setzer Korrekturen annehmen, sondern eine andere Person, die dann die Änderungswünsche weitergibt, ihre Durchführung überprüft und den gesamten Ablauf koordiniert. Dazu ist ein pdf-Work-flow mit den klassischen Notizzetteln die beste Methode – sei es per E-Mail-Austausch oder über einen Datenraum, z. B. auf dem Internetserver der Agentur mit FTP-Zugang für alle Beteiligten.

Geht es um Rechtschreibkorrekturen, empfiehlt sich ein Ausdruck und die manuelle Bearbeitung mit eindeutigen Korrekturzeichen. Hilfreich, gerade in der größten Hektik: die Korrekturzeichen nach DIN, mit roter Farbe sowohl im Dokument als auch am Rand vermerkt. Alle Beteiligten sollten auf ihrer An-wendung bestehen, um Missverständnisse zu vermeiden. Zahlen sollten immer ganz durchgestrichen und am Rand komplett wiederholt werden.

Endkorrekturen an Texten und fertigen Zahlenteilen sollten nie durch diejenigen durchgeführt wer-den, die getippt oder gesetzt haben. Selbstgemachte Fehler werden gern übersehen. Die Zeit für einen agenturinternen Abgleich aller Wörter und Zahlen mit den Vorlagen und Korrekturen muss sein, genauso wie die Investition in ein professionelles externes Lektorat. Die alte Regel, dass in jedem Doku-ment irgendwo ein Druckfehler steckt, gilt für einen Geschäftsbericht nicht: Wenn's im rechtlich ver-bindlichen Teil passiert ist, wird neu gedruckt. Und das ist allemal teurer als ein paar Stunden Lektorat, selbst mit Nacht- und Wochenendzuschlag.

✱ ÜBERSETZUNGEN

Ein weites Feld für Feldversuche und Feldverweise sind Übersetzungen. Fast alle Börsenplätze schreiben einen englischen Report vor, fast alle verlangen ihn gleichzeitig mit dem deutschen. Dazu kommen Unternehmen mit wichtigen Auslandsaktivitäten oder Investorengruppen aus anderen Sprach-räumen. Dankenswerterweise sind Übersetzungen in asiatische oder arabische Idiome mit erheblichen Implikationen für den Satzbereich sehr selten – die dortigen Financial Communities haben sich mit Englisch als Quasistandard abgefunden, wogegen spanische, portugiesische oder französische Mutter-sprachler nur selten Englisch beherrschen.

Sofern es einem mit der Übersetzung ernst ist, wird es ernst. Auch ein Verweis auf die Alleingültig-keit der Originalsprachversion hilft nicht vor weit reichenden Konsequenzen aus Missverständnissen. Auszuschließen sind diese schon im eigenen Sprachraum nicht (ein guter Übersetzer wird z. B. bei Auf-tauchen des Wortes »heben« nachfragen, ob der Originaltext aus Nord- oder Süddeutschland kommt und dann mit »*lift*« oder »*hold*« übersetzen). Das Deutsche verfügt über rund 15.000 Begriffe, das Eng-lische über mehr als 35.000. Und trotzdem sind englische Texte im Durchschnitt 15 % kürzer als ihre deutschen Pendants. Viel Raum für Interpretationen. Die Übersetzung steht am Ende des Textprozesses und deshalb unter erheblichem Zeitdruck. Hilfreich sind Vorabübersetzungen von Tabellentexten und ein internes Wörterbuch für branchen- und finanzmarktübliche Begriffe. Das Übersetzungsbüro sollte gut gewählt sein – Branchenkompetenz ist genauso notwendig wie ein souveräner Umgang mit Finanz-markttermini. Für Bilanzübersetzer gibt es Zertifizierungen. Oft erledigen diesen Teil die Büros der Wirtschaftsprüfer. Eine Aufteilung der Übersetzung in Pflicht- und Imagetexte ist kritisch, kann aber dann Sinn machen, wenn der Imageteil sehr werblich getextet ist: Eine Lageberichtsübersetzung darf nicht kreativ sein, die Traduktion eines Wortspiels muss es.

FFF : ////////! / //// /////

* FREIGABEN

Bei jedem Geschäftsbericht gibt es trotz des Anspruchs auf Fehlerfreiheit einen Punkt, an dem es kein Zurück mehr gibt. Danach wird es zu teuer oder zu spät. Oder beides. Deshalb kommt diesem Punkt noch mehr Bedeutung zu als bei anderen Medien. Ohne Freigabe kein Druck: Das hilft nicht nur der Agentur, sondern auch dem Ansprechpartner auf Kundenseite, intern einen Schlusspunkt durchzusetzen. Üblich ist neben der Freigabe des druckfähigen Dokumentes das gemeinsame Abzeichnen von Proofs oder Blaupausen durch Kunde und Agentur (auch die Druckerei möchte am Ende nicht durch Datenübertragungsfehler im Regen stehen) sowie die Freigabe des Maschinenandrucks.

* DATENSCHUTZ: KEINE EXPERIMENTE!

Geschäftsberichte sind Vertrauenssache. Sobald in einem Report »echte« Zahlen eingepflegt sind, spielt Datensicherheit eine große Rolle. Wer Unternehmenszahlen vor der offiziellen Veröffentlichung kennt, kann daraus erhebliche Vorteile ziehen – beispielsweise durch den Kauf oder Verkauf von Aktien. Oder er kann einem Unternehmen erheblich schaden – etwa durch Vorabinformationen. Dies ist nicht nur für die Mitarbeiter einer Aktiengesellschaft illegal und strafbar, sondern für alle Beteiligten an einem Geschäftsbericht. Das Wertpapierhandelsgesetz kennt für sie den Begriff »Sekundärinsider«.

Geschäftsberichtsdaten gehören nur in die Hände vertrauenswürdiger Partner, in gesicherte Ablageorte und nur auf geschützte Datenträger. Layoutausdrucke und Makulaturbögen müssen in den Aktenvernichter – nicht in den Papierkorb.

Unterschätzt wird die Möglichkeit des heimlichen Mitlesens von Daten. Den Satz »Eine E-Mail ist wie eine Postkarte.« hat jeder schon gehört – und meist mit einem Lächeln abgetan. Beim elektronischen Versand von Bilanzzahlen lange vor ihrer Veröffentlichung zwischen Unternehmen, Wirtschaftsprüfern und Agenturen bekommt er eine besondere Relevanz. Sinnvoll sind deshalb E-Mail-Verschlüsselungsmethoden wie PGP (Pretty Good Privacy) oder die Kommunikation per FTP-Up- und -Download auf passwortgeschützen Bereichen einer Website. Bei besonders heiklen Daten oder bei Firmen, die unter erheblicher öffentlicher Beobachtung stehen, ist persönliche Datenübergabe der einzige Weg.

Eine Agentur, die Geschäftsberichte erstellt, sollte den Hinweis auf das Verbot der Nutzung und Weitergabe börsenrelevanter Informationen in alle Arbeitsverträge aufnehmen. Ebenso sollten entsprechende Vereinbarungen mit allen beteiligten Dienstleistern abgeschlossen werden – Reproanstalten, Übersetzungsbüros und Druckereien.

Darüber hinaus sind Vereinbarungen zum Schutz digitalisierter Unterschriften üblich – auch mit diesen Daten könnte, entsprechend angewandt, erheblicher Schaden entstehen.

FFF : ///////// / //// /////

> typo, technik und tabellen

a)

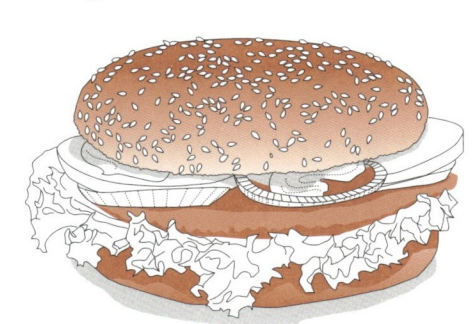

b)
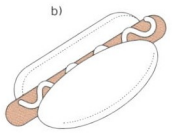

c)
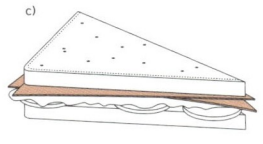

d)
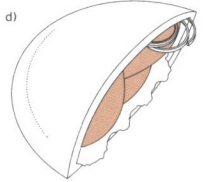

e)
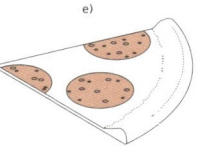

Übersetzungen sind ein weites Feld für Spielernaturen. Damit der Burger auch als Thüringer, Sandwich, Kebap oder Pizza so gut schmeckt wie im Original, ist viel Zeit und Feinarbeit gefragt.

– k – 05.2 *

FFF : ///////// / //// /////
_ _ TYPO. TECHNIK UND TABELLEN

LESETYPOGRAFIE UND MENGENSATZ

* MENGE MIT MÄNGELN

Geschäftsberichte sind wie Heuhaufen: jede Menge Futter. Nur sind die Leser keine Kühe: Statt alles nacheinander durchzukauen, suchen sie nach Nadeln.

Dass das dauern kann, liegt nicht nur an der Seitenzahl, sondern auch an der Typografie. Sollte es aber nicht. Denn gute Typografie ist, wenn ein Text gut gelesen werden kann. Guter Mengensatz ist, wenn eine Menge Text gut gelesen werden kann. Und gute Geschäftsberichtstypografie ist, wenn man in einer Menge Text einen kleinen Absatz schnell findet.

Es ist falsch, in einem Report ein Stück Unternehmenskommunikation zu sehen, das grundsätzlich nach den Regeln eines Corporate-Design-Manuals zu erstellen ist, dessen Erfinder bei ihren Schrift-angaben aber nur an Anzeigen und DIN-lang-Flyer gedacht haben. Dreispaltiger Text in einer serifen-losen 11-pt-Schrift mag für eine Imagebroschüre mit zehnzeiligen Texthäppchen irgendwann hip gewesen sein – für den Report ist es eine Katastrophe.

Genauso falsch ist es, beim Geschäftsbericht aufgrund der Textmenge wie in der klassischen Buch-gestaltung vorzugehen und dogmatisch nur einspaltige Antiquatexte zuzulassen. Ihr Vorteil ist jedoch nicht zu unterschätzen, weil sie den größten Lesekomfort bieten. Geschäftsberichte werden nicht linear von vorne bis hinten gelesen. Die Regeln des Mengensatzes sind auf sie nicht anwendbar.

* EINHEITLICHE VIELFALT

Die einzelnen Teile eines Reports werden von unterschiedlichen Personen sehr unterschiedlich genutzt *(siehe auch Kapitel 5.1 > Wie gelesen wird)*. Allen Lesegruppen gemeinsam ist ihr selektives Infor-mationsbedürfnis. Diese Erkenntnis führt zum Kernpunkt funktionaler Geschäftsberichtstypografie:

der Strukturierung und Erfassbarkeit. Eine gute Leserführung über Registrierung, Seitentitel, Headlines, Einschübe und Zwischenüberschriften ist letztlich wichtiger als die verwendete Schrifttype.
Dennoch spielt diese eine große Rolle:

* SCHRIFTWAHL

Ein Report muss übersichtlich bleiben, seine Texte sollten einheitlich gegliedert sein. Sechs oder
sieben Gliederungsstufen innerhalb eines Kapitels sind keine Seltenheit und wollen typografisch geord-
net werden. Dazu kommen Marginalspalten, Quellenangaben, Verweise auf Tabellen und Diagramme,
Anmerkungen und andere Sonderformen. Unterschiedliche Schriftstärken und -schnitte sind hierfür
von Vorteil. Zu viele unterschiedliche Schriftgrößen führen zu Unübersichtlichkeit und Problemen
mit der Zeilenhaltigkeit auf Doppelseiten.

Ein Geschäftsberichtstext hebt sich von einem üblichen Fließtext vor allem durch einen überpro-
portionalen Anteil an Eigennamen und Zahlen bzw. Wertangaben hervor. Deshalb sollte die verwendete Schrift in Buchstabeninnenformen und Kerning einen ruhigen Lesefluss unterstützen (nicht jede
Antiqua ist automatisch eine gute Fließtextschrift!), aber auch über genügend AUSZEICHNUNGSMÖG-
LICHKEITEN wie SMALL CAPS und *Kursive* verfügen. Außerdem ist das Vorhandensein von proportional
setzbaren Ziffern (Mediäval 123456789 oder Caps 123456789) für den Fließtext und Ziffern mit
identischen Abständen für den Tabellensatz (123.456.789) ein Muss. Diese verstecken sich oft in
den Expert- oder Fractions-Fonts. Die genannten Kriterien schränken die Wahlmöglichkeiten erheblich
ein, besonders dann, wenn man in einer Schriftfamilie bleiben möchte.

* KONTRASTE SCHAFFEN

Es kann durchaus reizvoll sein, kontrastierende Schriften zu verwenden, um den Report zu gliedern,
ästhetische Spannungsfelder aufzubauen und sinnvolle Schrifttypen für die jeweiligen Textbausteine
zu verwenden (z. B. eine Antiqua für den Fließtext, eine Grotesk für die Headlines und eine serifen-
betonte Linearantiqua für den Tabellensatz). Sensibilität ist dabei gefragt: Allzu schnell stiftet der Typo-
mix Verwirrung statt Struktur.

Eine gute Alternative bieten umfassende Schriftfamilien bzw. -systeme, die aufbauend auf der
gleichen Grundform Schriften mit und ohne Serifen, für Text-, Tabellen- und Headlinesatz bieten. Eine
der ersten Schriftfamilien dieser Art war die rotis von Otl Aicher, deren inflationärer Einsatz in den
achtziger Jahren des letzten Jahrhunderts allerdings eine Verwendung in einem aktuellen Report nur
angeraten sein lässt, wenn der wertkonservative Charakter eines Unternehmens betont werden soll
oder die Firma ihren Hauptsitz in Ulm bzw. Schwäbisch Gmünd hat. Zeitgemäßere – oder besser: zeit-
losere – Schriftsippen sind z. B. die ITC Stone (Sumner Stone), Thesis (Luc de Groot) oder Corporate
(Kurt Weidemann). Eine explizit systematisch aufgebaute Schrift ist die Compatil (Olaf Leu), aus der
dieses Buch gesetzt ist.

* DAS PROBLEM MIT DER »HAUSSCHRIFT«: CHARACTERS FOR CHARACTER

Was die Schrifttype – abhängig von ihrem Einsatz – leisten kann, ist Charakterbildung. Konservativ,
innovativ, klar, offen, dynamisch, wertorientiert, gediegen, technokratisch: Diese und viele andere
Attribute lassen sich durch die Schriftwahl steuern und belegen. Weil der Report das Premium-
Kommunikationsmedium eines Unternehmens ist, möchten viele Firmen ihre Hausschrift auch für den
Geschäftsbericht verwenden. Aus Gründen der Lesbarkeit macht das aber nicht immer Sinn. Dann
ist die Diplomatie gefragt.

»Gute Typografie bemerkt man so wenig wie gute Luft zum Atmen. Schlechte merkt man erst, wenn es einem stinkt.«

KURT WEIDEMANN

ROTIS ¬

Gute Typografie bemerkt man
so wenig wie gute Luft zum Atmen.
Schlechte merkt man erst, wenn
es einem stinkt.
- - Rotis Serif regular, 8 pt

Gute Typografie bemerkt man
so wenig wie gute Luft zum Atmen.
Schlechte merkt man erst, wenn
es einem stinkt.
- - Rotis Semi Serif regular, 8 pt

Gute Typografie bemerkt man
so wenig wie gute Luft zum Atmen.
Schlechte merkt man erst, wenn
es einem stinkt.
- - Rotis Sans Serif regular, 8 pt

STONE ¬

Gute Typografie bemerkt man
so wenig wie gute Luft zum Atmen.
Schlechte merkt man erst, wenn
es einem stinkt.
- - ITC Stone Serif regular, 8 pt

Gute Typografie bemerkt man
so wenig wie gute Luft zum Atmen.
Schlechte merkt man erst, wenn
es einem stinkt.
- - ITC Stone Informal regular, 8 pt

Gute Typografie bemerkt man
so wenig wie gute Luft zum Atmen.
Schlechte merkt man erst, wenn
es einem stinkt.
- - ITC Stone Sans regular, 8 pt

THESIS ¬

Gute Typografie bemerkt man
so wenig wie gute Luft zum Atmen.
Schlechte merkt man erst, wenn
es einem stinkt.
- - Thesis The Serif plain, 8 pt

Gute Typografie bemerkt man
so wenig wie gute Luft zum Atmen.
Schlechte merkt man erst, wenn
es einem stinkt.
- - Thesis The Mix plain, 8 pt

Gute Typografie bemerkt man
so wenig wie gute Luft zum Atmen.
Schlechte merkt man erst, wenn
es einem stinkt.
- - Thesis The Sans plain, 8 pt

CORPORATE ¬

Gute Typografie bemerkt man
so wenig wie gute Luft zum Atmen.
Schlechte merkt man erst, wenn
es einem stinkt.
- - CorporateA regular, 8 pt

Gute Typografie bemerkt man
so wenig wie gute Luft zum Atmen.
Schlechte merkt man erst, wenn
es einem stinkt.
- - CorporateE regular, 8 pt

Gute Typografie bemerkt man
so wenig wie gute Luft zum Atmen
Schlechte merkt man erst, wenn
es einem stinkt.
- - CorporateS regular, 8 pt

COMPATIL ¬

Gute Typografie bemerkt man
so wenig wie gute Luft zum Atmen.
Schlechte merkt man erst, wenn
es einem stinkt.
- - Compatil Text regular, 8 pt

Gute Typografie bemerkt man
so wenig wie gute Luft zum Atmen.
Schlechte merkt man erst, wenn
es einem stinkt.
- - Compatil Letter regular, 8 pt

Gute Typografie bemerkt man
so wenig wie gute Luft zum Atmen.
Schlechte merkt man erst, wenn
es einem stinkt.
- - Compatil Fact regular, 8 pt

fff .) -----

*

FFF : //////// / //// /////

> typo, technik und tabellen

In einem Bericht, der dem Erscheinungsbild einer Firma gerecht werden, aber trotzdem gut lesbar
sein soll, lässt sich die wie auch immer geartete Hausschrift zum Beispiel in die Headlines integrieren.
Reicht das als Kompromiss nicht aus, kann die Agentur anbieten, das Corporate Design zu optimieren
(schließlich hat man die relevanten Entscheidungsträger so nahe wie sonst selten und die besten
Gründe für fundamentale Kritik auf dem Silbertablett, wenn der Vorstand über Kopfschmerzen beim
Redigieren klagt). Hilft auch das nichts, sollten Satzspiegel und Zeilenraster erst recht mit viel Augen-
maß angelegt, liebevoll spationiert und aufs Lesefreundlichste typografiert werden – ein Geschäftsbericht ist die Mühe wert, selbst wenn er in der Helvetica erscheinen muss.

»Geschäftsberichtstypografie ist Langstreckentypografie – manchmal benötigt eine Optimierung
eben nicht nur einige Seiten, sondern einige Jahre.« *(Olaf Leu)*

* HAAR-SPALTEREIEN

Genauso uneins wie mit der Grundschrift (Grotesk? Antiqua? System?) sind sich die Berichtemacher mit dem Grundraster – ein- und zweispaltige Berichte halten sich die Waage. Für Einspaltigkeit
sprechen Übersichtlichkeit, Wertigkeit und einfacheres Handling beim Einbau von Tabellen und bei
der Zuordnung von Marginalien. Für die Zweispaltigkeit spricht die nachgewiesen bessere Lesbarkeit
von Zeilen mit 70 – 80 Zeichen.

In Abhängigkeit von umgebendem Weißraum, Textmenge, Satzbild, Buchstabenform, Strichstärken,
Spationierung, Zeilenabstand, Einschüben und anderen typografischen Parametern können jedoch
auch breitere Zeilen sehr gut lesbar sein.

Auf den Folgeseiten und im gesamten Bildteil dieses Buches finden sich Beispiele für unterschied-
lichste Grundraster und Schriftbilder – allen gemeinsam ist, dass sie von Typografen gestaltet wurden,
die ihr Handwerk verstehen. Die einzige und – im Zeichen template-geschwängerter Officeprogramme
und vorlagenbeladener Billiglayoutsoftware – gleichzeitig schwierigste Regel: Ein Report ist etwas
für typografische Profis und keine Spielwiese für Menschen, die sonst am liebsten CD-Cover gestalten.
Er ist eine der komplexesten typografischen Herausforderungen, die es gibt. Der Geschäftsbericht soll
die Wertigkeit eines Unternehmens angemessen repräsentieren, in unterschiedlichsten Textformaten
strukturiert informieren, als umfangreiches Werk ein einheitliches Gesamtbild abgeben und innerhalb
weniger Tage fehlerfrei entstehen. Wer das beherrscht, braucht keine Regeln mehr [1].

1.) Dieses Buch will und kann kein Lehrbuch für Typografie sein. Bücher, die wollen und hervorragend können:

>> Ursache & Wirkung. Ein Typographischer Roman (Erik Spiekermann), Context GmbH, Erlangen 1982 (vergriffen)

>> ÜberSchrift (Erik Spiekermann), Verlag Hermann Schmidt Mainz 2004

>> Wo der Buchstabe das Wort führt (Kurt Weidemann), Cantz Verlag Ostfildern 1997

>> Lesetypographie (Hans Peter Willberg, Friedrich Forssman), Verlag Hermann Schmidt Mainz 1997, überarbeitet 2005

>> Detailtypografie (Friedrich Forssman, Ralf de Jong), Verlag Hermann Schmidt Mainz 2002

Eine typografische
Demonstration
von Selbstbewusstsein:
je wichtig, desto groß.
Kernaussagen in 18 pt und
größer, die Unternehmens-
strategie steht in
14 pt, für den restlichen
Text auf den Folgeseiten
reichen 9 pt aus.

Our companies are finding new efficiencies and impressive market strengths by harnessing the potential of synergistic cooperation throughout Pentair, throughout the

WORLD.

Strategic Insight: # SYNERGY

Pentair is a family of companies on constant lookout for ways to help each other. This synergistic orientation is at work throughout Pentair, throughout the world.

Hoffman Engineering and Schroff serve the electrical and electronic segments of the enclosure market, respectively. Hoffman, however, primarily serves the North American market, while Schroff markets to the rest of the world. Separately, neither had made a significant penetration of the other's geography. Now they have combined forces. The two companies have efficiently consolidated their U.K. operations into a single facility. And, the catalogs of both now feature the products of both companies. Even more exciting, Hoffman and Schroff offer the enclosures market the most complete line of products anywhere in the world. A joint Singapore-based venture to penetrate the exploding Asian market is a significant first step in broadening both companies' markets.

European-North American market strength is also working in favor of Lincoln Industrial U.S. and Lincoln Industrial GmbH. Lincoln GmbH, in Walldorf, Germany, has pioneered an economical, virtually unbreakable and easy-to-install resin-cast pump. Recognizing the product's universal appeal, Lincoln Industrial U.S. added the pump to its line, giving it instantaneous international presence.

Taking advantage of the fact that they share a market, Porter-Cable and Delta co-sponsor *The New Yankee Workshop* and *American Woodshop* on PBS, and expose a weekly audience of seven million to their high-quality products.

ENCLOSURE MARKET SPECTRUM

Hoffman Range · · · · · · · · · · · Schroff Range

18
PNTA

19
PNTA

---

01 - - PENTAIR 1994 - - THE KUESTER GROUP, INC. (USA)

Großes Format,
breiter Satzspiegel,
nur 8 pt und dennoch
beste Lesbarkeit
durch ein optimales
Verhältnis von
Schriftgrad, Zeilen-
abstand und Umraum.

CADENCE IS RIDING

Data processing
'All employees on the electronic highway'

The plans made for the data processing division made in 2000 were implemented in 2001. A Group ICT was set up in which 300 staff work together in all divisions in Delta Lloyd and OHRA: the infrastructure of all automation systems are linked and fused together as much as possible. New standard software packages were implemented. Information Managers were appointed in more business units who see to it that the automation level remains up-to-date. The conversion of systems to the euro was completed.

In addition to the realisation of one single e-mail system and access to the Internet for all employees, three computing centres, in Amsterdam, Arnhem and The Hague, were united into one central computing centre for heavy processes. At the same time, one central print shop was set up. Policies, mailings and invoices are now printed and dispatched from one central place, whereas this used to be done via the print shops in Amsterdam, The Hague and Arnhem.

Internal electronic highway Automation of a modern organization is not only necessary, it creates a competitive advantage. There are many synergy advantages from merged automation departments. The target is to use jointly systems, hardware procurement, software and automation services. This requires first of all a review of existing systems, the realisation of an internal electronic highway, and then standardisation and links between such systems.

A study into new opportunities in the automation area started. The aim is to create a new style workplace where, eventually, all such electronic items as servers, call centres, printers, desktops PC's, faxes, fixed and mobile phones are smoothly linked to the electronic highway. Standardisation will make systems reliable and accessible and will reduce costs.

Business projects Delta Lloyd's intranet, called IntraCom, was extended and renewed. New administrative packages were introduced for the various divisions to replace old legacy systems. This concerns the back office support for the general insurance operations, a Universal Life package for Life and Globus for the banking division. A new ledger package was implemented in OHRA.

Much focus was put on e-business development, a phenomenon through which Delta Lloyd will be able to give even better service to customers and intermediaries. One of the developments implies a project in which intermediaries have direct access to the back office systems of the Delta Lloyd group.

Plans for 2002 The process of integration and streamlining of systems for synergy benefits will be continued in 2002. Examples in this respect are the combination of four existing helpdesks into one single helpdesk for all Dutch offices, an operational central print shop and a joint computing centre. A study will be made into the possibilities of linking the Belgian and German systems to the Delta Lloyd system. Naturally, the development of e-business and internet communication will have much attention. Modernisation, consolidation, streamlining and cost saving are core targets for operational excellence in 2002.

When a great number of employees will be moving from the existing head office to the newly built Mondriaan Tower in 2002, the expertise will be required. About 450 work-places will have to be moved to the new building and their modular computers, cables, switches and workstations and systems tests. The preparations for this labour-intensive project started long ago and the blueprint has been ready for some time. Everything should be working versatile so the Monday morning after this weekend.

Dreispaltigkeit muss nicht magaznhaft wirken: Viel hilft viel – hier der Weißraum.

Lagebericht

Rahmenbedingungen

Die wirtschaftlichen Rahmenbedingungen stellten für das Geschäftsjahr 2001 kein optimales Umfeld dar. Sowohl die gesamtwirtschaftliche Situation (Konjunktur; Arbeitsmarkt; Konsumnachfrage) als auch die Situation in den Märkten der DISTEFORA gestaltete sich als sehr schwierig. Insbesondere für die Bereiche Mobile Kommunikation und Navigation waren die Rahmenvorgaben ungünstig.

Für das laufende Geschäftsjahr sind die Konjunkturprognosen durchwachsen. Ob und wie stark die Märkte sich 2002 aus dem derzeitigen Konjunkturtief bewegen werden, hängt vom allgemeinen wirtschaftlichen Umfeld ab.

Verlauf des Geschäftsjahrs

Strategische Neuausrichtung entscheidend vorangetrieben

Das Geschäftsjahr 2001 stand für den DISTEFORA-Konzern massgeblich im Zeichen zweier Ereignisse. Dies war zum einen die Veräusserung der 68-prozentigen Beteiligung an der ISION Internet AG, Hamburg. Zum anderen waren es die im Frühjahr eingeleiteten Massnahmen zur Restrukturierung des DISTEFORA-Konzerns.

DISTEFORA war im Geschäftsjahr 2001 in den Bereichen Media, Mobile Kommunikation und Navigation tätig. Das Unternehmen wird die Bereiche Mobile Kommunikation und Navigation verstärken.

Das Geschäftsjahr 2001 stand für die DISTEFORA Holding AG massgeblich im Zeichen zweier Ereignisse: Zum einen konnte zu Jahresbeginn die Veräusserung der 68-prozentigen Beteiligung an der ISION Internet AG, Hamburg, erfolgreich abgeschlossen werden. Zum anderen wurde eine tief greifende Restrukturierung des DISTEFORA-Konzerns eingeleitet.

Im schwierigen Umfeld weitere Kunden gewonnen

2001 konnten die Unternehmen des DISTEFORA-Konzern eine Vielzahl von neuen Kunden gewinnen. In einigen Märkten, beispielsweise dem der Hörfunk- und TV-Übertragungswagen, war die Auftragslage trotz der allgemeinen Konjunkturflaute sogar vergleichsweise positiv.

Auf der Ertragsebene hatten diese Einflüsse nur begrenzt. Äussere Einflüsse wie etwa die Erhöhung der SMS-Grosskundenpreise seitens der Deutschen Telekom AG führten dazu, dass im Bereich Mobile Kommunikation die erwarteten Ergebnishöhe nicht erreicht wurden.

ISION Internet AG verkauft

Zum 30. Januar 2001 wurde der Verkauf des Internet-Dienstleisters ISION Internet AG, Hamburg, an das britische Telekommunikationsunternehmen Energis Plc, London, abgeschlossen.

Umsatz und Ergebnis über Vorjahr

DISTEFORA erwirtschaftete im vergangenen Geschäftsjahr einen Umsatz von TCHF 75.203. Bereinigt um die Umsätze der ISION Internet AG sowie der nicht weiter geführten Aktivitäten erhöhte sich der Umsatz der drei Geschäftsbereiche Media, Mobile Kommunikation und Navigation 2001 um 36.6 Prozent gegenüber dem Vorjahreswert in Höhe von TCHF 55.037.

Der Konzern-Jahresgewinn erreichte TCHF 75.037. Im Vorjahr lag der Verlust bei TCHF -31.210. Das positive Ergebnis ist vor allem auf den Verkauf der ISION-Beteiligung zurückzuführen.

Klassische Seitenaufteilung, überschaubare Spaltenbreite und bewusster Einsatz von Farben und Weißraum führen zu einem lesefreundlichen Gesamtbild.

< 76 / 77 >

(A) ↓

01 - -

Übersichtlichkeit muss nicht langweilig
sein: kopfüber aus downunder.

02 - - LEIGHTON 2001 - - EMERY VINCENT DESIGN (AUS)

* VERPACKTES ZERHACKTES: DER INHALT

EIN GESCHÄFTSBERICHT IST EIN KOMPLEXES MEDIUM: Gut, wenn man dabei den Überblick nicht verliert. Das wichtigste Werkzeug, um diesen zu gewinnen, ist das Inhaltsverzeichnis. Spielereien sind fehl am Platze – es sei denn, sie beeinträchtigen die Informationsaufnahme nicht und tragen dazu bei, das Gesamtkonzept des Berichts zu kommunizieren (Bsp. 77.05). In den meisten Inhaltsverzeichnissen stehen die Seitenzahlen vor linksbündig gesetztem Text (Bsp. 77.04, 78.02, 79.04, 79.07). Dies kann jedoch zu Schwierigkeiten führen, wenn die Kapitel des Reports durchnummeriert sind.

Eine übersichtliche Lösung dieses Problems ist ein dreispaltiges Inhaltsverzeichnis mit vor die Seitenzahlen gestellten Kapitelnamen wie in Bsp. 77.04. Üblich ist auch ein linksbündiger Text mit direkt nachfolgender oder rechtsbündiger Ausrichtung der Seitenzahlen (Bsp. 77.05, 79.07). Daneben finden sich Inhaltsangaben mit separater Zeile für die Seitenzahl im linksbündigen oder zentrierten Satz (Bsp. 76.01, 76.02, 77.03) und Verzeichnisse im Flattersatz, wobei die Zuordnung der Pagina zum Text nicht immer ganz eindeutig ist (Bsp. 78.03).

Die meisten Geschäftsberichte weisen zwei Inhaltsverzeichnisse auf. Eines zu Beginn für die ersten Kapitel mit einem Verweis auf den Beginn des Bilanzteils und dort dann ein weiteres, detailliertes Verzeichnis für Bilanzen, Jahresabschluss und Anhang (Bsp. 76.01, 76.02, 79.05, 79.06). Das ist ein sinnvoller Service für Leser mit unterschiedlichem Interesse und notwendig zur Differenzierung detailreicher Reportteile. Manche voluminöse Reports listen vor jedem Kapitel in einem Kurzverzeichnis die jeweiligen Inhalte auf (Bsp. 79.08).

STEADY GROWTH *

* Universal American *is well positioned for continued success.* A strong and conservative balance sheet provides a solid platform upon which we can execute our business plan. And our financial results provide a clear picture of our company's growth, momentum and stability.

ROBERT A. WAEGELEIN, CPA
Executive Vice President
and Chief Financial Officer

Financial Report

~ 13

~ 12

Universal American Financial Corp.

Überblick kompakt: links im Ganzen
als mission statement, rechts im Detail
mit mittelachsig klassischem Verweis
auf die Hauptthemen des Reports.

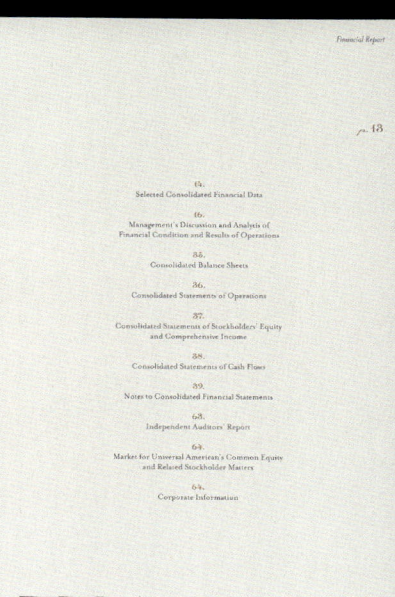

Ko

Inhaltsübersicht

Herzlich willkommen:
das Inhaltsverzeichnis als kompetente
Führerin durch den Report.

Neuer Markt-Wert mit echtem Plus im Ergebnis !!!

Der Inhalt als Imageträger:
Verzeichnis in Form eines Kassenbons
für eine Handels-Gesellschaft.

Das Rollfeld als Geschäfts- und Kapitelgrundlage: Der Flughafen von Singapur nutzt die airporttypischen Bodenmarkierungen als Inhaltsverzeichnis.

01 - - CIVIL AVIATION AUTHORITY OF SINGAPORE 2004/05 - - EPIGRAM (SGP)

Massiver Auftritt: Seitenzahlen als Gestaltungselement.

02 - - CENIT 2000 - - STRICHPUNKT (D)

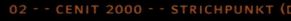
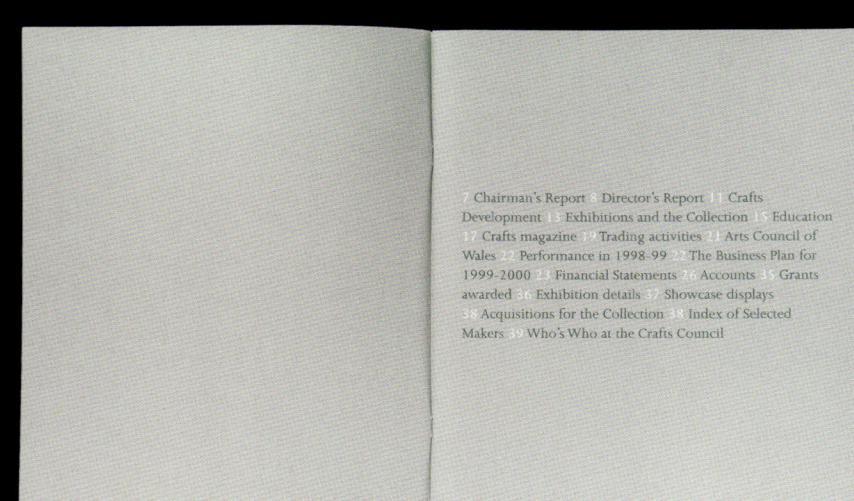

ei entsprechender Schriftgröße kann auch ein Fließtext übersichtlich bleiben.

04 - - COMBOTS 2005 - - STRICHPUNKT (D)

Platz gespart, Übersicht geschaffen: Die wichtigsten Inhaltsangaben direkt auf dem Titel.

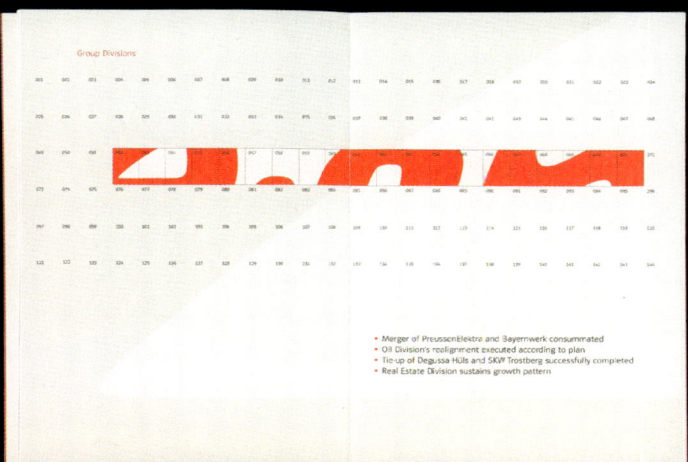

05 / 06 - - E.ON 2000 - - KW43 (D)

Mut zum Detail: e.on kombiniert die Inhaltsseite mit einem Seitenplan und Highlight-Statements.

07 - - FLEXOVIT INTERNATIONAL 1997 - - UNA (AMSTERDAM) DESIGNERS (NL)

08 - - LBBW 2004 - - STRICHPUNKT (D)

Der Report der Landesbank Baden-Württemberg (204 Seiten) stellt jedem
Kapitel ein separates Inhaltsverzeichnis voran.

CEO'S MESSAGE

2002 represents the third consecutive year of strong operating results at Methanex. Over the past three years we have generated total income before unusual items of $340 million and cash flow from operations of $760 million. Return on equity averaged close to 12 percent for the period, and our shareholders saw an increase of 250 percent in the market value of our shares. To add perspective to these results, the S&P Chemical Index experienced negative performance over the same period.

METHANEX 2002 ANNUAL REPORT

Unübersehbar: das Vorwort des Vorstands gleich auf dem Titel – unter einer Klarsichtfolie.

01 - - METHANEX 2002 - - ZACHARKO DESIGN PARTNERSHIP (CDN)

Liebe Aktionärinnen und Aktionäre,

Klartext

.02 - - PROSIEBEN SAT.1 2002 - - KMS TEAM (D)

* DAS FILETSTÜCK: VORWORT DES VORSTANDS

DAS VORWORT DES VORSTANDS BZW. DER »BRIEF AN DIE AKTIONÄRE« verdient nicht nur aufgrund seiner Leseprominenz besondere konzeptionelle und typografische Aufmerksamkeit, sondern auch aufgrund seines ganz eigenen Charakters. Nirgendwo ist der Report persönlicher und direkter. Nirgendwo ist er konzentrierter und verbindlicher. Weil kein Pflichtbestandteil, gibt es auch keine fixen Kriterien für die Umsetzung.

Das Vorwort des Vorstands sollte sich durch Positionierung und grafische Aufarbeitung vom Rest des Reports abheben. Eine radikale und den selektiven Lesegewohnheiten der Geschäftsberichtskonsumenten sehr entgegenkommende Lösung ist die Platzierung auf dem Titel (Bsp. 80.01). Standards sind Reminiszenzen an die persönliche Ansprache – ein Foto des oder der Autoren (siehe auch S. 124 ff.) gehört dazu genauso wie dem klassischen Brief entlehnte Elemente, z.B. handschriftliche Anredezeilen (Bsp. 81.04, 81.06) und eine Unterschrift.

Stilvoll ist die Verwendung eines »echten« Vorstands-Briefpapiers mit blindgeprägtem Firmenlogo (Bsp. 81.04) und einer Signatur, die so brillant reproduziert ist, dass der Betrachter von einem Original ausgehen kann. Leider sind banale Strichreproduktionen in Blau oder Schwarz häufiger. Und schließlich: Wer nicht bewusst einen Editorial-Charakter (Bsp. 82.01) bezweckt, sollte einen Brief unabhängig vom Rest des Reports so setzen, wie er auch sonst geschrieben wird: einspaltig.

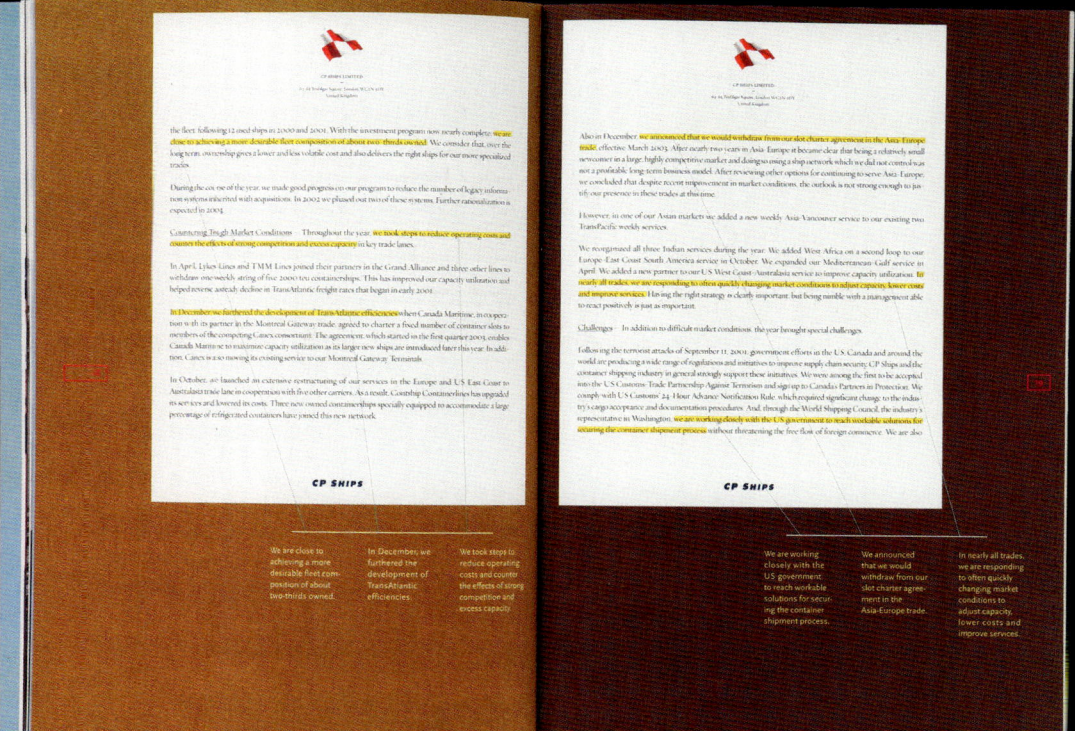

Praktisch:
Im reproduzierten Original-
brief des Vorstands werden
die wesentlichen Text-
passagen mit Leuchtstift
markiert und für Schnell-Leser
am unteren Rand wiederholt.

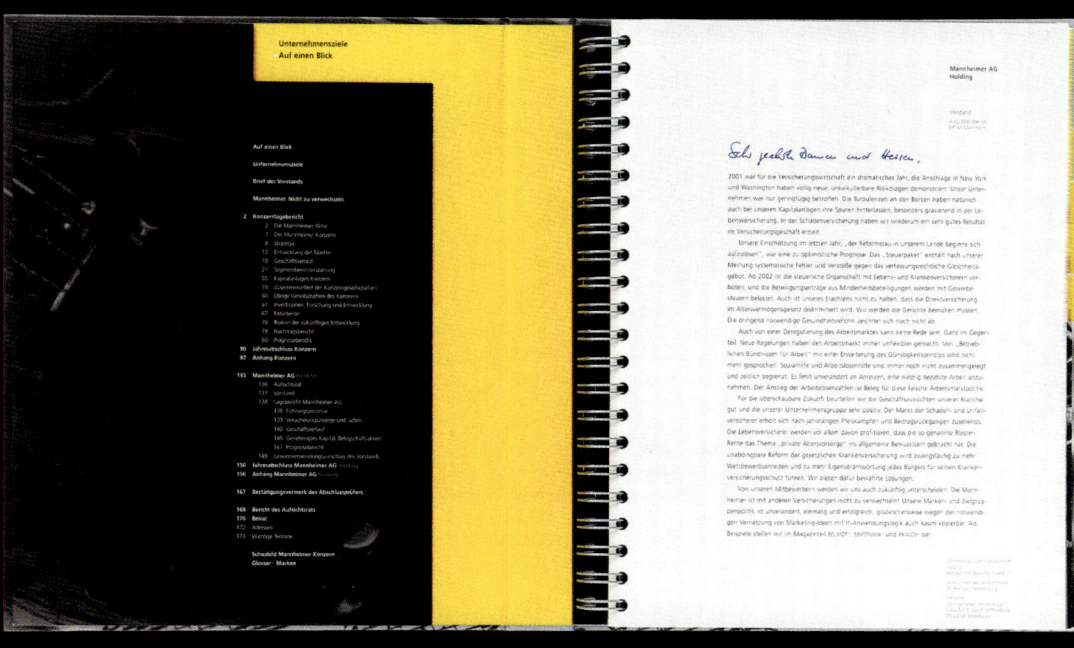

Persönlich:
In die Wire-O-Bindung
ist ein Briefbogen des
Vorstands eingebunden:
Blindprägung und Haptik
des Briefpapiers verstärken
den Eindruck persönlicher
Ansprache.

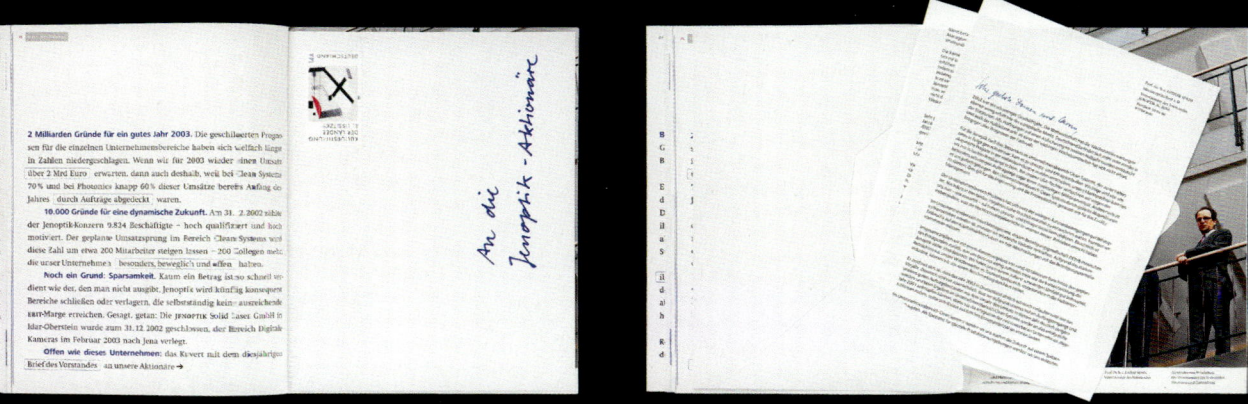

Posttauglich:
Jenoptik »verschickt«
seinen Vorstandsbrief ganz
klassisch im Briefumschlag.

01 - - TENFOLD 1999 - - PENTAGRAM (USA)

02 - - PT HM SAMPOERNA TBK 2000 - - EPIGRAM (SGP)

Charman's and Managing Director's Report continued

Total funds under management

Funds under management are those funds the Group actively manages where the underlying business is wealth creation. Details of these are given on page 50. In the year ending 31 March 2002 total Group funds under management grew 33.7 per cent to $41.3 billion.

The growth in funds under management reflected the success of our strategic emphasis on client wealth creation – particularly the development of our specialist funds in infrastructure and property.

Our people

At Macquarie Bank we provide an environment where our people can make use of their creativity and skills and be successful. It is an environment where entrepreneurs can flourish. By avoiding unnecessary bureaucracy while maintaining strong prudential controls we help our talented teams across the world to work together to achieve success for our clients, our staff and our shareholders.

In this past year we called on our people to rise to even higher standards than usual. We watched with great pride as they responded to the events of September 11, determined to help those affected, maintain services and not allow those tragic acts to further disrupt the communities of which we are a part.

Macquarie Bank was again pleased to be rated the top financial institution and the second best employer overall up from fourth best year on the list of Best Employers to Work for in Australia. We are proud to be recognised for our commitment to the continued success of our people.

Outlook

We expect that the investment of the new capital raised in 2001 will increasingly contribute to growth. In particular, we are confident of continued growth in specialist asset class funds management. We anticipate continued strong growth in business from our largest client set, investors and intermediaries. The benefits from cost initiatives implemented during the year should also have a positive impact on earnings.

We remain mindful that in the short term the Group's performance is subject to conditions in the markets in which we operate and that there are many unpredictable external influences that can affect performance. Nevertheless, the year ending 31 March 2002 saw improved levels of activity across the Group and, subject to market conditions, we expect good overall earnings growth in the current year.

David Clarke
Executive Chairman

Allan Moss
Managing Director and Chief Executive Officer

Rutschpartie: Weiche Faktoren stehen ganz im Vordergrund di Vorwortes: z. B. die Förderung sozialer Projekte.

04 - - MACQUARIE BANK 2002 - - EMERY VINCENT DESIGN (AUS)

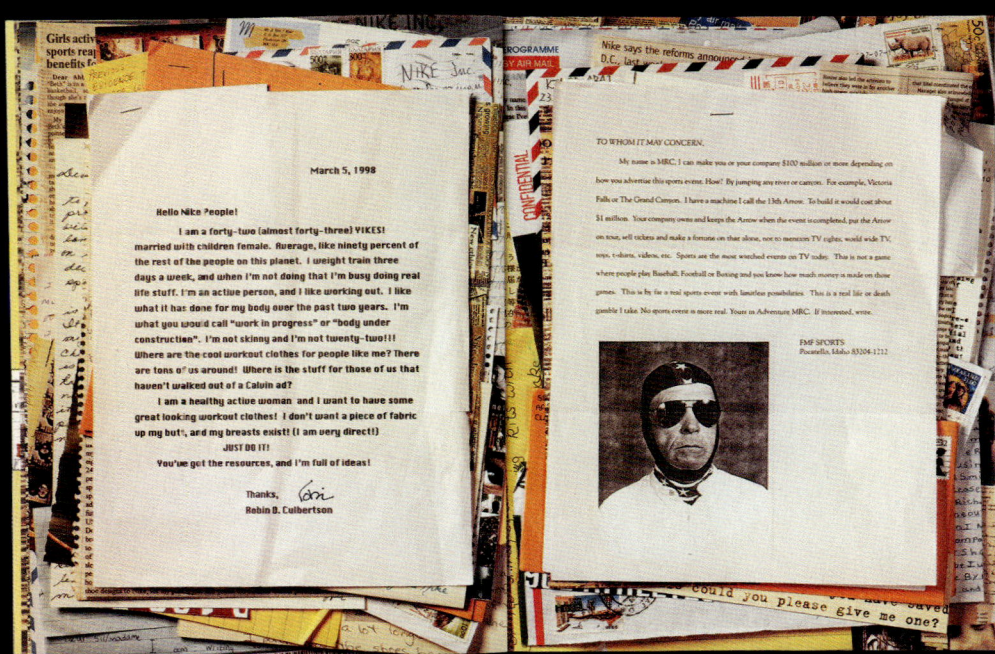

Briefe an die Company statt von der Company: Nike bricht Regeln ganz im Sinne des kommunikativen Gesamtauftrittes: just do it!

05 - - NIKE 1998 - - VALERIE TAYLOR-SMITH (USA)

Wer mit coolem Design sein Geld verdient, kann sich auch Schreibmaschinentypo und Schulheftoptik leisten ...

- TED BAKER 2001/02 - - TED BAKER (GB)

- k - 05.3 *

FFF : ///////// / //// /////
_ _ TYPO, TECHNIK UND TABELLEN

TABELLEN UND DIAGRAMME:
EIN CHART SAGT MEHR ALS 1.000 WORTE

* SCHAUEN STATT LESEN

Tabellen, Diagramme und Schaubilder sind zur Veranschaulichung von Sachverhalten da, für die ein Fließtext zu umständlich ist.

Während Tabellen vor allem dazu dienen, detaillierte Angaben darzustellen und schematisch zu ordnen, helfen Diagramme beim Mengenvergleich und bei der Darstellung von Entwicklungen bei begrenztem Datenvolumen. Der Übergang zu Schaubildern, die Abläufe visualisieren sollen, ist fließend.

* SCHNELLE SCHONKOST: DIAGRAMME

Diagramme in Balken-, Torten-, Linien- oder sonstiger Form prägen die Kommunikation des Informationszeitalters. Fernsehen und Zeitschriften nutzen sie, um uns das Zuhören und Lesen zu ersparen. 83 % unserer Sinneswahrnehmungen finden über das Auge statt, und das erfasst Flächenvolumina und Höhenlinien leichter als Buchstaben. Diagramme selektieren Informationen nach Mengenkriterien in wichtige und weniger wichtige Bestandteile. Das Balkendiagramm am Abend des Wahltags verweist auf den Sieger, ohne dass die Prozentwerte schon wahrgenommen sind; das Tortendiagramm zeigt die Gewichtung der Parteien im Parlament, ohne dass die genaue Anzahl ihrer Sitze erfasst werden muss. Und die Entwicklung der Abgeordnetendiäten wirkt im Liniendiagramm empörender als die nominale Steigerung. Schaubilder helfen beim schnellen Zurechtfinden und bedienen sich dazu visueller Chiffren anstatt langwieriger Erläuterungen. Hierzu gehören Karten und Pläne aller Art genauso wie die Darstellung von Prozessabläufen, z. B. der Haltestellenplan einer U-Bahn-Linie oder

c)

a)

b)

— die Aufbauanleitung eines IKEA-Regals. Man merkt sofort: Hier wird es komplizierter als in der Welt
— der Diagramme, aber dafür auch erfreulicher, wenn man den Durchblick einmal hat.

* DESTRUKTIVER DATENSALAT: TABELLEN

— Tabellen sind dagegen geradezu hoffnungslose Fälle: Im normalen Leben begegnen sie uns in Form
— von Busfahrplänen, Telefontarifvergleichen und Nährwertangaben auf Lebensmittelverpackungen. Die
— Erkenntnis daraus lautet entweder zu spät, zu teuer oder zu fett. Deshalb schauen wir sie uns meistens
— gar nicht erst an. Und vielleicht ist das auch der Hauptgrund für die ernüchternd kurze Beschäftigungs-
— zeit mit einem Geschäftsbericht: Er ist geradezu mit Tabellen gespickt, von gerade noch erträglichen
— Dreizeilern bis zu Anlagespiegeln über zwei Doppelseiten. Ein durchschnittlicher deutscher Geschäfts-
— bericht enthält 90 – 100 Tabellen, Schaubilder und Diagramme sind dabei noch nicht mitgerechnet.

FFF : //////// / //// /////

— Grund genug also, sich mit Tabellen zu befassen – die Folgeseiten zeigen Umsetzungsmöglich-
— keiten am Beispiel.
— Bei allen gilt: Viel hilft viel. Vor allem viel Übersicht. Und der sinnvolle, die Tabellenlogik unter-
— stützende Einsatz von strukturierenden Elementen wie horizontalen und vertikalen Linien, Flächen,
— Fonds und Schriftschnitten. Die Variationsmöglichkeiten dazu sind unendlich, sollten aber nicht als
— Aufforderung zu Spielereien missverstanden werden – nirgendwo sind Gimmicks und unüberlegt
— eingesetzte grafische Elemente störender als hier.

ZEHN ALLGEMEINE HINWEISE, UM BEIM LAYOUT GRÖSSERE PANNEN ZU VERMEIDEN:

1.] Je einheitlicher der Tabellenaufbau, die Struktur, die Platzierung von Jahresspalten und Währungs-
— einheiten etc., desto schneller findet sich der Nutzer im Gesamtdokument zurecht. Tabellen für den
— Geschäftsbericht kommen aus vielen Quellen – im gesetzten Report darf das nicht mehr auffallen.
2.] Erfolgreiche Finanzmarktkommunikation beruht auf Vergleichbarkeit und Kontinuität.
— Ein einmal definiertes Tabellenlayout sollte deshalb möglichst über Jahre hinweg beibehalten
— werden.
3.] Das Tabellenlayout an der umfangreichsten Tabelle ausrichten (meist der Anlagespiegel).
4.] Linien und flächige Zeilenhinterlegungen helfen bei der Zuordnung von linksbündigen Texten
— zu rechtsbündigen Zahlen. Um Verschiebungen im Umbruch zu vermeiden, sollten diese in der
— Layoutsoftware mit dem Text fest verbunden und nicht als grafische Einzelelemente definiert
— werden.
5.] Tabellenziffern müssen sauber untereinander stehen, Proportionalschriften sind hierfür ungeeignet.
— Viele Schriftfamilien verfügen über Expert- oder Fractions-Fonts, die Ziffern mit fester Kegelbreite
— für den Tabellensatz enthalten.
6.] Tabellensatz kostet Zeit. Hilfreich ist der frühzeitige Blindsatz von Tabellen vor Verfügbarkeit
— der realen Zahlen. Die Tabelleninhalte und -Formulierungen stehen meistens schon zuvor fest und
— lassen sich im Vorfeld setzen und korrigieren. Alternativ lassen sich einfache Tabellenformen in
— der Layoutsoftware auch programmieren.
7.] Tabellensatz ist anfällig für Fehler und schwer zu korrigieren; im Lektorat fallen Abweichungen
— zu den Originalvorlagen nicht mehr auf. Im Layoutsatz sollte deshalb keine Zahl getippt werden:
— Komplettimport oder Copy & Paste sind sichere Wege.
8.] Nervig, aber nützlich: Nachrechnen hilft nicht nur, Fehler zu entdecken, sondern auch die Sinn-
— haftigkeit von Summenstrichen und anderen Strukturierungselementen nachzuvollziehen oder
— herzustellen. Merke: Ein Bilanzbuchhalter ist kein Schriftsetzer.
9.] Übersetzungen von Tabellen beziehen sich auch auf Wertangaben und die Gliederung von Zahlen.
— Eine Veränderung obliegt oft dem Setzer. Beispiel: Die Gliederung eines Geldbetrags erfolgt von
— rechts in Dreiergruppen. In der Schweiz durch ein leeres Halbgeviert, in Deutschland durch einen
— Punkt und im Englischen durch ein Komma: 1 234 567,89 sfr, aber 1.234.567,89 € und 1,234,567.89 $.
10.] Wo etwas nicht verstanden wird, entstehen Fehler. Ein Tabellengestalter sollte deshalb eine Bilanz
— lesen können – oder sie sich erklären lassen. Wenn das Know-how in Kreation und Produktion fehlt,
— hilft eine Fortbildung, Fachlektüre oder die hauseigene Buchhaltung.

> typo, technik und tabellen

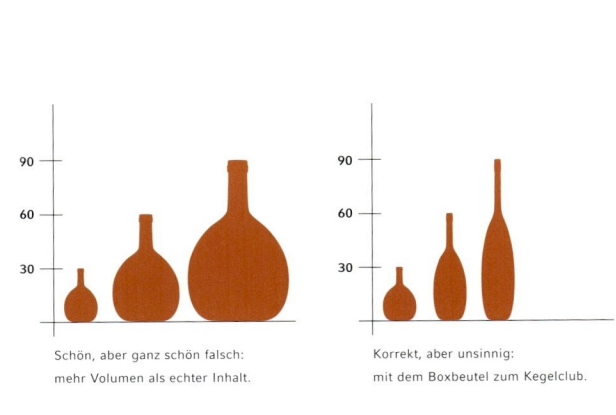

Schön, aber ganz schön falsch:
mehr Volumen als echter Inhalt.

Korrekt, aber unsinnig:
mit dem Boxbeutel zum Kegelclub.

Eine besondere Problematik ergibt sich bei der Übertragung von Buchhaltungs- und Abschlussdokumenten, die einer anderen Struktur folgen und zunächst für andere Zwecke angelegt wurden als für den Satz eines Geschäftsberichts. Die folgende Doppelseite erläutert anhand eines Beispiels die wichtigsten Regeln zur Übertragung einer Datei aus einem Rechenprogramm in ein Layout, denn mit bloßem Datenimport ist es nicht getan, wenn aus einem Zahlenfriedhof ein blühender Garten gemacht oder zumindest das Unkraut gejätet werden soll.

* WIE ES EUCH GEFÄLLT

Nach allgemeinen Layoutbeispielen für kurze und lange Tabellen wird auf den Folgeseiten *(S. 96 ff.)* ein besonderes Augenmerk auf die Kennzahlenübersichten gelegt. Sie gehören gleichzeitig zu den komplexesten und den am meisten gelesenen Reportbestandteilen. Und da sie kein Pflichtbestandteil des Reports sind, können sie beliebig gestaltet sein. Viele Unternehmen ergänzen eine tabellarische Darstellung durch Diagramme *(S. 96)*, manche ersetzen sie sogar vollständig *(S. 98)*.
Ab *S. 100* finden sich Beispiele für Tortendiagramme, ab *S. 102* für vertikale und horizontale sowie segmentierte Balkendiagramme und ab *S. 110* für Liniendiagramme und Aktiencharts. Danach folgen freie Charts, Fotocharts und Schaubilder sowie Organigramme und Kartografie.
Die einzige Regel, die allen gemeinsam ist: Diagramme sollen informieren, nicht irritieren. Dass sie darüber hinaus auch ästhetische Qualitäten entwickeln können, darf nie zu Lasten des eigentlichen Zwecks gehen. Und weil Finanzmarktkommunikation mit Offenheit und Ehrlichkeit zu tun hat, verbieten sich Diagrammformen, die bewusst verfälschende Assoziationen wecken sollen, eigentlich von selbst. Sollte man meinen. Doch der Kenner weiß: Wenn Liniendiagramme ins Spiel kommen, ist Vorsicht geboten. Auch Balkendiagramme, die durch das Abschneiden der Nulllinie nur die Gipfel einer Entwicklung darstellen, führen zu mehr Schein als Sein: Marginale Veränderungen werden dann zu gigantischen Treppenstufen. Bei freien Diagrammen, z. B. Balkendiagrammen in Form eines Produkts, wird gerne ein höheres Volumen in Kauf genommen, nur weil ein höherer vertikaler Wert dargestellt werden soll: Da erhöht sich der Getränkeabsatz nur um 15 %, aber die 0,7-Liter-Buddel wird zur Magnum *(Beispiel siehe oben)*. Wohl bekomm's – allein das Tortendiagramm scheint unbestechlich zu sein. Es verhindert zwar Desinformation wirkungsvoll, ist dafür aber nur sehr begrenzt einsetzbar.

Gliederungshierarchien einer Tabelle sollten übernommen werden, können aber mit anderen typografischen Mitteln dargestellt werden (z. B. Schriftschnitte und Farbeinsatz anstelle von Texteinzügen). Nummerierungssysteme müssen übernommen werden. Die Spaltenbreite kann optimiert werden. Werden vorhandene Abkürzungen ausgeschrieben oder vollständige Worte im Satz abgekürzt, sollte vorsorglich im Rechnungslegungsbereich nachgefragt werden.

EXCEL-DATEI

BILANZ ZUM 31. DEZEMBER 200X
(Vorjahr zum Vergleich)

AKTIVSEITE	31. Dez. 200X EURO	31. Dez. 200X EURO	31. Dez. 200X EURO	31. Dez. 200X EURO
A. Anlagevermögen				
I. Immaterielle Vermögensgegenstände				
1. Konzessionen, gewerbliche Schutzrechte und ähnliche Rechte und Werte sowie Lizenzen an solchen Rechten und Werten	2.047.517,72		2.647.883,70	
2. Geschäfts- oder Firmenwert	69.809.735,49		73.879.659,08	
3. Geleistete Anzahlungen	0,00	71.857.253,21	142.557,68	76.670.100,46
II. Sachanlagen				
1. Grundstücke, grundstücksgleiche Rechte und Bauten, einschließlich der Bauten auf fremden Grundstücken	130.594.393,01		112.336.383,51	
2. Technische Anlagen und Maschinen	89.221.737,52		73.876.252,15	
3. Andere Anlagen, Betriebs- und Geschäftsausstattung	15.532.731,68		8.495.553,99	
4. Geleistete Anzahlungen und Anlagen im Bau	13.009.693,57	248.358.555,78	3.341.019,66	198.049.209,31
III. Finanzanlagen				
1. Anteile an verbundenen Unternehmen	0,51		150.565,11	
2. Beteiligungen	249.469,61		9.368.768,73	
3. Mitgliedschaften bei Genossenschaften	1.124,84		1.124,84	
4. Sonstige Ausleihungen	25.639,69	276.234,65	4.614,17	9.525.072,85
B. Umlaufvermögen				
I. Vorräte				
1. Roh-, Hilfs- und Betriebsstoffe	15.475.347,89		17.796.197,68	
2. Unfertige Erzeugnisse, unfertige Leistungen	8.961.285,16		8.487.205,56	
3. Fertige Erzeugnisse und Waren	542.700,44		722.105,15	
4. Geleistete Anzahlungen	294,43	24.979.627,92	506,32	27.006.014,71
II. Forderungen und sonstige Vermögensgegenstände				
1. Forderungen aus Lieferungen und Leistungen	72.127.663,04		70.611.076,58	
2. Forderungen gegen verbundene Unternehmen	0,00		268.339,89	
3. Forderungen gegen Unternehmen, mit denen ein Beteiligungsverhältnis besteht	0,00		5.051.091,33	
4. Sonstige Vermögensgegenstände	9.831.548,77	81.959.211,81	16.822.767,22	92.753.275,02
III. Wertpapiere				
1. Eigene Anteile	277.870,00		0,00	
2. Sonstige Wertpapiere	684.491,20	962.361,20	3.172.574,05	3.172.574,05
IV. Kassenbestand, Bundesbankguthaben, Guthaben bei Kreditinstituten und Schecks	2.404.947,79	2.404.947,79	8.774.448,73	8.774.448,73
C. Rechnungsabgrenzungsposten	790.991,64	790.991,64	787.273,20	787.273,20
		431.589.184,00		416.737.968,33

In einer Bilanz kommen keine negativen Zahlen vor. In anderen Tabellen gibt es drei Möglichkeiten zu ihrer Kennzeichnung: durch ein Minuszeichen vor der Zahl, durch das Setzen der Zahl in Klammern oder durch rote Einfärbung. Das gewählte System sollte im gesamten Report durchgehalten werden, auch wenn die Vorlagen voneinander abweichen. Bei derartigen Eingriffen in den Zahlensatz ist Vorsicht geboten. Kein Kunde denkt daran, dass eine korrekt gelieferte Zahl später im Layout falsch stehen könnte, Fehler werden kaum erkannt. Sollen Zahlen erst beim Setzen gerundet werden (z. B. Vorjahreszahlen, die exakt ausgewiesen sind, auf Tausendersummen reduziert), muss das System dazu einheitlich sein und mit dem Rechnungslegungsbereich abgestimmt werden. Rundungen aus Platzgründen sollten vermieden werden, bestimmte Beträge dürfen nicht gerundet werden. Vom Rechnungslegungsbereich unbedingt freigeben lassen!

Grundsätzlich:

Zahlen aus der Originaldatei nie beim Setzen neu abtippen – ausschließlich über Importfunktionen (Copy & Paste) arbeiten!

fff .) ----- *

Währungsangaben werden gerne vergessen. Sie müssen eindeutig positioniert sein und können von Textzeichen (EURO / GBP / US$)
zu Symbolen geändert werden (€ / £ / $). Bei Kurzangaben (Tausend Euro / TEUR) sollte für das gesamte Dokument einheitlich
verfahren werden (z. B. T€). Vorsicht bei Übersetzungen: Abkürzungen können unterschiedlich sein (z. B. deutsch T€, engl. €000s)!
Besonders tricky: Die deutsche Milliarde (Mrd.) heißt im Amerikanischen Billion (bn).

GESETZTE TABELLE

Bilanz *Konzern*

Oft vergessen:
Ianz und Gewinn-
un... rechnung müssen
Ver... die erläuternden
Se... nhang enthalten.
... ektorat korrekte
...üge überprüfen!

Im Anhang auf Seite:	Aktivseite in €	31.12.200X	31.12.200X
79	**A. Anlagevermögen**		
79	*I. Immaterielle Vermögensgegenstände*		
	1. Konzessionen, gewerbliche Schutzrechte und ähnliche Rechte und Werte sowie Lizenzen an solchen Rechten und Werten	2.047.517,72	2.647.883,70
	2. Geschäfts- oder Firmenwert	69.809.735,49	73.879.659,08
	3. Geleistete Anzahlungen	0,00	142.557,68
		71.857.253,21	**76.670.100,46**
79	*II. Sachanlagen*		
	1. Grundstücke, grundstücksgleiche Rechte und Bauten, einschließlich der Bauten auf fremden Grundstücken	130.594.393,01	112.336.383,51
	2. Technische Anlagen und Maschinen	89.221.737,52	73.876.252,15
	3. Andere Anlagen, Betriebs- und Geschäftsausstattung	15.532.731,68	8.495.553,99
	4. Geleistete Anzahlungen und Anlagen im Bau	13.009.693,57	3.341.019,66
		248.358.555,78	**198.049.209,31**
80	*III. Finanzanlagen*		
	1. Anteile an verbundenen Unternehmen	0,51	150.565,11
	2. Beteiligungen	249.469,61	9.368.768,73
	3. Mitgliedschaften bei Genossenschaften	1.124,84	1.124,84
	4. Sonstige Ausleihungen	5.639,69	4.614,17
		276.234,65	**9.525.072,85**
	B. Umlaufvermögen		
80	*I. Vorräte*		
	1. Roh-, Hilfs- und Betriebsstoffe	15.475.347,89	17.796.197,68
	2. Unfertige Erzeugnisse, unfertige Leistungen	8.961.285,16	8.487.205,56
	3. Fertige Erzeugnisse und Waren	542.700,44	722.105,15
	4. Geleistete Anzahlungen	294,43	506,32
		24.979.627,92	**27.006.014,71**
80	*II. Forderungen und sonstige Vermögensgegenstände*		
	1. Forderungen aus Lieferungen und Leistungen	72.127.663,04	70.611.076,58
	2. Forderungen gegen verbundene Unternehmen	0,00	268.339,89
	3. Forderungen gegen Unternehmen, mit denen ein Beteiligungsverhältnis besteht	0,00	5.051.091,33
	4. Sonstige Vermögensgegenstände	9.831.548,77	16.822.767,22
		81.959.211,81	**92.753.275,02**
81	*III. Wertpapiere*		
	1. Eigene Anteile	277.870,00	0,00
	2. Sonstige Wertpapiere	684.491,20	3.172.574,05
		962.361,20	**3.172.574,05**
	IV. Kassenbestand, Bundesbankguthaben, Guthaben bei Kreditinstituten und Schecks	2.404.947,79	8.774.448,73
81	**C. Rechnungsabgrenzungsposten**	790.991,64	787.273,20
		431.589.184,00	**416.737.968,33**

Die Reihenfolge der **Jahresspalten**
sollte im gesamten Dokument
identisch sein.

Tabellenzahlen benötigen gleiche
Ziffernabstände. Proportionalzahlen
sind unbrauchbar.

Linien sollen nie willkürlich
gesetzt werden: Sie dienen optional
in jeder Zeile der Leseunterstützung
und dort, wo sie verändert sind,
der eindeutigen Summenbildung.
Unterschiedlich starke Linien weisen
auf unterschiedliche Summenbildungs-
hierarchien hin, die nachvollziehbar sein
sollten. In diesem Beispiel addieren
sich alle regulär gesetzten Zahlen zu
einer fett gesetzten Summe, alle
fett gesetzten Summen addieren sich
zur weiß auf Orange gesetzten
Gesamtsumme.

Vorsicht bei Übersetzungen:
Im Deutschen werden Centbeträge
durch ein Komma getrennt,
Tausenderblöcke durch einen
Punkt gegliedert.
Im Englischen genau umgekehrt.
Nicht jede englische Übersetzung
ist daraufhin schon optimiert.

Deutsch
3.172.574,05
Englisch
3,172,574.05

Aus zwei Spalten wird eine, aus vier Zeilen werden fünf: Der Unterschied zwischen einer Buchhaltungs-
tabelle und einer gesetzten Tabelle kann erheblich sein. In der Buchhaltung ist es üblich, Summen in
einer rechts anschließenden Spalte neben die unterste Zahl der Addition zu stellen (zum Teil setzt
sich dieses System für Zwischensummen über mehrere Spalten fort). Im gedruckten Report ist meist
kein Platz für Zusatzspalten. Stattdessen werden Summenstriche gezogen und die Summen unter
die Addition gesetzt. Bei mehreren Zwischensummen kann durch unterschiedliche Strichstärken und
ggf. Schriftstärken ein logisches Satzbild geschaffen werden.

Durch den Einsatz von **Farbfonds** lassen sich z. B. über den gesamten
Bericht hinweg die Zahlen des aktuellen Jahres und die wichtigsten
Kennzahlen besonders hervorheben. Ein Fond kann auch der Trennung
von Tabelle und Umraum dienen. Vorsicht mit der Farbe Rot; diese
steht buchhalterisch für negative Zahlen.

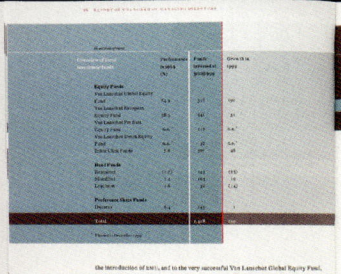

01 >>

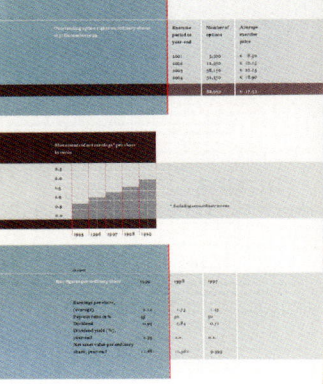

02 - - VAN LANSCHOT 1999 - - UNA (AMSTERDAM) DESIGNERS (NL)

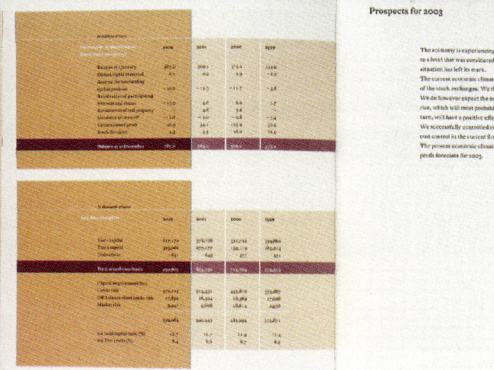

03 >>

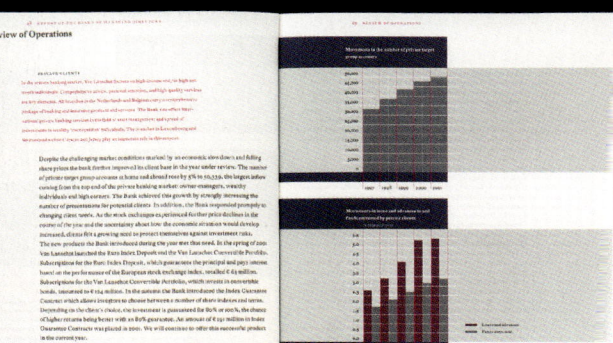

04 - - VAN LANSCHOT 2001 - - UNA (AMSTERDAM) DESIGNERS (NL)

05 >>

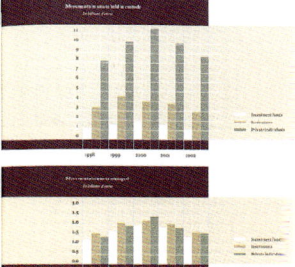

06 - - VAN LANSCHOT 2002 - - UNA (AMSTERDAM) DESIGNERS (NL)

07 - - KONINKLIJKE WESSANEN 2000 - - TOTAL DESIGN (NL)

08 - - MUSICLAND 1993 - - MUSICLAND STORES CORP. (USA)

- MOLECULAR BIOSYSTEMS 1998 - - CAHAN & ASSOCIATES (USA)

10 - - DINO 2000 - - STRICHPUNKT (D)

- TELEGATE 2002 - - STRICHPUNKT (D)

12 - - STRATECH SYSTEMS 2000 - - EPIGRAM (SGP)

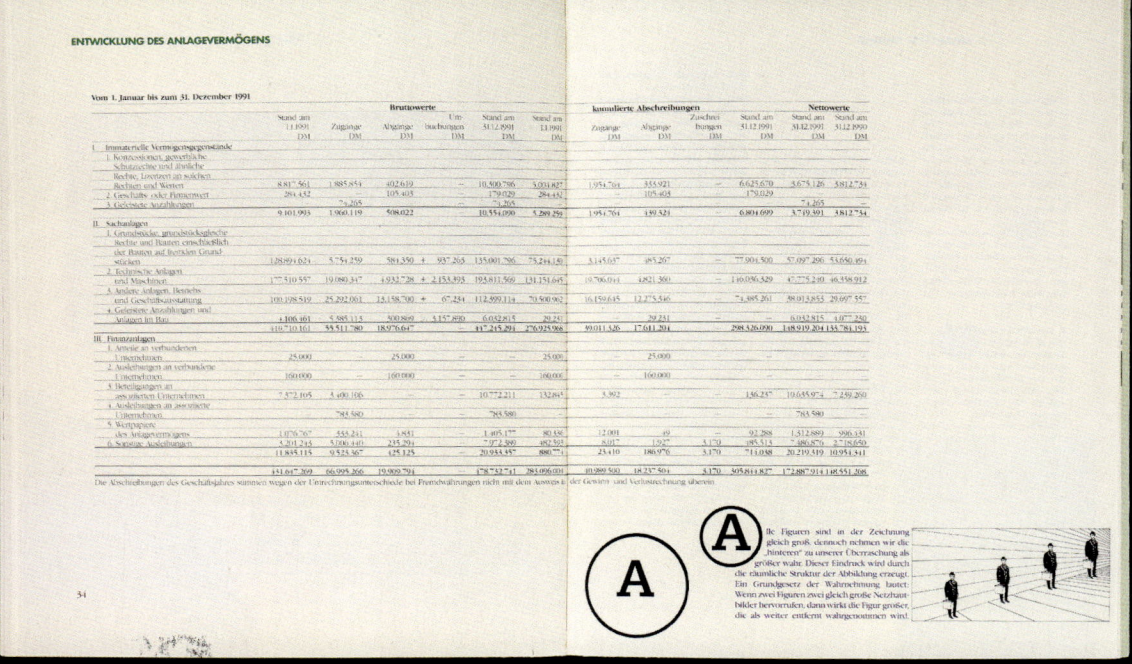

01 - - VORWERK 1991 - - HERMANN MICHELS (D)

Selten: Kombination von Pflichttabellen und Imageelementen.

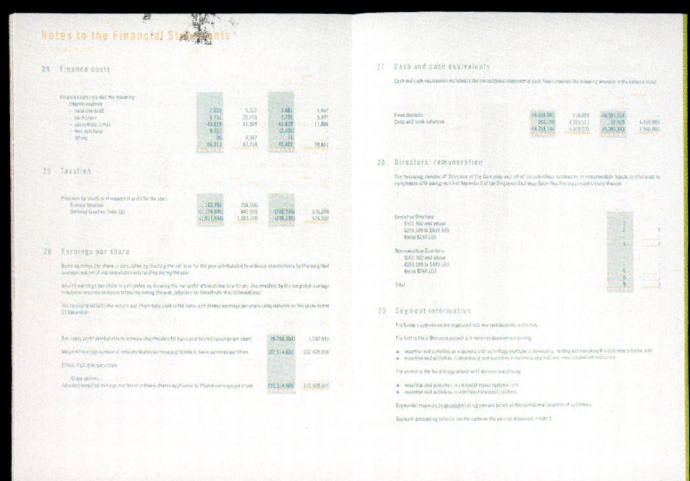

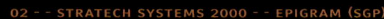

02 - - STRATECH SYSTEMS 2000 - - EPIGRAM (SGP)

Strukturiert: einspaltiger Satz mit nebenstehenden Tabellen.

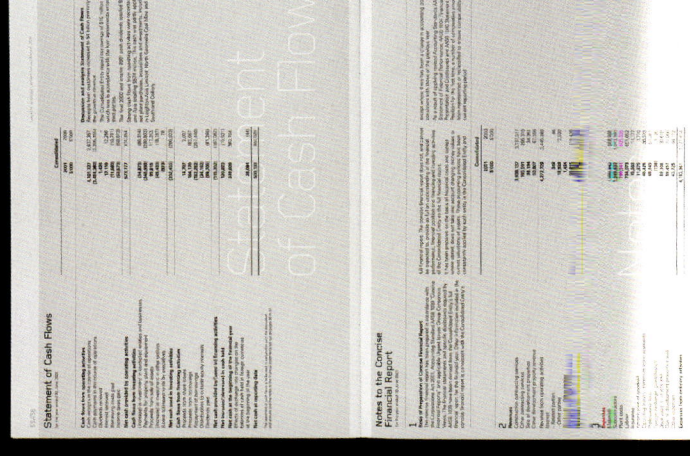

03 - - LEIGHTON 2001 - - EMERY VINCENT DESIGN (AUS)

Dreispaltig im Querformat.

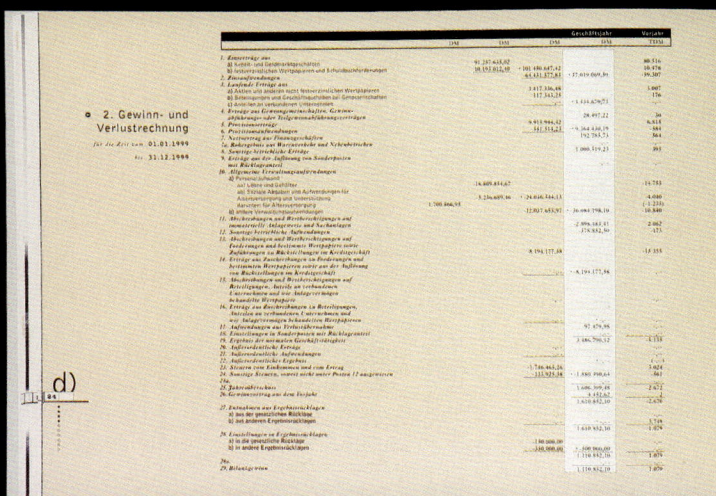

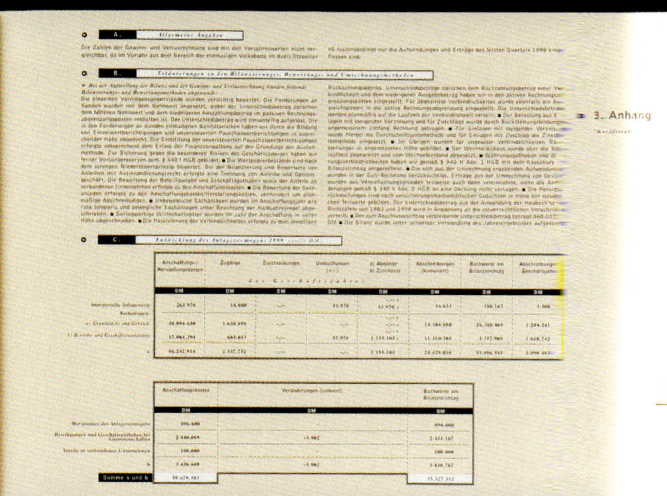

05 - - CNF 1999 - - PENTAGRAM (USA)

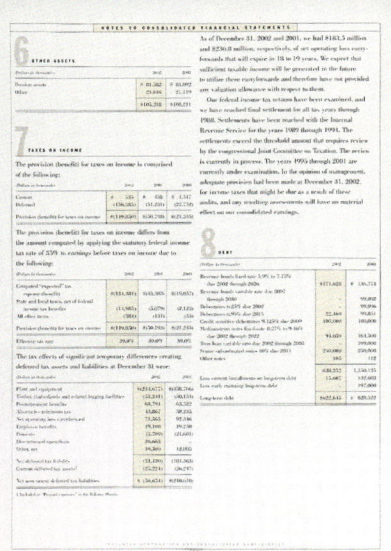

06 - - POTLATCH 2002 - - PENTAGRAM (USA)

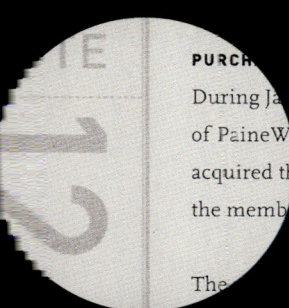

07 - - ALEXANDRIA REAL ESTATE EQUITIES 1999 - - PENTAGRAM (USA)

Der Verweis in der Bilanz auf Erläuterungen im Anhang ist Pflicht. Pentagram macht daraus eine typografische Kür und nutzt die Indizierung als gestalterisches Element.

Other financial investments

Shares, participating interest and other variable interest securities

	31 December 1998		31 December 1997	
- Listed	4,662.4		3,799.5	
- Unlisted	2,870.6		343.4	
		7,533.0		4,142.9

Bonds and other fixed interest securities

- Listed	9,864.5		8,808.4	
- Unlisted	452.0		544.0	
		10,316.5		9,352.4
Investment pools		155.1		200.9
Mortgage loans	5,764.9		3,598.3	
Other loans	5,858.1		3,436.7	
	11,623.0		7,035.0	
Provision for investment risks	-105.7		-104.4	
		11,517.3		6,930.6
Deposits with credit institutions		85.5		11.0
Other financial investments		568.2		512.6
		30,175.6		21,150.4

- Balance sheet value at 1 January	21,150.4		18,850.9	
- Purchases	21,253.6		12,516.0	
- Sales and redemptions	-12,536.2		-10,624.0	
- Revaluation and other movements	307.8		407.5	
		30,175.6		21,150.4

The market value fixed interest securities at the end of the year under review includes the actual value of bonds and other fixed interest securities NLG 12,230.4 (NLG 10,409.9) million, mortgages NLG 8,254.3 (NLG 3,776.6) million and other loans NLG 6,571.6 (NLG 3,773.8) million. The difference between the redemption value at the balance sheet date and the cost price amounts to - NLG 971.4 (- NLG 823.1) million.

The cost price of the other financial investments at the end of the year under review amounts to NLG 6,395.4 (NLG 3,264.7) million for shares, participating interests and other variable interest securities, NLG 155.1 (NLG 200.9) million for investment pools, NLG 568.2 (NLG 512.6) million for other financial investments, NLG 85.5 (NLG 11.0) million for deposits with credit institutions.

Investment for the benefit of life assurance policyholders who bear the risk and saving fund investments

Unit-linked investments	1,438.8		918.3	
Segregated funds for group contracts	6,933.5		6,503.6	
Savings fund investments	838.9		759.7	
		9,211.6		8,181.6

- Balance sheet value at 1 January	8,181.6		7,204.6	
- Purchases	4,276.7		2,469.8	
- Sales and redemptions	-2,900.8		-1,819.0	
- Revaluation and other movements	-345.9		326.2	
		9,211.6		8,181.6

The market value of the savings fund investments at the end of the year under review amounts to NLG 955.2 (NLG 822.2) million. The difference between the investments and the provision for the risk and benefit of policyholders consists mainly of future amounts to be introduced into the segregated funds, agreements having been made on the period of introduction. The differences are guaranteed.

Pledged investments

The following investments have been pledged as security in compliance with legislation. The deposits have been given as guarantees under pool and reinsurance contracts. The pledged investments include loans of NLG 73.6 (NLG 78.6) million, securities of NLG 9.6 (NLG 14.2) million and other investment deposits NLG 19.6 (NLG 21.2) million.

Debtors

From direct insurances

- Policyholders	430.5		354.7	
- Intermediaries	135.8		109.7	
		566.3		464.4

Other Debtors include a deferred tax asset of NLG 157.1 (- NLG 91.6) million. The 1997 amount has been included as liability under other provisions.
The nominal value amounts to - NLG 193.7 (- NLG 460.8).

Consolidated Statements of Changes in Shareholders' Equity

(millions - except per share amounts)

For the years ended December 31,	1998		1997		1996	
Retained Earnings						
Balance, Beginning of year	$1,534.8		$1,155.2		$ 899.8	
Net income	456.7	$ 456.7	400.0	$ 400.0	313.7	$ 313.7
Cash dividends on Preferred Shares (9¾% annually)						(3.2)
Cash dividends on Common Shares ($.25, $.24 and $.23 per share)	(18.1)		(17.3)		(16.4)	
Treasury shares purchased: Common Shares	(39.8)		(2.7)		(35.5)	
Preferred Shares	—		—		(.3)	
Preferred Shares redeemed	—		—		(2.9)	
Other, net	(1.0)		(.4)		—	
Balance, End of year	$1,932.6		$1,534.8		$1,155.2	
Accumulated Other Comprehensive Income, Net of Tax						
Balance, Beginning of year	$ 116.0		$ 68.4		$ 45.5	
Change in unrealized appreciation (depreciation)	(9.0)		48.3		22.9	
Other	(3.3)		(.7)		—	
Other comprehensive income (loss)	(12.3)	(12.3)	47.6	47.6	22.9	22.9
Balance, End of year	$ 103.7		$ 116.0		$ 68.4	
Comprehensive Income		$ 444.4		$ 447.6		$ 336.6
Preferred Shares, No Par Value						
Balance, Beginning of year	$ —		$ —		$ 83.6	
Redemption of shares					(77.9)	
Treasury shares purchased – cost basis					(5.7)	
Balance, End of year	$ —		$ —		$ —	
Common Shares, $1.00 Par Value						
Balance, Beginning of year	$ 72.3		$ 71.5		$ 72.1	
Stock options exercised	.6		.8		.4	
Treasury shares purchased	(.4)		—		(1.0)	
Balance, End of year	$ 72.5		$ 72.3		$ 71.5	
Paid-in Capital						
Balance, Beginning of year	$ 412.8		$ 381.8		$ 374.8	
Stock options exercised	10.9		13.3		6.5	
Tax benefits on stock options exercised	25.6		17.6		5.9	
Treasury shares purchased	(2.4)		(.2)		(5.4)	
Other	1.4		.3		—	
Balance, End of year	$ 448.3		$ 412.8		$ 381.8	
Total Shareholders' Equity	$2,557.1		$2,135.9		$1,676.9	

There are 20.0 million Serial Preferred Shares authorized. In May 1991, the Company sold 4.0 million 9¾% Serial Preferred Shares, Series A; all remaining Preferred Shares were redeemed, at the Company's option, on May 31, 1996, at a cost of $25 per share, plus accrued and unpaid dividends through the redemption date.
There are 5.0 million voting Preference Shares authorized; no such shares have been issued.
See notes to consolidated financial statements.

Consolidated Statements of Cash Flows

(millions)

For the years ended December 31,	1998	1997	1996
Cash Flows From Operating Activities			
Net income	$ 456.7	$ 400.0	$ 313.7
Adjustments to reconcile net income to net cash provided by operating activities:			
Depreciation and amortization	56.1	36.6	23.8
Net realized gains on security sales	(11.4)	(98.5)	(7.1)
Changes in:			
Unearned premiums	349.6	442.3	257.7
Loss and loss adjustment expense reserves	42.0	204.6	190.1
Accounts payable and accrued expenses	76.7	49.9	50.1
Policy cancellation reserve	(5.6)	(8.6)	2.5
Prepaid reinsurance premiums	2.1	33.3	(15.3)
Reinsurance recoverables	36.5	62.7	28.1
Premiums receivable	(295.4)	(310.9)	(170.9)
Deferred acquisition costs	(39.5)	(52.7)	(18.2)
Income taxes	(71.3)	(67.8)	(16.3)
Other, net	21.5	43.8	14.0
Net cash provided by operating activities	618.0	734.7	652.2
Cash Flows From Investing Activities			
Purchases:			
Available-for-sale: fixed maturities	(3,998.8)	(6,764.3)	(4,447.2)
equity securities	(942.9)	(658.2)	(725.3)
Sales:			
Available-for-sale: fixed maturities	3,210.2	5,840.0	3,306.3
equity securities	774.3	581.7	537.7
Maturities, paydowns, calls and other:			
Available-for-sale: fixed maturities	419.9	578.0	465.7
equity securities	126.0	125.4	62.5
Net (purchases) sales of short-term investments	(32.5)	(248.6)	143.1
(Receivable) payable on securities	18.9	(2.0)	76.3
Purchases of property and equipment	(174.2)	(121.9)	(35.8)
Purchase of subsidiary, net of cash acquired	—	(48.0)	—
Net cash used in investing activities	(599.1)	(717.9)	(616.7)
Cash Flows From Financing Activities			
Proceeds from exercise of stock options	11.5	14.1	6.9
Tax benefits from exercise of stock options	25.6	17.6	5.9
Redemption of Preferred Shares	—	—	(80.8)
Proceeds from debt	—	—	99.6
Payments of debt	—	(20.4)	(.4)
Dividends paid to shareholders	(18.1)	(17.3)	(19.6)
Acquisition of treasury shares	(42.6)	(2.9)	(47.9)
Net cash used in financing activities	(23.6)	(8.9)	(36.3)
Increase (decrease) in cash	(4.7)	7.9	(.8)
Cash, Beginning of year	23.3	15.4	16.2
Cash, End of year	$ 18.6	$ 23.3	$ 15.4

See notes to consolidated financial statements.

93 - - ARRIS 1996 - - SCHULTE DESIGN (USA)

PT Hanjaya Mandala Sampoerna Tbk. And Subsidiaries
Notes to Consolidated Financial Statements (Continued)
For The Years Ended December 31, 2000 And 1999
(In Millions Rupiah, Except Otherwise Stated)

8. INVENTORIES

Inventories consist of:

	2000	1999
	Rp	Rp
Manufactured Products		
Finished goods	381,287	258,149
Work in process	116,077	39,789
Raw materials	2,394,237	1,402,872
Excise tax	501,546	240,473
Spare parts	65,014	59,982
Sub-materials and others	42,233	41,207
Goods in transit	567,713	113,951
Total - Manufactured Products	4,068,107	2,176,434
Less allowance for inventory obsolescence	7,227	1,158
Net	4,060,880	2,175,276
Real Estate		
Land		
Held for sale	52,663	54,942
Under development	12,108	12,323
Total - Real Estate	64,771	67,265
Total	4,125,651	2,242,541

On July 1, 2000, the Company insured the inventories of the Company and its certain Subsidiaries which are engaged in cigarettes manufacturing and distribution through "Stock Through Put" insurance, wherein based on blanket policies, the inventories are covered for all risks starting from the raw materials purchased to the delivery of finished products. Based on this blanket policies, which is for a one-year term, the Company will pay premiums amounting to US$ 0.6 million. Inventories of certain Subsidiaries are also covered for industrial all risks insurance against, among others, losses from fire and theft, based on certain blanket policies amounting to US$ 3.1 million and Rp 158.0 billion. The management believes that, the insurance coverage of "Stock Through Put" insurance and of certain Subsidiaries' insurance are adequate to cover possible losses from the risks mentioned above.

9. LAND FOR DEVELOPMENT

This account represents the costs of raw land in Pandaan, East Java, owned by PT Taman Dayu.

PT Hanjaya Mandala Sampoerna Tbk. And Subsidiaries
Notes to Consolidated Financial Statements (Continued)
For The Years Ended December 31, 2000 And 1999
(In Millions Rupiah, Except Otherwise Stated)

10. INVESTMENTS IN ASSOCIATED COMPANIES

Investments in associated companies consist of:

	Percentage of Ownership	2000	1999
		Rp	Rp
At Equity			
PT Toppan Sampoerna Indonesia	30%	14,367	12,499
PT Farrapolindo Nusa Industri	24%	6,637	-
PT Sun Miguel Sampoerna Packaging Industries Limited	30%	778	242
Advances for investment in shares of stock			
Others		1,175	7,175
Total		22,957	19,916

11. PROPERTY, PLANT, AND EQUIPMENT

Property, plant and equipment consist of:

	Beginning Balance	Additional/ Reclassifications	Deduction/ Reclassifications	Translation Adjustments	Ending Balance
2000	Rp	Rp	Rp	Rp	Rp
Carrying Value					
Direct Ownership					
Land	158,750	24,198	525	614	183,037
Buildings and improvements	311,236	41,235	339	7,597	359,719
Machinery and equipment	858,700	369,963	127,614	61,293	1,162,342
Furniture, fixtures and office equipment	202,790	80,338	2,014	4,341	285,475
Transportation equipment	116,173	43,573	6,927	6,133	158,952
Total	1,647,639	559,327	137,419	79,978	2,149,525

THROUGH a CAREFULLY
BALANCED COMBINATION
of CREATIVE,
DISCIPLINED MANAGEMENT,
HIGH-QUALITY PRODUCTS
and DEDICATED EMPLOYEES,
PENTAIR INC.
has ENHANCED VALUE
for all of its STAKEHOLDERS.

FINANCIAL HIGHLIGHTS 1994

In Thousands, Except per Share Data and Percentages	1994	1993	CHANGE
Net Sales	$1,649,170	$1,328,180	24.2%
Earnings	$ 53,600	$ 46,600	15.0%
Earnings per Share			
Primary	$ 2.62	$ 2.26	15.9%
Diluted	$ 2.52	$ 2.20	14.5%
Cash Dividends per Common Share	$ .72	$ .68	5.9%
Common Shareholders' Equity per Share	$ 21.43	$ 18.58	15.3%
Preferred Shareholders' Equity	$ 40,916	$ 33,927	—
Common Shareholders' Equity	$ 391,058	$ 336,922	—
Return on Average Common Shareholders' Equity	13.2%	13.6%	—
Capital Expenditures	$ 92,745	$ 73,421	26.3%
Total Assets	$1,281,496	$ 958,801	33.7%
Long-term Debt to Total Capital	49%	39%	—
Common Shares Outstanding at Year-end	18,248	18,135	—
Average Common and Common Equivalent Shares	18,422	17,891	—
Number of Employees	10,300	8,500	—

Share and per share data has been restated to reflect a stock dividend in June 1994.

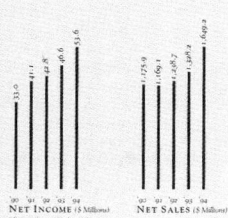
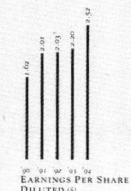

NET INCOME ($ Millions)
*Before Change in Accounting

NET SALES ($ Millions)

EARNINGS PER SHARE
DILUTED ($)

SELECTED FINANCIAL DATA YEAR ENDED DECEMBER 31 (in thousands, except per share data)

CONSOLIDATED STATEMENT OF OPERATIONS DATA:	1997	1998	1999	2000
Collaborative research and development revenue	$ 341	$ 1,077	$ 8,895	$ 13,299
Grant revenue	—	1,646	5,122	11,166
Total revenues	341	2,723	14,017	24,465
Operating expenses				
Research and development	2,757	7,207	16,094	38,534
General and administrative	913	3,010	4,998	12,086
Stock compensation expense	863	1,561	5,656	15,891
Acquired in-process research and development	—	—	—	28,959
Amortization of intangible assets	—	—	—	3,419
Total operating expenses	4,535	11,778	26,748	99,379
Loss from operations	(4,194)	(9,055)	(12,731)	(74,914)
Net interest income	161	229	1,413	15,329
Net loss	(4,033)	(8,826)	(11,318)	(59,585)
Deemed dividend upon issuance of convertible preferred stock	—	—	(2,200)	—
Net loss attributable to common stockholders	$ (4,033)	$ (8,826)	$ (13,518)	$ (59,585)
Basic and diluted net loss per share	$ (0.82)	$ (1.31)	$ (1.53)	$ (1.96)
Shares used in computing basic and diluted net loss per share	4,917	6,748	8,854	30,339
Pro forma basic and diluted net loss per share	—	$ (0.75)	$ (0.74)	—
Shares used in computing pro forma basic and diluted net loss per share	—	11,762	18,249	—

CONSOLIDATED BALANCE SHEET DATA:	1997	1998	1999	2000
Cash, cash equivalents and investments	$ 2,693	$ 15,306	$ 136,343	$ 258,015
Working capital	2,152	12,264	132,510	216,188
Total assets	3,154	17,600	145,578	301,699
Non-current portion of equipment financing	—	—	1,644	1,295
Accumulated deficit	(4,033)	(12,859)	(24,177)	(83,762)
Total stockholders' equity	2,571	11,700	133,716	282,398

DEMONSTRATED ABILITY TO DELIVER

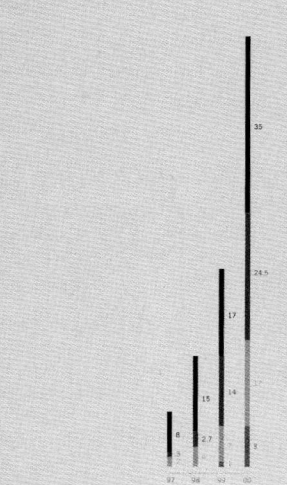

Patents
Revenue
Portfolio
Products

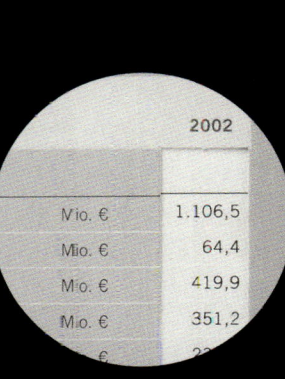

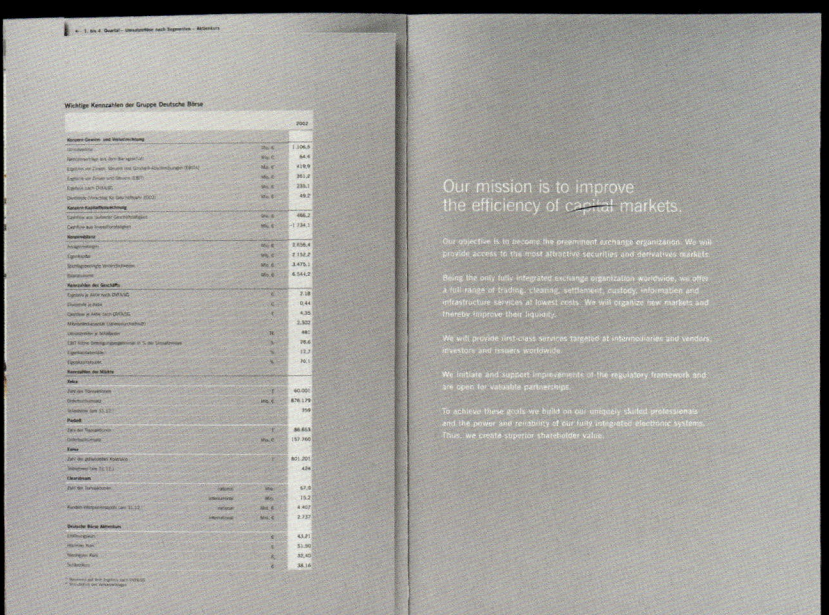

03 - - GRUPPE DEUTSCHE BÖRSE 2002 - - THEMA COMMUNICATIONS AG (D)

Klassisch deutsch:
die Kennzahlenübersicht auf
der ersten Innenseite.

04 - - WILLIAMS-SONOMA 1999 - - ELEVEN INC. (USA)

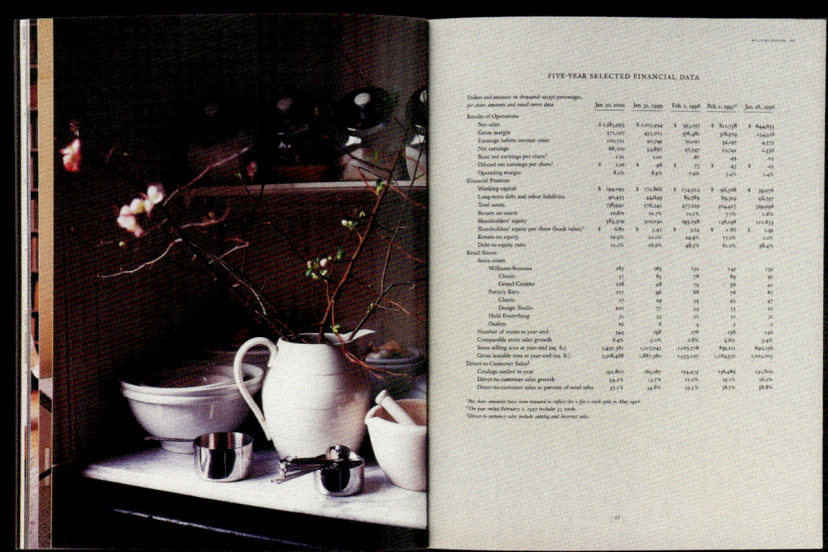

Klassisch amerikanisch:
die Kennzahlenübersicht auf
der letzten Innenseite.

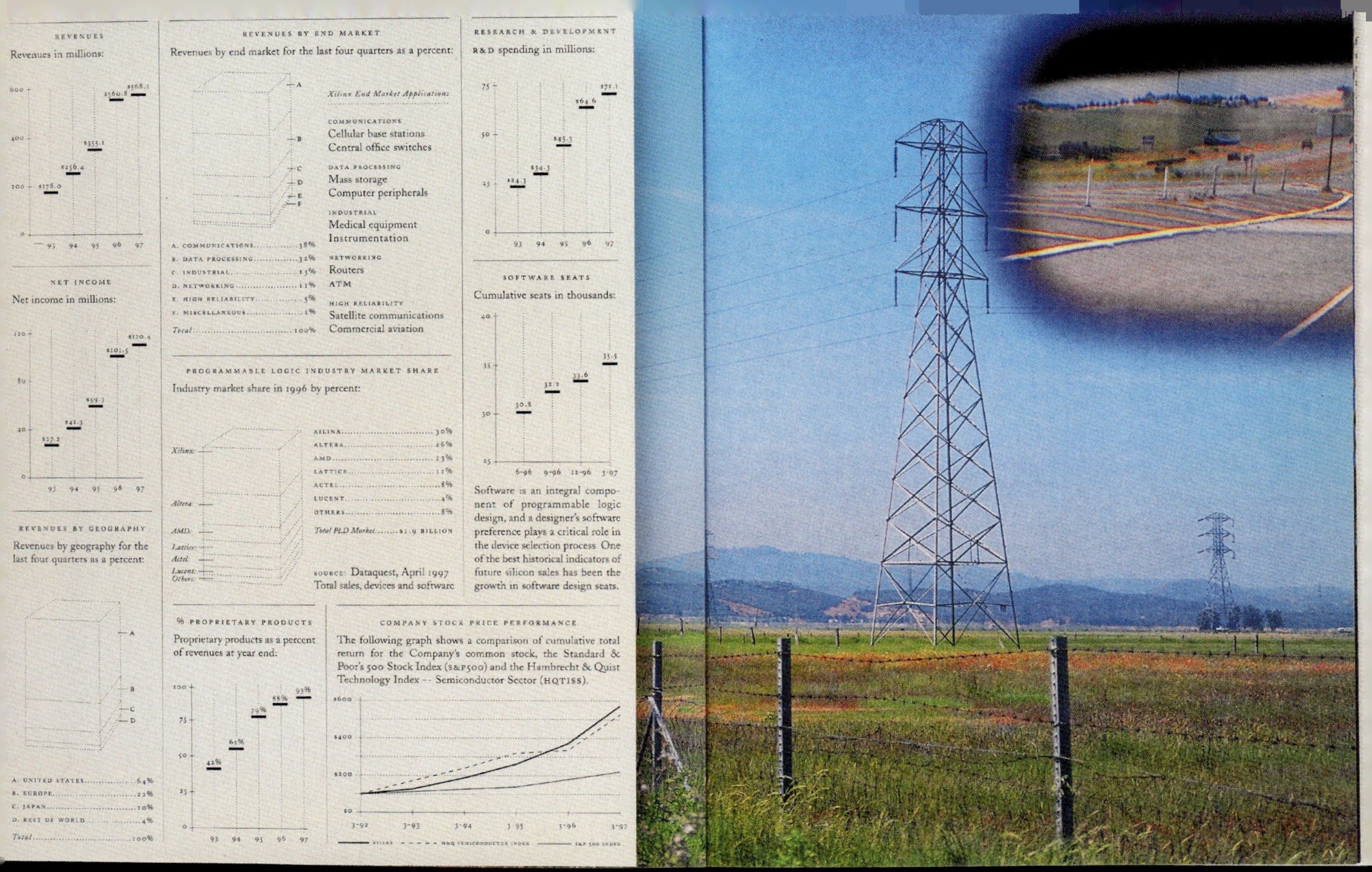

REVENUES

Revenues in millions:

600 — $568.1
$560.1
400 — $355.1
$256.4
200 — $175.0
'93 '94 '95 '96 '97

NET INCOME

Net income in millions:

120 — $110.4
$101.5
80 — $59.3
40 — $47.3
$32.3
'93 94 95 96 97

REVENUES BY GEOGRAPHY

Revenues by geography for the last four quarters as a percent:

A — UNITED STATES........64%
B — EUROPE...............23%
C — JAPAN................10%
D — REST OF WORLD........4%
Total..................100%

REVENUES BY END MARKET

Revenues by end market for the last four quarters as a percent:

Xilinx End Market Applications:

COMMUNICATIONS
Cellular base stations
Central office switches

DATA PROCESSING
Mass storage
Computer peripherals

INDUSTRIAL
Medical equipment
Instrumentation

NETWORKING
Routers
ATM

HIGH RELIABILITY
Satellite communications
Commercial aviation

A. COMMUNICATIONS........38%
B. DATA PROCESSING.......32%
C. INDUSTRIAL............15%
D. NETWORKING............11%
E. HIGH RELIABILITY......3%
F. MISCELLANEOUS.........1%
Total..................100%

PROGRAMMABLE LOGIC INDUSTRY MARKET SHARE

Industry market share in 1996 by percent:

XILINX............30%
ALTERA............26%
AMD...............23%
LATTICE...........11%
ACTEL.............8%
LUCENT............4%
OTHERS............8%

Xilinx:
Altera:
AMD:
Lattice:
Actel:
Lucent:
Others:

Total PLD Market........$1.9 BILLION

SOURCE: Dataquest, April 1997
Total sales, devices and software

% PROPRIETARY PRODUCTS

Proprietary products as a percent of revenues at year end:

100 — 93%
88%
75 — 79%
61%
50 — 42%
25 —
93 94 95 96 97

RESEARCH & DEVELOPMENT

R&D spending in millions:

75 — $71.1
$64.6
50 — $45.1
$34.1
25 — $24.1
'93 94 95 96 97

SOFTWARE SEATS

Cumulative seats in thousands:

40 —
35 — 33.5
31.6
33.2
30 — 30.8
25 —
6-96 9-96 12-96 3-97

Software is an integral component of programmable logic design, and a designer's software preference plays a critical role in the device selection process. One of the best historical indicators of future silicon sales has been the growth in software design seats.

COMPANY STOCK PRICE PERFORMANCE

The following graph shows a comparison of cumulative total return for the Company's common stock, the Standard & Poor's 500 Stock Index (s&p500) and the Hambrecht & Quist Technology Index -- Semiconductor Sector (HQTISS).

$600
$400
$200
3-'92 3-'93 3-'94 3-'95 3-'96 3-'97

XILINX --- HQ SEMICONDUCTOR INDEX ---- S&P 500 INDEX

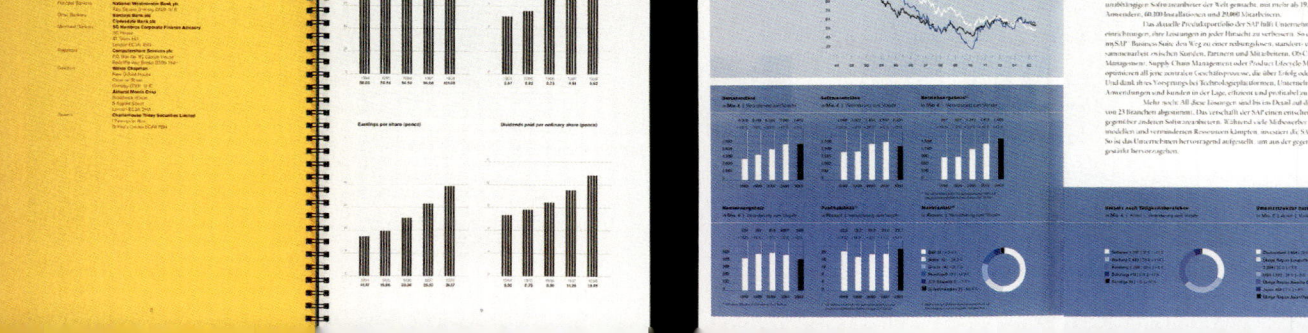

Directors and Advisers

Financial Highlights

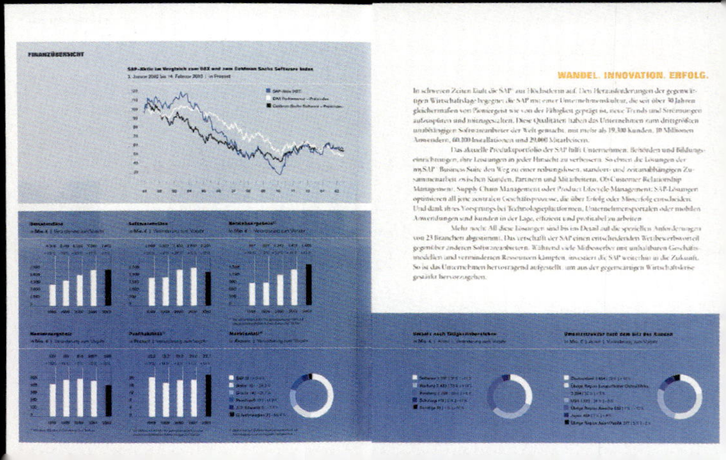

Turnover (£m)
00.00

Profit before tax (£m)

Earnings per share (pence)

Dividends paid per ordinary share (pence)

FINANZÜBERSICHT

SAP-Aktie im Vergleich zum DAX und zum Goldman Sachs Software Index
1. Januar 2000 bis 14. Februar 2002 – in Prozent

WANDEL. INNOVATION. ERFOLG.

In schweren Zeiten findet die SAP aus Sicherheiten auf Sicherheiten und ihre Herausforderungen der gegenwärtigen Wirtschaftslage begegnen die SAP mit einer Unternehmenskultur, die seit über Jahren gleichermaßen von Pioniergeist wie von der Fähigkeit geprägt ist, neue Trends und Strömungen aufzuspüren und umzusetzen. Diese Qualitäten haben das Unternehmen zum derzeitigen umsatzstärksten Softwareanbieter der Welt gemacht, mit mehr als 19.300 Kunden, 30 Millionen Anwendern, 60.100 Installationen und 29.000 Mitarbeitern.

Das aktuelle Produktportfolio der SAP bildet Unternehmens-, Behörden- und Bildungseinrichtungen, eine Lösungen in jeder Hinsicht zu verbessern. So bietet die Lösungen der mySAP Business Suite den Weg zu einer nahtlosen, standort- und zeitunabhängigen Zusammenarbeit zwischen Kunden, Partnern und Mitarbeitern. Ob Customer Relationship Management, Supply Chain Management oder Product Lifecycle Management: SAP-Lösungen optimieren all jene zentralen Geschäftsprozesse, die über Erfolg oder Misserfolg entscheiden. Und dank ihres Vorsprungs bei Technologieplattformen, Unternehmensportalen oder mobilen Anwendungen sind Kunden in der Lage, effizient und profitabel zu arbeiten.

Mehr noch: All diese Lösungen sind branchenübergreifend auf die spezifischen Anforderungen von 23 Branchen abgestimmt. Das verschafft der SAP einen entscheidenden Technologievorsprung gegenüber anderen Softwareanbietern. Während viele Mitbewerber mit unsicheren Geschäftsmodellen und verändernden Ressourcen kämpfen, steuert die SAP sicher in die Zukunft. So ist das Unternehmen hervorragend aufgestellt, um aus der gegenwärtigen Wirtschaftskrise gestärkt hervorzugehen.

Umsatzergebnis
in Mio. €

Produktumsatz
in Mio. €

Mitarbeiter

Umsatz nach Regionen

Umsatz nach Tätigkeitsbereichen

Ergebnis vor Steuern und Zinsen
in Mio. €

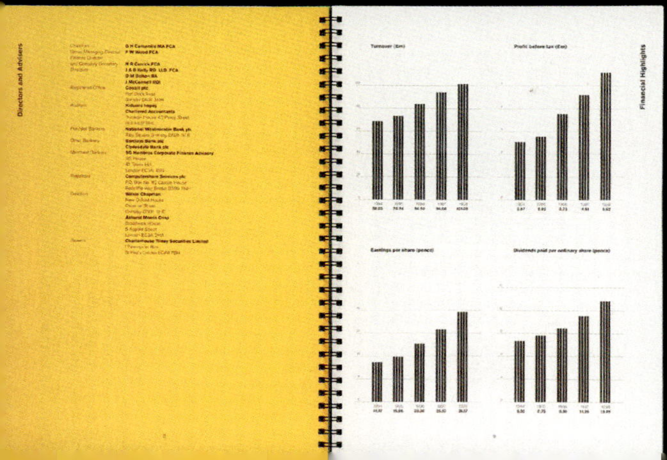

The 1996 Dean's Report pays tribute to each of the generous donors who support legal education at South Texas College of Law. Especially noteworthy are the South Texas Distinguished Fellows, Senior Fellows and Fellows. The board of directors, faculty, staff and students express their sincere appreciation to the alumni and friends of South Texas for their generous support.

SOURCE	GIFTS RECEIVED 1995-96		CUMULATIVE OUTSTANDING PLEDGES AT 8/31/96	
Alumni	$	302,000	$	327,000
Business	$	169,000	$	228,000
Law firms	$	35,000	$	32,000
Foundations	$	467,000	$	912,000
Friends	$	275,000	$	610,000
Federal Grant	$	108,000	$	—
TOTAL	$	1,355,000	$	2,109,000

1995-96 Giving
Summary
Fiscal Year Ended
August 31, 1996

PURPOSE				
Scholarships, Faculty and Program Support	$	464,000	$	3,000
Construction, Renovation & Equipment	$	864,000	$	2,106,000
Endowed Scholarships & Funds	$	24,000	$	0
TOTAL	$	1,355,000	$	2,109,000

The following report includes all contributions received from September 1, 1995 to August 31, 1996. While every effort has been made to ensure accuracy, we ask readers to notify us of any errors, and we apologize if there are any errors or omissions.

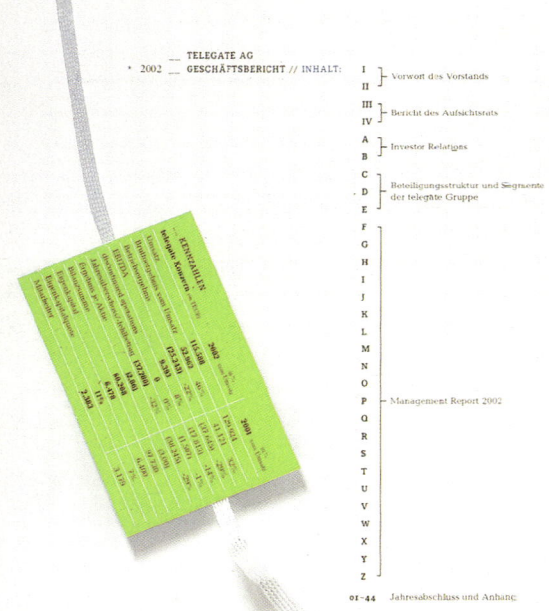

WIR KENNEN SIE ALLE.
11880

___ TELEGATE AG
* 2002 ___ GESCHÄFTSBERICHT // INHALT:

I	Vorwort des Vorstands
II	
III	Bericht des Aufsichtsrats
IV	
A	Investor Relations
B	
C	Beteiligungsstruktur und Segmente
D	der telegate Gruppe
E	
F	
G	
H	
I	
J	
K	
L	
M	
N	
O	
P	Management Report 2002
Q	
R	
S	
T	
U	
V	
W	
X	
Y	
Z	
01-44	Jahresabschluss und Anhang

**Alternative zur Umschlag-Klappseite:
die Kennzahlen am Leseband.**

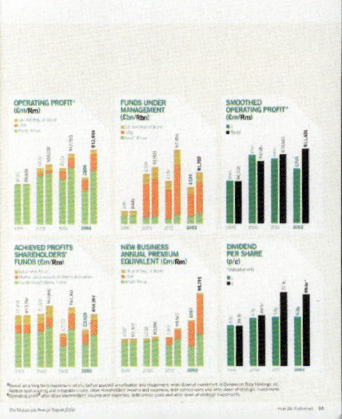

FINANCIAL HIGHLIGHTS FOR 2002

- Group operating profit up 8% in Rand to R11,431 million, but down 15% in Sterling to £724 million
- Operating earnings per share', at 11.5p, 7% lower than in 2001 in Sterling, up 20% to 179 cents in Rand terms
- Record life sales at £567 million on an Annual Premium Equivalent basis
- Record value of life assurance new business at £130 million (after tax)
- Asset management results resilient in difficult market conditions, with net positive cash inflows of over $5 billion (including $3.3 billion from our US life operations) in the USA
- Return on equity 16%
- Final dividend unchanged at 3.1p'

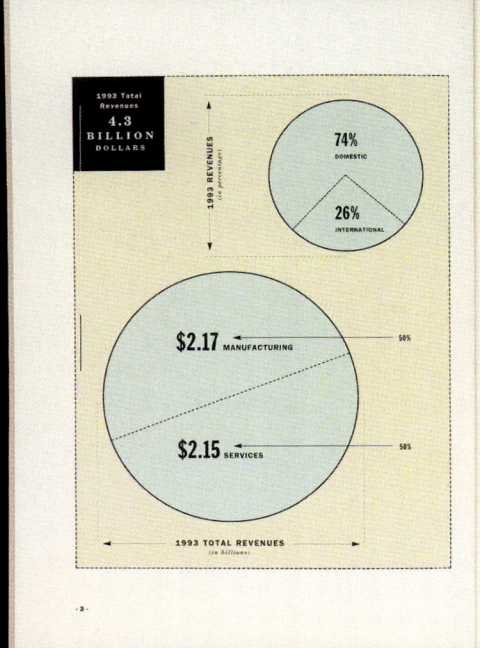

01 - - THE MARMON GROUP 1994 - - VSA PARTNERS, INC. (USA)
Ausgefüllte Torte.

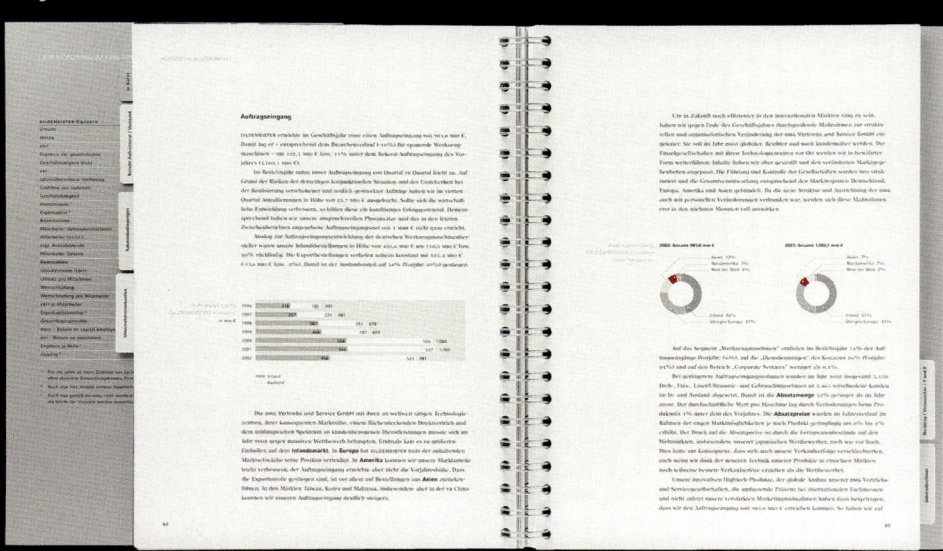

02 - - GILDEMEISTER 2002 - - MONTFORT WERBUNG (D)
Ringdiagramm.

* KLASSISCH: TORTEN UND BALKEN

KAUM EIN BERICHT KOMMT OHNE SIE AUS: Torten- und Balkendiagramme sind die einfachste und zugleich übersichtlichste Methode, Werte miteinander in Beziehung zu setzen. Tortendiagramme sind optimal, wenn es um die Verdeutlichung prozentualer Anteile an einer Gesamtheit geht, für andere Informationen sind sie jedoch ungeeignet. Dabei spielt es keine Rolle, ob es sich um einen normalen Kuchen oder einen Baumkuchen handelt – der Informationsgehalt ist derselbe, das Loch in der Mitte macht die Grafik lediglich edler. Balken-, Stab- oder Säulendiagramme eignen sich für vergleichende Wertangaben (z. B. die Umsatzentwicklung). Sie können außerdem Verhältnisse zum Ganzen aufzeigen, wenn sie innerhalb der einzelnen Säulen geschichtet werden.

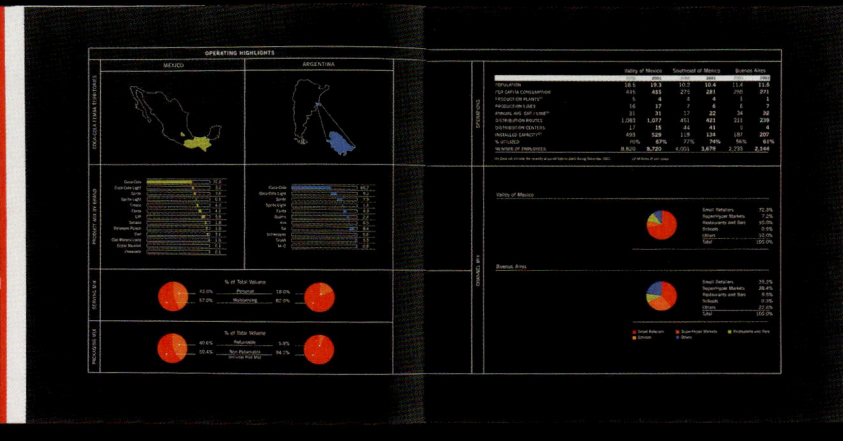

03 - - COCA-COLA FEMSA 2001 - - PARAGRAPHS DESIGN (USA)

Facts & Figures illustrativ gelöst:
Das kann Excel noch nicht von allei

04 - - THE PROGRESSIVE CORPORATION 2000 - - NESNADNY & SCHWARTZ (USA)

Tortendiagramm mit
Doppelfunktion: Aufsplittung
einerseits, Volumenvergleich
andererseits.

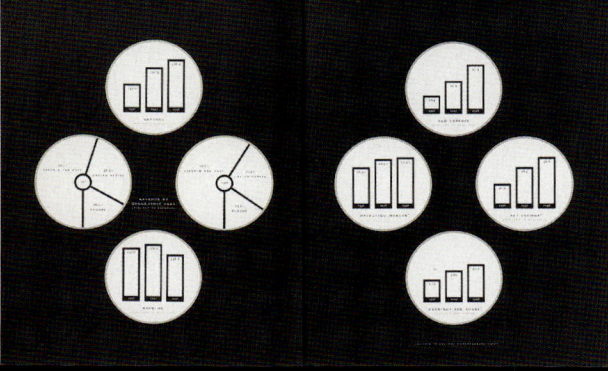

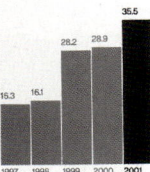

Total Stockholder's Equity
Dollars in Billions

15.3 — 1997
16.1 — 1996
28.2 — 1999
28.9 — 2000
35.5 — **2001**

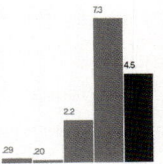

Net Income
Dollars in Billions

.29 — 1997
.20 — 1998
2.2 — 1999
7.3 — 2000
4.5 — **2001**

01 - - ETEC SYSTEMS 1998 - - CAHAN & ASSOCIATES (USA)

02 - - SAMSUNG 2001 - - CORPORATE AGENDA LLC (USA)

CONTENTS

NEW LOOK GROUP HIGHLIGHTS

PROFIT & EPS GROWTH

SALES & RETURN ON SALES

DIVIDEND GROWTH

NET DEBT/NET FUNDS

ANNUAL REPORT 2002/03   1

03 - - NEW LOOK 2002/03 - - FOUR IV DESIGN CONSULTANTS (GB)

04 - - CORNING 2000 - - WEYMOUTH DESIGN (USA)

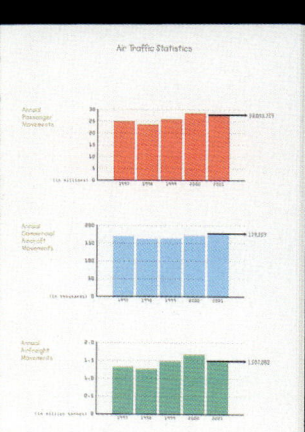

Air Traffic Statistics

Annual Passenger Movements

Annual Commercial Aircraft Movements

Annual Airfreight Movements

< 73 >

IT'S BEEN
A GREAT YEAR.

Je höher die Balken, desto schöner das Jahr: alles eine Frage des Maßstabs.

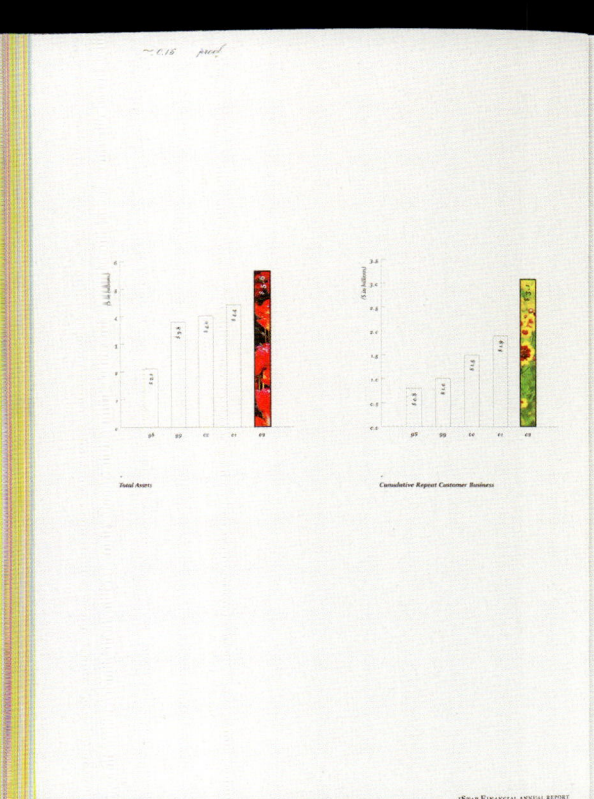

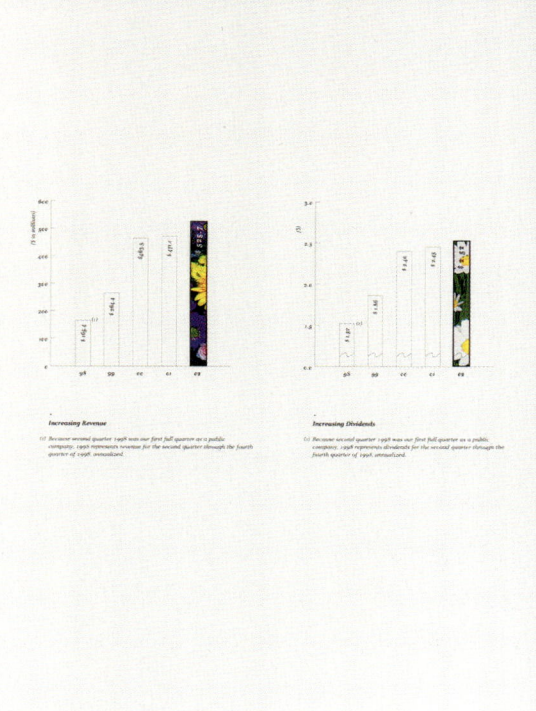

Lasst Blumen sprechen: Hervorhebung des aktuellen Geschäftsjahres durch Füllen der Balken.

01

Die Münchener-Rück-Aktie

Starke Verluste Im Jahr 2002 verlor die Münchener-Rück-Aktie 52,6 %.

Stabile Dividende Im dritten Jahr in Folge werden wir eine Dividende von 1,25 € ausschütten.

Ausgezeichnet Unsere Investor-Relations-Abteilung wurde für ihre gute Arbeit ausgezeichnet.

DAS BÖRSENJAHR 2002: Weltweiter Abwärtstrend

Negativrekorde und extreme Kursschwankungen kennzeichneten das Jahr 2002 an den Aktienmärkten. Die Münchener-Rück-Aktie blieb davon nicht verschont. Sie erlitt innerhalb eines Jahres einen der größten Kursverluste ihrer Geschichte.

Zahlreiche Ereignisse und Entwicklungen belasteten 2002 die Aktienmärkte und trübten das Vertrauen der Anleger: Bilanzskandale und Gewinnwarnungen, Unternehmenskrisen und Großpleiten, Terroranschläge und Kriegsgefahr.

Dabei begann das Aktienjahr verheißungsvoll – die Börsen erholten sich kurzzeitig von den Auswirkungen des Terroranschlages vom 11. September 2001. Doch ab dem Frühjahr ging es kräftig bergab: Sorgen wegen der Konjunktur bis hin zu Rezessionsängsten prägten das Geschehen an den europäischen Börsen noch mehr als an den amerikanischen. Die Gefahr eines Kriegs im Irak verstärkte den Negativtrend. Die großen europäischen Aktienindizes gaben deutlich nach. Finanztitel und deutsche Aktien waren überdurchschnittlich hart betroffen. Gerade Versicherer, die großen Anleger an den internationalen Aktienmärkten, litten unter der weltweiten Börsenschwäche.

Ein markanter Gradmesser für die Börsenentwicklung 2002 ist der VDAX, der Volatilitätsindex der Deutschen Börse AG. Als eines der wenigen Börsenbarometer zeigte er im vergangenen Jahr einen Aufwärtstrend. Je größer die erwarteten Schwankungen des DAX, desto höher sein Indexwert. Seinen historischen Höchststand erreichte er am 7. Oktober 2002 mit 58,25 Punkten, während er sich in den beiden Vorjahren zwischen 17 und 47 bewegte.

Der DAX 30 schnitt zum dritten Mal in Folge mit einem negativen Vorzeichen ab, diesmal sogar mit einem Negativrekord: Mit einem Verlust von 43,9 % wurde er am Jahresende 2002 schließlich mit 2 893 Punkten bewertet. Keiner der DAX-30-Werte konnte 2002 eine positive Wertentwicklung vorweisen.

Die Münchener-Rück-Aktie im Zeichen der Kapitalmarktentwicklung

Der Münchener-Rück-Aktie gelang es nicht, sich diesen Einflüssen zu entziehen. Zwischen dem 1. Januar und dem 31. Dezember 2002 verlor sie 62,6 % und schloss bei 114 €.

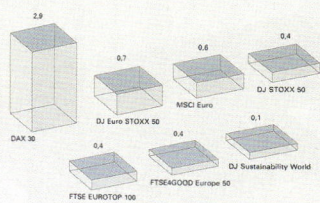

2,9

DAX 30

0,7
DJ Euro STOXX 50

0,6
MSCI Euro

0,4
DJ STOXX 50

0,4
FTSE EUROTOP 100

0,4
FTSE4GOOD Europe 50

0,1
DJ Sustainability World

Führend in nachhaltigem Handeln

Die Münchener-Rück-Aktie ist nicht nur in den großen europäischen Aktienindizes vertreten. Sie gehört auch zu den Nachhaltigkeitsindizes DJ Sustainability World und FTSE4GOOD Europe 50. Diese nehmen aus jeder Branche nur die Unternehmen auf, die führend sind in ökonomisch, ökologisch und sozial verantwortungsvollem Handeln.

01 - - MÜNCHENER RÜCK 2001 - - CLAUS KOCH CORPORATE COMMUNICATIONS (D)

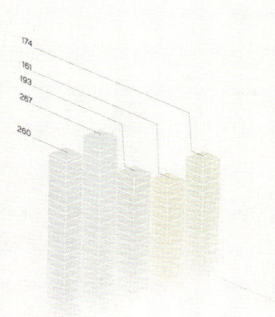

174
161
193
267
260

Employees
Thousands

02 - - SAMSUNG 2000 - - CORPORATE AGENDA LLC (USA)

According to Dr. Stephen Holgate, one of the world's leading researchers in asthma and the lead investigator in Arris' clinical program, the results suggest the potential for an anti-inflammatory product that could be used instead of steroids, but more importantly, could potentially treat what he called "the most significant problem in asthma—the remodeling of lung tissue due to ongoing inflammation in the airways."

The studies also contributed to a decision on the part of our partner, Bayer AG, to expand the scope of our research collaboration, originally focused on the development of oral therapeutics. In September, Bayer announced that it had selected an inhaled, second-generation tryptase inhibitor to take into clinical development, BAY-17-1998. Produced in Arris' laboratories, the compound is more specific and more potent than APC-366, and it has a profile that supports once-a-day vs. twice-a-day dosing.

This decision puts two tryptase inhibitors in Arris' pipeline, both of which have an equal chance of commercialization. Together, Arris and Bayer have set success criteria which, when met by either compound, assure Bayer's further development of the product.

In 1997, we believe that the tryptase program will achieve several milestone events. The results of Arris' two ongoing Phase II studies will be reported, and work to reformulate APC-366 for a dry powder inhaler should culminate in both Phase I safety studies, as well as initiation of a Phase IIb program late in the year. Additionally, we anticipate that Bayer will enter the clinic with a second-generation inhaled compound, also formulated for a dry powder inhaler device. Furthermore, we expect to conclude discussions with our partner relative to expansion of the tryptase inhibition program to inflammatory diseases other than asthma.

PRODUCT SERIES

	Research	Screening	Medicinal Chemistry	Lead Optimization	Proof-of-Principle Pharmacology	Pre-Clinical IND Studies	Clinical Development
Tryptase Inhibitors							
APC-366							Phase 2
BAY-17-1998							
Oral candidate							
Chymase Inhibitor							
Factor Xa Inhibitor							
IOS, HIV, CMV Inhibitors							
Cathepsin K, L Inhibitors							
Cathepsin B Inhibitors							
Cathepsin S Inhibitors							
Urokinase Inhibitors							
Beta-Lactamase Inhibitors							
EPO Mimetic							
hGH Mimetic							

Current Status — Completed

ROBOTIC LIQUID HANDLING DEVICES WITH AUTOMATED PIPETTES ARE USED TO SYNTHESIZE COMPOUNDS DEVELOPED TO INHIBIT A VARIETY OF DISEASE-CAUSING PROTEASES. ROBOTS HAVE GREATLY INCREASED THE SPEED AND ACCURACY OF COMPOUND TREATMENT BY REPLACING TIME-CONSUMING MANUAL TECHNIQUES.

RESEARCH TO IDENTIFY AN ORAL TRYPTASE INHIBITOR REQUIRES THE ANALYSIS OF APPROXIMATELY 8,000 EXTRACTIONS OF BLOOD PLASMA EACH MONTH. USING ARRIS' LC-MS MASS SPECTROMETER SPECIALLY ADAPTED FOR THIS TASK.

MASS SPECTROMETER

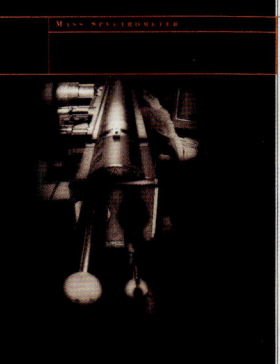

Histamine Responsive Population

Dose of Histamine causing 20% decrease in FEV

- Pre-treatment
- Post-treatment

Treatment Group — Placebo, 2.5 mg APC-366, 5 mg APC-366

DATA FROM ARRIS' PHASE IIA STUDY OF APC-366 DEMONSTRATED PROTECTION AGAINST THREE ZONES PHASES OF ASTHMA. BASED ON THESE RESULTS, ARRIS AND ITS PARTNER, BAYER AG, ARE MOVING THE TRYPTASE INHIBITION PROGRAM CLINICAL DEVELOPMENT.

TRYPTASE

Since 1992, Arris has dedicated significant resources to advancing research on tryptase, a protease now generally believed to play a critical role in inflammatory diseases, such as asthma. In 1994, Arris initiated clinical trials of APC-366, a tryptase inhibitor, and we were the first to test this type of compound in humans. The safety trials involving more than 100 patients showed that the drug was well tolerated, and in 1996, with completion of Phase IIa trials, Arris demonstrated the viability of the target and showed efficacy at both tested dosage levels.

These findings proved to be significant milestone events for Arris. First, the results validated earlier research in animals showing the protection provided by tryptase inhibition in all three phases of asthma: the early, late, and hyperresponsive phases. This validation gave both Arris and its partner, Bayer AG, the confidence to move forward with the program and to initiate two additional Phase II studies with a crossover study design used widely in pharmaceutical research to yield statistically valid data.

Perhaps most importantly, the data provided a strong indication of the drug's potential for treating the hyperresponsive phase of asthma—the delayed asthmatic reaction that is attributed to chronic inflammation and predisposes asthmatics to repeated asthma attacks. The data from the pilot study suggested that APC-366 may actually reduce the underlying inflammation in such a way as to make episodes of bronchoconstriction less likely to occur—an effect provided by steroid drugs only after several weeks of dosing.

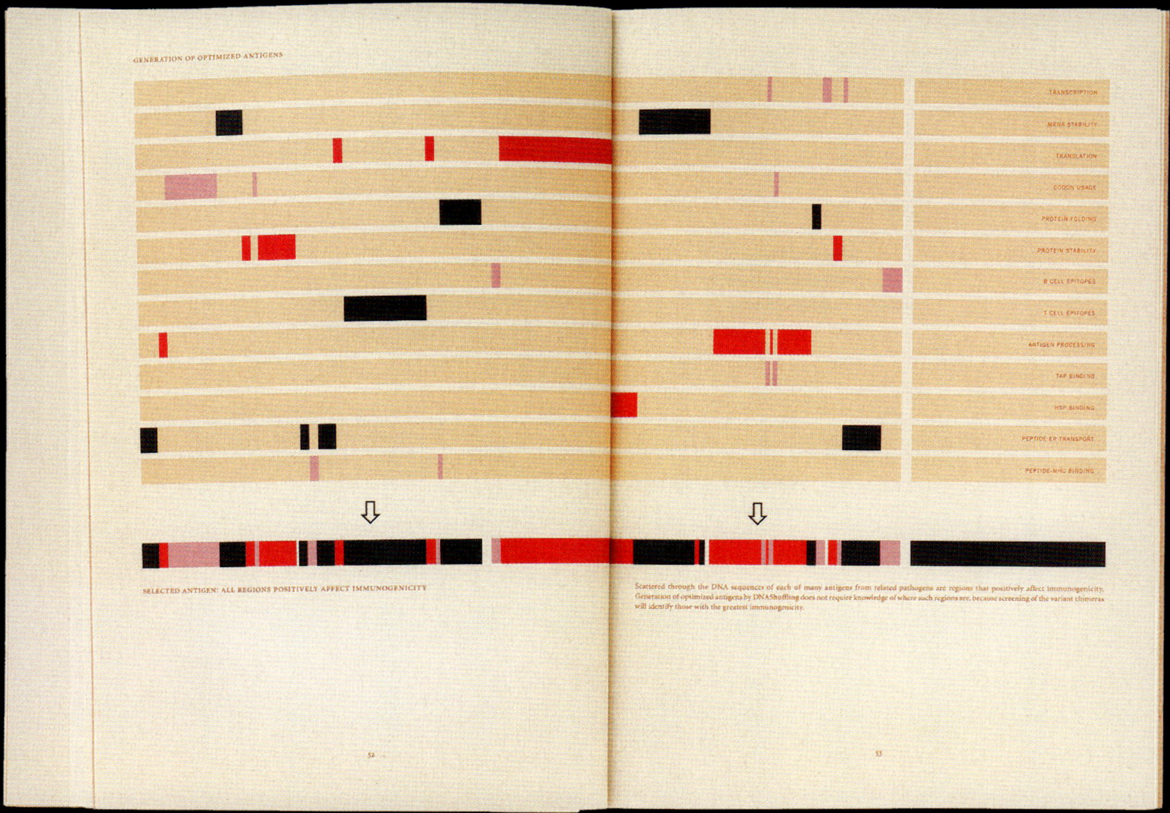

Wie bastle ich ein
vielfach geschichtetes
Balkendiagramm
und bleibe dennoch
übersichtlich?
Cahan hat eine schöne
Antwort gefunden.

GENERATION OF OPTIMIZED ANTIGENS

TRANSCRIPTION
MRNA STABILITY
TRANSLATION
CODON USAGE
PROTEIN FOLDING
PROTEIN STABILITY
B CELL EPITOPES
T CELL EPITOPES
ANTIGEN PROCESSING
TAP BINDING
HSP BINDING
PEPTIDE ER TRANSPORT
PEPTIDE-MHC BINDING

SELECTED ANTIGEN: ALL REGIONS POSITIVELY AFFECT IMMUNOGENICITY

Scattered through the DNA sequences of each of many antigens from related pathogens are regions that positively affect immunogenicity. Generation of optimized antigens by DNA shuffling does not require knowledge of where such regions are, because screening of the variant chimeras will identify those with the greatest immunogenicity.

ENHANCED IMMUNOGENICITY OF HBsAg AFTER 2ND ROUND

CROSSREACTIVE ANTIBODIES ELICITED BY SHUFFLED DENGUE ANTIGENS

ELISA Ag
Dengue 2

ELISA Ag
Dengue 4

ELISA Ag
Dengue 1

ELISA Ag
Dengue 3

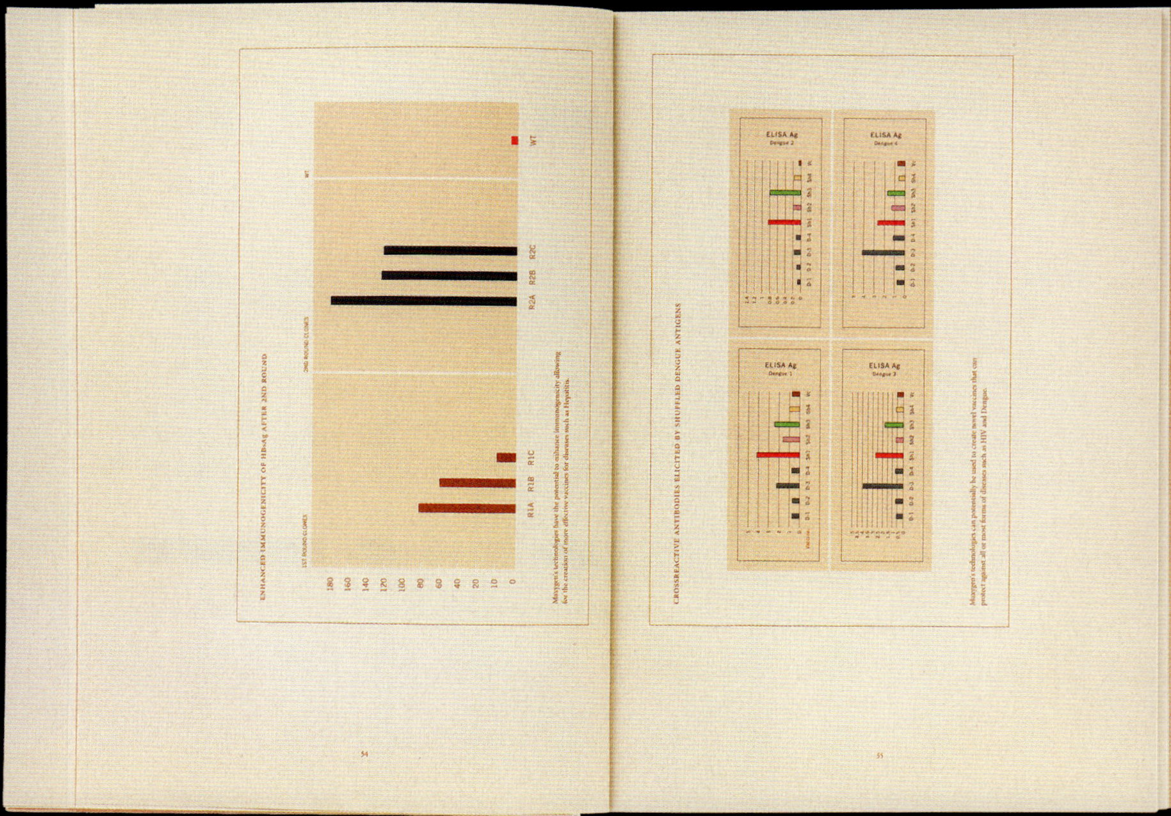

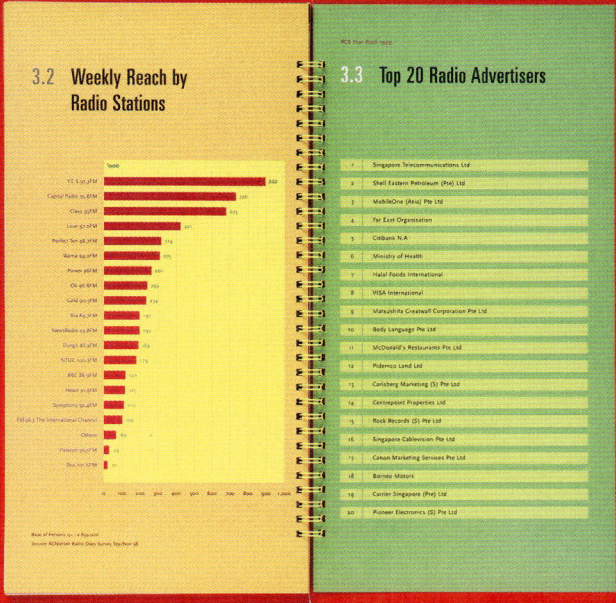

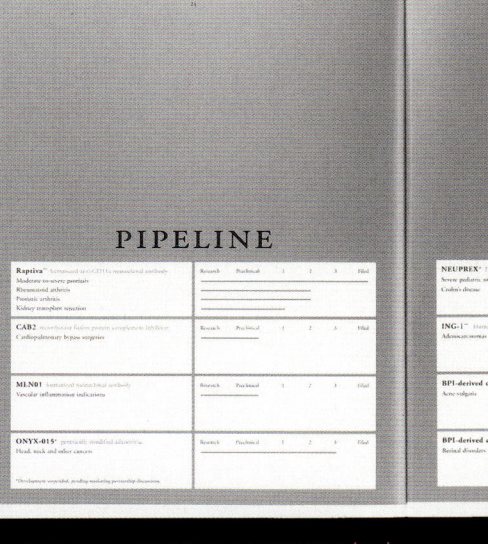

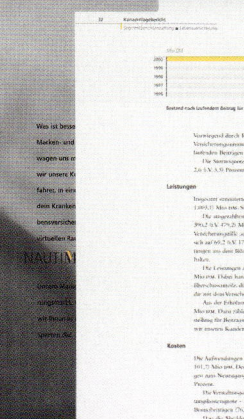

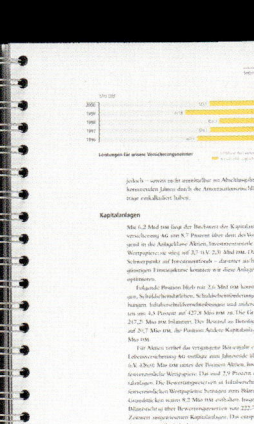

03 - - RADIO CORP. OF SINGAPORE 1999 - - EPIGRAM (SGP)

04 - - XOMA 2002 - - HOWRY DESIGN ASSOCIATES (USA)

05 - - MANNHEIMER AG HOLDING 2000 - - HILGER & BOIE (D)

Balkendiagramme
in Segmente aufgelöst:
Durch das Verschieben
der Bezugsmatrix
in den Balken
hinein eröffnen sich
attraktive Gestaltungs-
möglichkeiten.

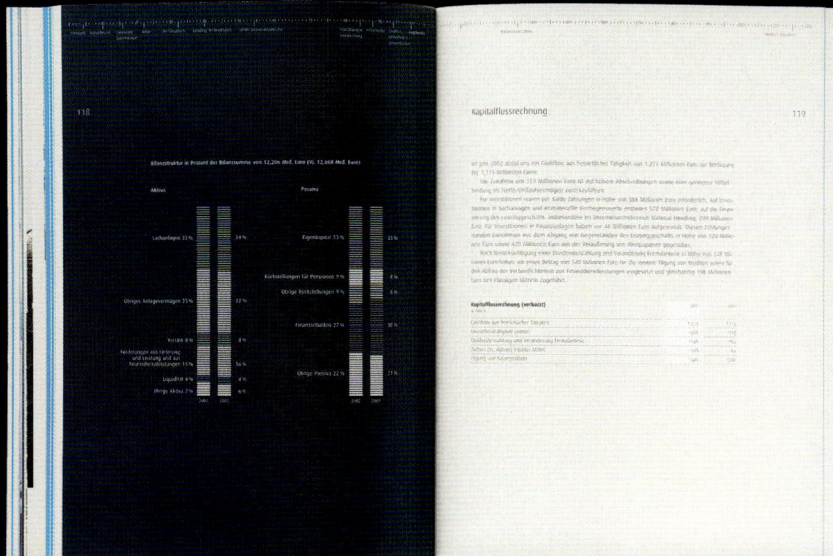

Internationale Märkte

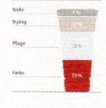

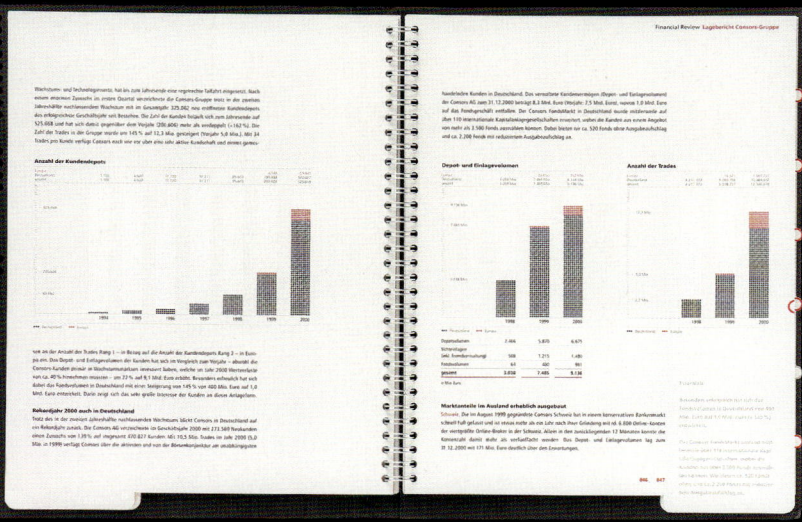

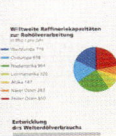

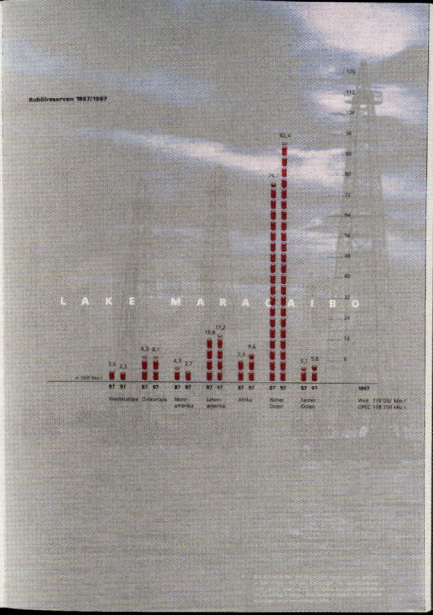

Balkendiagramme illustrativ aufgelöst: Gleichmäßige Formen geben als Balkendiagramm einen visuellen Hinweis auf ihren Inhalt. Vorsicht ist bei sehr unregelmäßigen Grundformen geboten: Dort kann das Volumen optisch stärker als die Höhe wirken (siehe auch S. 87).

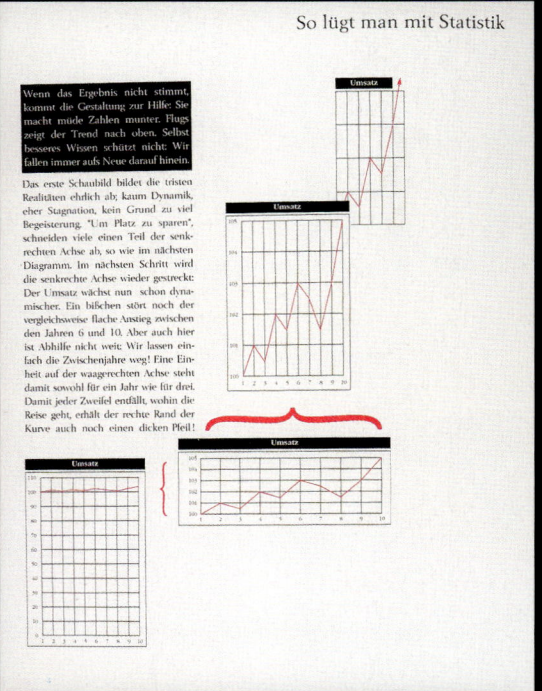

01 - - VORWERK 1995 - - HERMANN MICHELS (D)

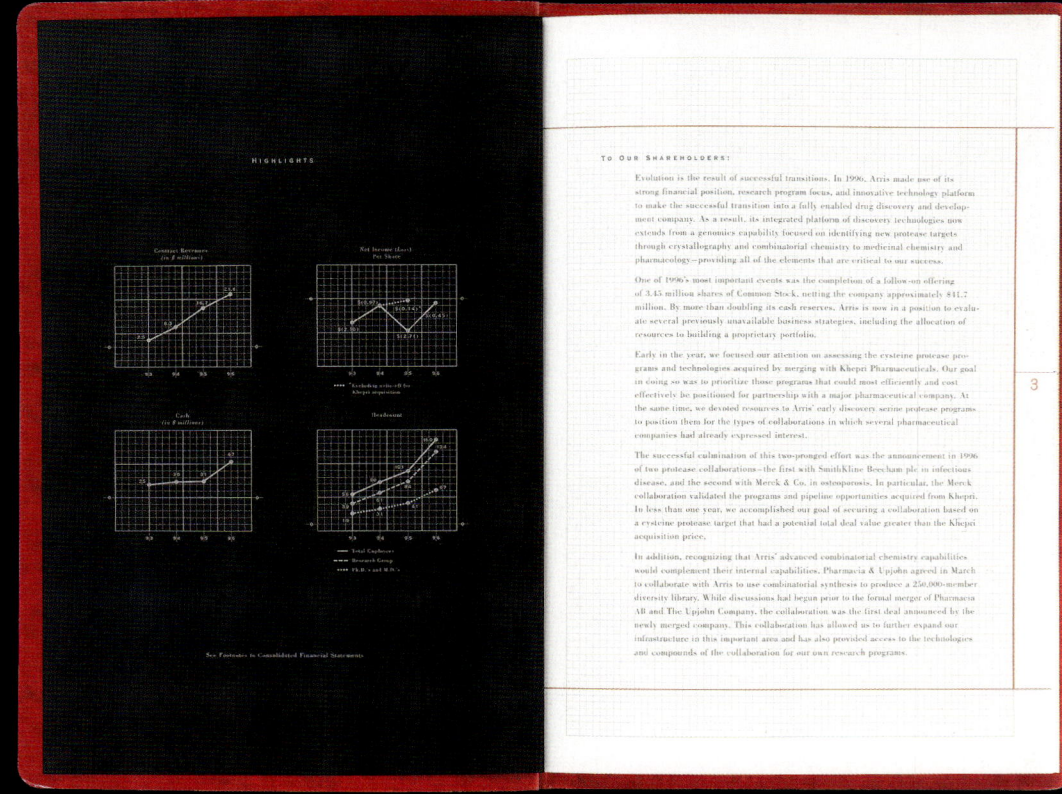

02 - - ARRIS 1996 - - SCHULTE DESIGN (USA)

WERT-VOLL: LINIENDIAGRAMME

WO VIELE EINZELWERTE IN IHRER ENTWICKLUNG DARGESTELLT WERDEN MÜSSEN, stoßen Balkendiagramme an ihre Grenzen, erst recht, wenn Verlauf mit anderen Werten verglichen werden soll. Keine andere Diagrammform als die Linie kann so übersichtlich so viele Werte zusammenfassen, mit keiner anderen kann man so schön manipulieren: Durch einfache Verschiebung der Proportionen wird aus einem schwachen Anstieg eine antische Steigerung. Es lohnt sich, die Maßstäbe der Aktiencharts eines Unternehmens aus unterschiedlich erfolgreichen Jahren an der Börse zu leichen: Der Versuchung, hier zu glätten und dort zu glänzen, erliegt fast jeder.

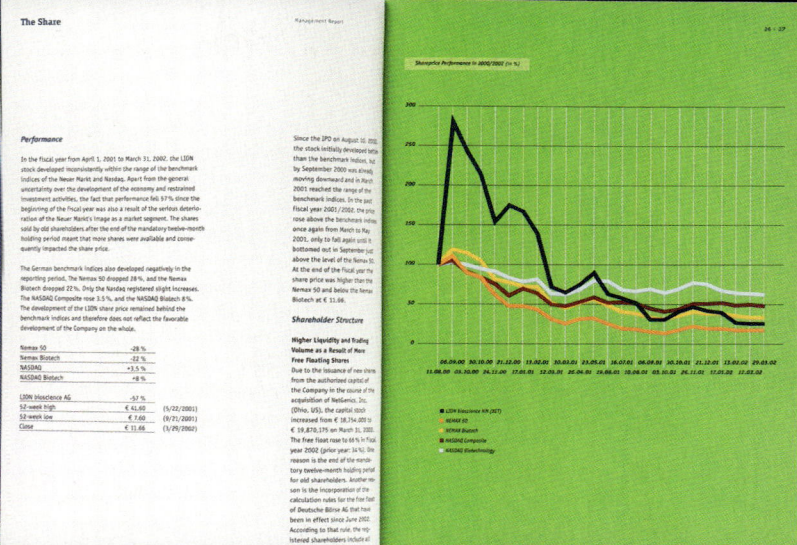

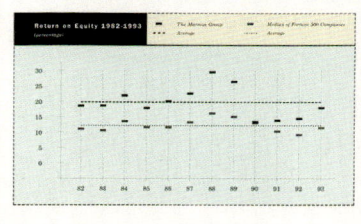

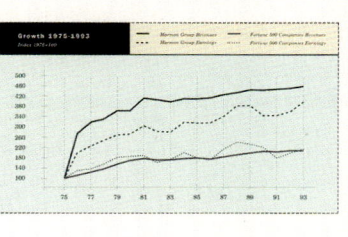

Klar und übersichtlich: Reduktion
der Kursschwankungen auf wesentliche
Werte und Vergleich mit farbig
abgesetzten Indices.

03 - - LION BIOSCIENCE 2001/02 - - KUHN, KAMMANN & KUHN (D)

Andere Grafik, gleiche Wirkung:
Differenzierung durch den Linienstil.

04 - - THE MARMON GROUP 1994 - - VSA PARTNERS, INC. (USA)

Sinnvoll: Die doppelseitige Darstellung
des Kursverlaufs bietet Platz für die
kursrelevanten Unternehmensnachrichten.

Direkt: Der indonesische Tabakkonzern Sampoerna beziffert Stück- und Rupienumsatz auf einer Plexiglasbox mit Originalzigaretten als Beigabe zum Geschäftsbericht.

* FREI: WEITERE FORMEN UND SCHAUBILDER

ÜBER KURVEN- UND LINIENDIAGRAMME, Torten und Balken hinaus gibt es weitere Diagrammformen, die entweder volumen- oder koordinaten orientiert aufgebaut sind. Die Grenze zum Schaubild oder zur technischen Illustration ist dabei bisweilen fließend. Gerade in Berichten, die keine weiteren Abbildungen enthalten, kann mit Hilfe individuell gestalteter Diagramme eine eigenständige und hochwertige Wirkung erzielt werden, die durchaus stringenter, aussagekräftiger und intelligenter die Kernaussage des Berichts transportieren kann, als dies mit aufwändigen Imageaufnahmen möglich wäre. Eine attraktive Kombination von Image und Information bilden fotografierte Diagramme.
Schaubilder und Organigramme sind die Spezialisten für das, was Diagramme in Ansätzen ebenfalls leisten sollten: komplexe Sachverhalte, deren Beschreibung schwerer fallen würde, einfach und schnell erfassbar visuell darzustellen.

(A) ↓

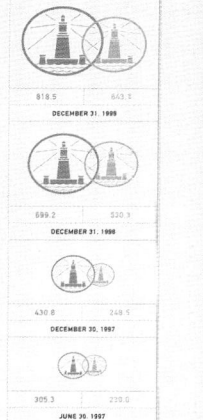

02 - -

03 - - ALEXANDRIA REAL ESTATE EQUITIES 1999 - - - PENTAGRAM (USA)

Individuelle Verwendung des eigenen Signets als Volumen- und Balkendiagramm.

01 - -

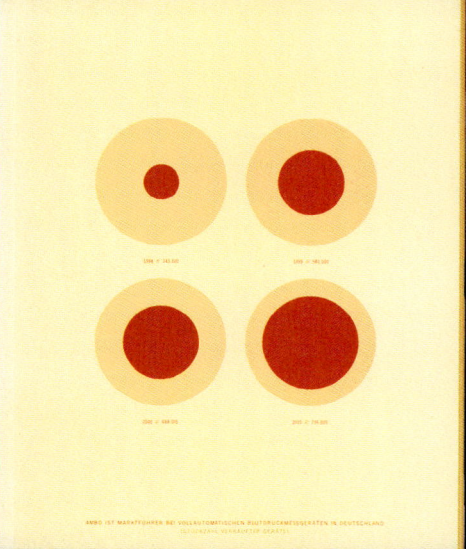

02 - -

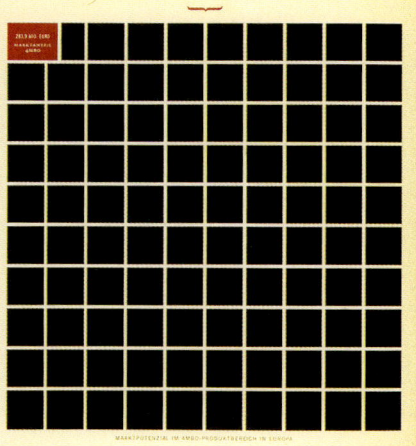

Sechs unterschiedliche Volumendiagramme verdeutlichen Umsatzanteile, Wachstum und Wachstumspotentiale.

IMPOTENCE IS
OPTIONAL

LOCAL
PROBLEM

LOCAL
SOLUTION

In 1997, VIVUS established MUSE® (alprostadil) in the United States as a first line therapy for treatment of erectile dysfunction: MUSE was launched in January of 1997 and by the end of the year, more than 825,000 prescriptions were written and 8 million units sold, thus establishing MUSE in the United States as a leading treatment for erectile dysfunction by urologists and as one of the top 35 most successful first year pharmaceutical products ever.

Local problem, local solution. Experts agree that for many men erectile dysfunction is a local disorder; consequently, the transurethral delivery of treatment provided by MUSE is a novel, local solution to this local problem. MUSE provides the patient, partner and physician a convenient and minimally invasive treatment which explains, in large part, its rapid acceptance and use in 1997.

Alprostadil safety and efficacy. First licensed as a pharmaceutical in 1981, the safety and efficacy of alprostadil as a therapeutic agent is well established. Experimental intracavernosal injection of alprostadil for the treatment of erectile dysfunction began in the late 1980s and culminated with Food and Drug Administration (FDA) clearance of alprostadil for injection therapy of erectile dysfunction in 1995. VIVUS began clinical trials in 1992, and in five short years, successfully demonstrated that alprostadil also can be delivered safely and effectively via the urethra using a small, plastic applicator rather than a needle.

Novel drug delivery. MUSE uses a novel drug delivery system which consists of a single-use, prefilled plastic applicator designed for easy handling, administration and disposal. The small size of the applicator provides both patient and partner with a discreet and easy-to-use treatment option.

1997 VIVUS
FACT SHEET

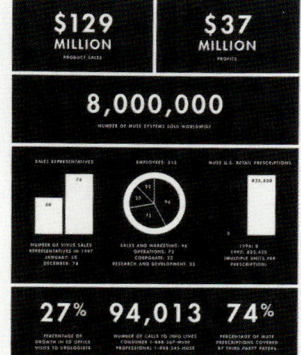

NET SALES 1995–1999

❊ ❊ ❊

In fiscal 1999, Williams-Sonoma, Inc. reported yet another
record year, with sales exceeding $1.3 billion, contributing to a
five-year compound sales growth rate of 21.2%.

❊ ❊ ❊

$ 1,383,993

$ 1,103,954

$ 933,257

$ 811,758

$ 644,653

1995   1996   1997   1998   1999

WELCOME
to our home.

A LETTER
TO OUR SHAREHOLDERS

NINETEEN NINETY-NINE represented a record year in sales and earnings for Williams-Sonoma, Inc. Our sales grew by 25 percent and our earnings increased 24 percent over the prior year. But, as we write this letter to you, the recent disappointment of not achieving our fourth quarter earnings goals weighs heavily on our minds. However, as we look back on the results of the past year, we realize we have much to be proud of. We've strengthened our management team, invested in building our brands, launched our new Pottery Barn Kids catalog and two new Web sites, and continued to demonstrate our commitment of delivering the highest quality products and services to our customers.

[3]

NET REVENUES 1996–2000

·

In fiscal year 2000, Williams-Sonoma, Inc. reported yet another
record year, with revenues exceeding $1.8 billion, contributing to
a five-year compound revenue growth rate of 21.8 percent.

$ 1,829,483
2000

$ 1,460,000
1999

$ 1,160,000
1998

$ 984,367
1997

$ 858,214
1996

WILLIAMS-SONOMA, INC.

To:

Our Fellow SHAREHOLDERS.

THE TURNING OF A CENTURY **is always an auspicious occasion. It's a time to celebrate our accomplishments and recognize how far we've come. It's also a time to reflect upon where we are going. Williams-Sonoma, Inc. entered this new century by reaffirming our company's vision and committing ourselves to certain changes—changes that will help us improve our company, continue our growth, and seize new opportunities.**

Fiscal year 2000 was a time of many outstanding achievements, not the least of which was a robust 25.3 percent growth in total revenue. The company also broke new ground in three of our premier brands; we launched an e-commerce website and created a Bed-Bath catalog for Pottery Barn, we opened our first stores for Pottery Barn Kids, and we experienced significant growth in our Williams-Sonoma bridal registry business.

[4]

Der Anbieter von Home Accessoires und Küchenausstattung zeigt seine Umsätze und Ergebnisse anhand eigener Produkte.

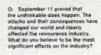

Q: September 11 proved that the unthinkable does happen. The attacks and their consequences have changed our world and clearly affected the reinsurance industry. What do you believe to be the most significant effects on the industry?

A: The events of September 11 took a terrible human and financial toll, and certainly the insurance and reinsurance industry was shaken to its core. Losses to the global reinsurance industry probably represented more than 16% of true capital – the largest shock to its stability in history. But the industry responded in an exemplary fashion. It took the hit and its obligations and continued to provide coverage in the aftermath. Undoubtedly, the year 2001 largely because of the terrorist attacks, but also because of events surrounding Enron – will be looked upon as an important point for the industry. Conditions – such as appetite for risk, government involvement, volatility, pricing, competition, capitalization and demand – have clearly changed. But it would be inaccurate to say that these changes are solely because of September 11. In truth, the world of risk has been changing in meaningful ways for several years. It is important in any discussion of 2001 to keep this in perspective.

Q: How has the risk landscape changed over the last several years, and how are these changes currently affecting the industry?

A: Risk is now more complex and increasingly more difficult to assess. Without question, today, we are seeing more uncertainty in all areas of life. Consider the collapse of Enron. The company's unexpected demise illuminates that financial risk exists at all levels and for all sizes of insureds. Thousands of employees, investors and creditors lost money with incredible speed. What's more, we've seen a series of old and new risks such as asbestos, "toxic mold" mold malpractice and, as previously mentioned, many risks. Finally – and perhaps most importantly – we have seen a steady growth in liability losses in both the U.S. and in Europe as the socio-political climate has changed. In short, we live in an increasingly risky world.

Q: In the short term, what will be the effect of this increase in volatility on your customers – the insurance industry?

A: Going forward, businesses, including our insurance company clients, will likely look for new and more secure ways to protect themselves from the new level of risk. So demand for protection will grow.

As a result the size and quality of their reinsurers' balance sheet will matter as never before. While there has been a "flight to quality" movement over the last few years, 2001 events will accelerate that movement.

Shareholders' Equity
(in millions of U.S. dollars)

2001 $1,748

2000 $2,094

1999 $1,841

Our balance sheet remains strong
The loss we took this year was a substantial blow to the organization. However, it did not impair our financial stability, nor our ability to meet our obligations to our ceding companies.

---

03 - -

Q: We have talked about decreases in capital coming. Post-September 11, however, there are a number of new entrants to the reinsurance business, and an influx of new capital. What will be the impact of this new capital?

A: We did see a significant amount of capital raised by existing and new insurers and reinsurers in the final months of the year. Much of that capital merely plugged the hole that September 11 left in industry balance sheets. Reinsurers and insurers needed to replenish their resources and the capital will be easily absorbed without major dislocation. However, there was upwards of $10 billion of capital raised to fund new participants. Interestingly, virtually all that money came here to Bermuda, moving the center of gravity of the global insurance industry to the island.

In the short term, that new capital has had a relatively small impact on the market. It is focused on some specific niche areas that can be reached through reinsurance intermediaries, like aviation, facultative and catastrophe risks. Plus, most of the newcomers are in competition with Lloyds rather than competing in the more traditional markets that PartnerRe serves.

Q: Longer term, will this new capital have an impact on the cyclical nature of the business?

A: No. The basic nature of the reinsurance business will not change. It always will be cyclical for one specific reason: the industry has a remarkable ability for making a lot of money. We expect the industry to be very profitable over the next several years. Profits will flow into retained earnings. The impact of these retained earnings will swamp the impact of that few billion dollars of new capital. As a result, we will see an increase in capacity and, eventually, growth of capacity will once again outpace demand.

Q: The industry will be profitable, but some reinsurers are floundering. Will the strong acquire the weak? Do you see more consolidation in the reinsurance industry?

A: I think the pace of consolidation will remain about the same. In 2001, we saw a lot of insurance companies decreasing their appetite for volatility. Divestitures and spin-offs of reinsurance subsidiaries resulted from this aversion to risk. I would not be surprised if that trend continues until the separation of the two industries is virtually complete. Also, we now have a new set of players in the consolidation game – the startups. I foresee they will have a difficult time building a balanced book of business, which means that they likely will be faced with the strategic decision to acquire or be acquired.

Net Premiums Written
(in millions of U.S. dollars)

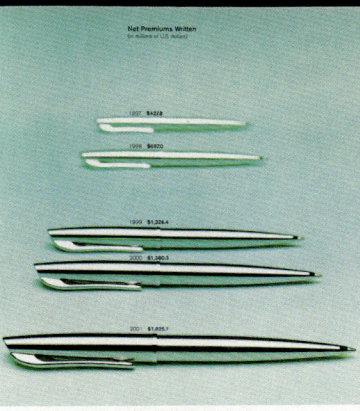

1997 $432.8

1998 $662.0

1999 $1,326.4

2000 $1,360.5

2001 $1,825.1

We are in the business of accepting risk
Our level of risk acceptance has grown substantially and systematically over the past few years. In order to manage both risk and growth appropriately, we recruit and develop talented reinsurance professionals. Our people know their business, they have access to the best resources and they keep a close eye on the "what-ifs" as well as the fundamentals.

---

04 - -

Retention Ratio–Net as a Percentage of Gross Premiums Written (Non-life)
(Percent)

1999 94.0%

2000 93.4%

2001 97.3%

Transparency: PartnerRe is a net underwriter
Companies that have built up a reputation for transparency, along with the requisite strong financial capability will have a sustainable competitive advantage for the next few years.

Q: Earlier, you spoke of the environment in terms of consolidation. What is PartnerRe's appetite for acquisitions?

A: We are always willing to consider them, but acquisitions are not a key part of our current strategy. It is time to focus on the market. Acquisitions being distractions, and we want to avoid that. Unless there is a major strategic fit and customer-improving diversification or gaining access to markets or people, we do not currently have – we would likely pass on all acquisition at this time.

However, PartnerRe was built through acquisitions. Over the longer term, we expect that we would consider further acquisitions, but only at the right time, for the right reason, and at the right price.

Q: What about the nuts and bolts? Do you have specific return targets?

A: Yes. They are aggressive, but achievable. My view is that we should provide a minimum of 14% return on equity for our shareholders over a market cycle. We will see volatility, but over two years or so we must be able to deliver an average return in that neighborhood. Note, I am talking about an absolute return goal, not a relative one. How we did relative to our competitors is no measure of success and is not an accurate indicator of the strength or weakness of our business. We need to set targets, achieve a proper return and let that be enough.

Q: How did you come up with a 14% return?

A: We take the risk free rate. That is likely to be in the 6% range over the long-term, although it's lower in today's market. Then we add a "risk premium." We set this at 8%, which is an appropriate level of return for reinsurance companies. I am confident that we can make these numbers. Certainly, we will need some years of exceptional returns to offset the years in which we see more modest returns. That is a given in our business, but we can plan for it and succeed.

---

05 - - PARTNER RE 2001 - - CORPORATE AGENDA LLC (USA)

By The Numbers

ARAMARK is one of the world's leading professional services providers, specializing in award-winning food, facilities management and uniform services for healthcare institutions, universities and school districts, stadiums and arenas, and corporations. Our 240,000 employees serve clients in 20 countries. Here are a few highlights of our business.

Financial Highlights

(Dollars in millions, except per share totals)	2003*	2004	2005
Operating Results			
Sales from Continuing Operations	$9,448	$10,192	$10,963
Operating Income	552	538	580
Income from Continuing Operations	265	263	288
Net Income	301	263	288
Financial Position			
Total Assets	$4,468	$4,922	$5,157
Total Debt	1,730	1,869	1,841
Diluted Earnings per Share			
Income from Continuing Operations	$1.34	$1.36	$1.53
Net Income	$1.52	$1.36	$1.53

Notes

*Fiscal 2003 was a 53-week year. Fiscal 2004 and 2005 were 52-week years.

During fiscal 2003, ARAMARK completed the sale of ARAMARK Educational Resources, which is accounted for as a discontinued operation in the accompanying financial analysis.

01 - - ARAMARK CORPORATION 2005 - - ADDISON (USA)

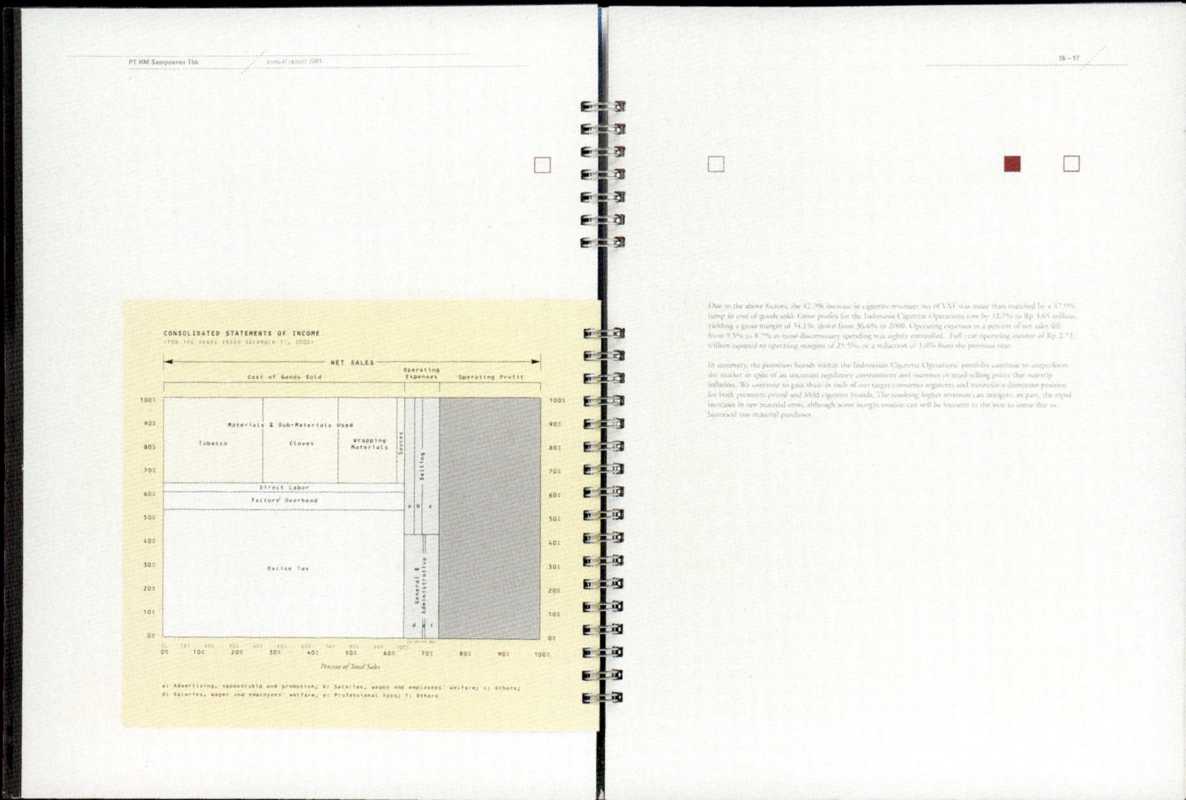

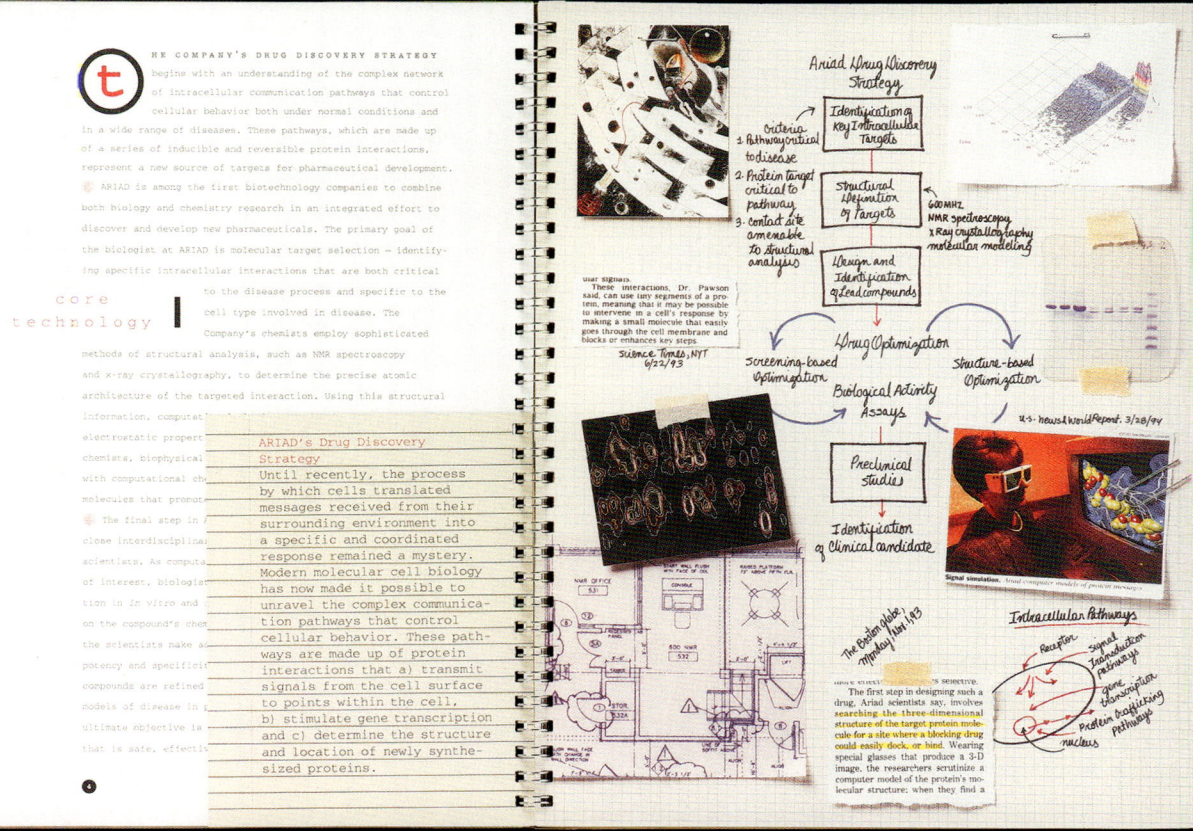

Die strategischen Überlegungen des Unternehmens werden wie in einem Meeting auf Schreibblöcken collagiert dargestellt und vermitteln so den Eindruck von Menschlichkeit, Aktualität und Authentizität.

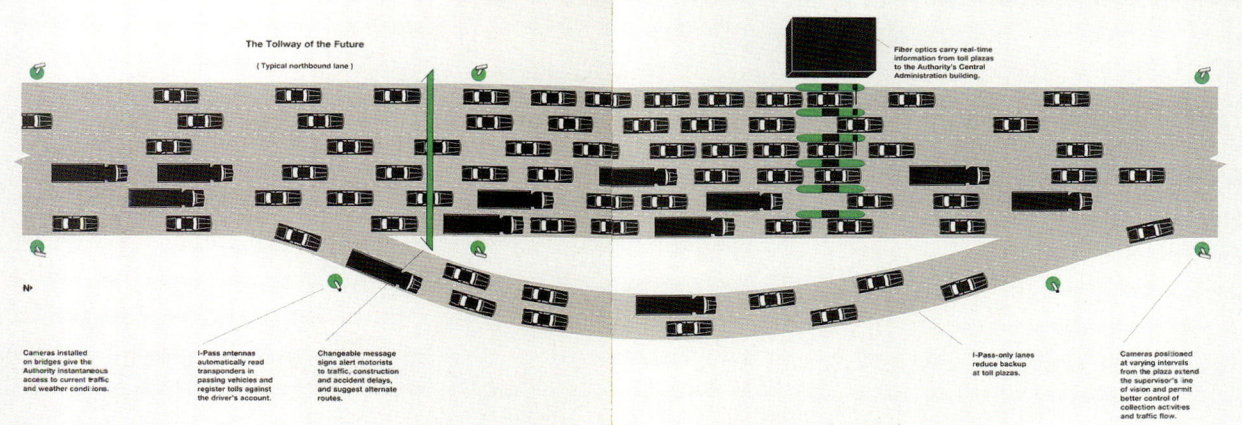

Ein Schaubild stellt das Mautsystem I-Toll abstrahiert und damit übersichtlicher dar, als es via Foto möglich wäre.

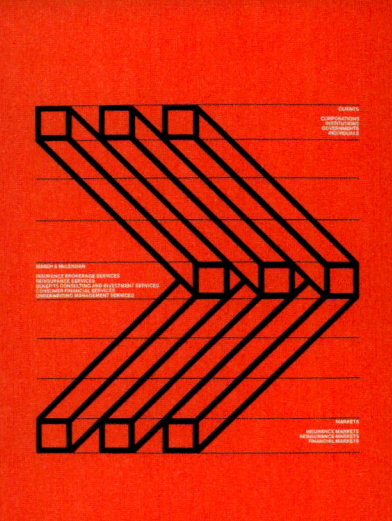

01 - -

02 - -

03 - - MARSH & McLENNAN 1980 - - CORPORATE ANNUAL REPORTS, INC. (USA)

Der Versicherungsmakler visualisiert seine Positionierung zwischen Kunden und Versicherern
über plakative, abstrakte Grafiken.

Mission

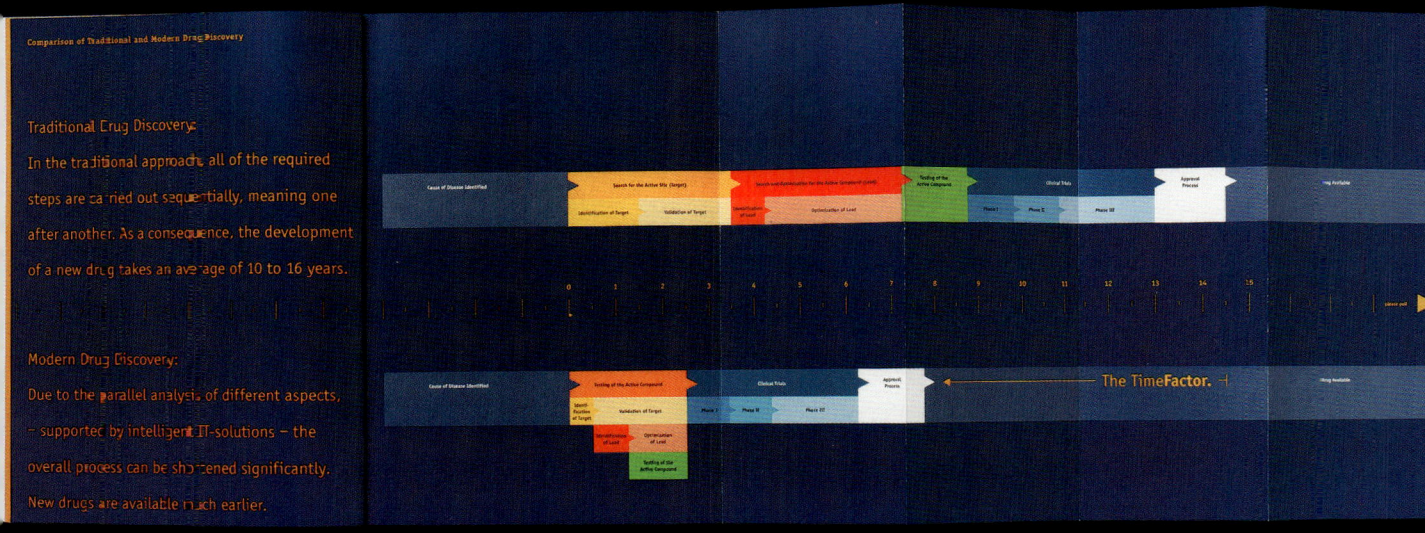

... Delta Lloyd NV aims to be one of the leading financial services providers in the Benelux and Germany...

... through our involvement and focus on responsibility we offer high-quality products and services, with the best possible value for our customers, independent intermediaries and share-holders...

... we aim to contribute to the development of an affluent society, by offering financial products and services focused on asset accumulation, income protection and risk management...

... the group puts emphasis on the customer, our employees act accordingly and can be called to account in this respect. Delta Lloyd provides a dynamic and inspiring working environment which offers its employees many opportunities...

... the partnership with our inter-mediaries is a key success factor for further growth. Additionally, we are making the most of the opportunities through the direct sales channel. This includes such key factors as the Internet and Operational Excellence...

Delta Lloyd NV

New group name with effect from 1 January 2003

Executive Board and supporting units

| Delta Lloyd Insurance | OHRA Insurance | Asset Management Division | Delta Lloyd Banking Division | Delta Lloyd Property | Delta Lloyd Deutschland | Delta Lloyd Belgie | Ennia Caribe |

As a customer and service oriented financial services provider, the Delta Lloyd NV group offers a wide range of products via agent and direct distribution channels Delta Lloyd and OHRA. Products include simple savings to complex insurance and financial planning. Delta Lloyd co-operates intensely and exclusively with independent insurance intermediaries and OHRA focuses directly on consumers. In addition to insurance operations, Delta Lloyd operates divisions for Asset Management and Banking, along with divisions in Germany and Belgium.

Delta Lloyd will develop and intensify its inter-national position with an emphasis on life assurance, banking and asset management activities.

Delta Lloyd NV is a member of the international insurance group CGNU Plc. Stichting OHRA holds an 8% stake in the company via preference shares, if the conversion right is exercised.

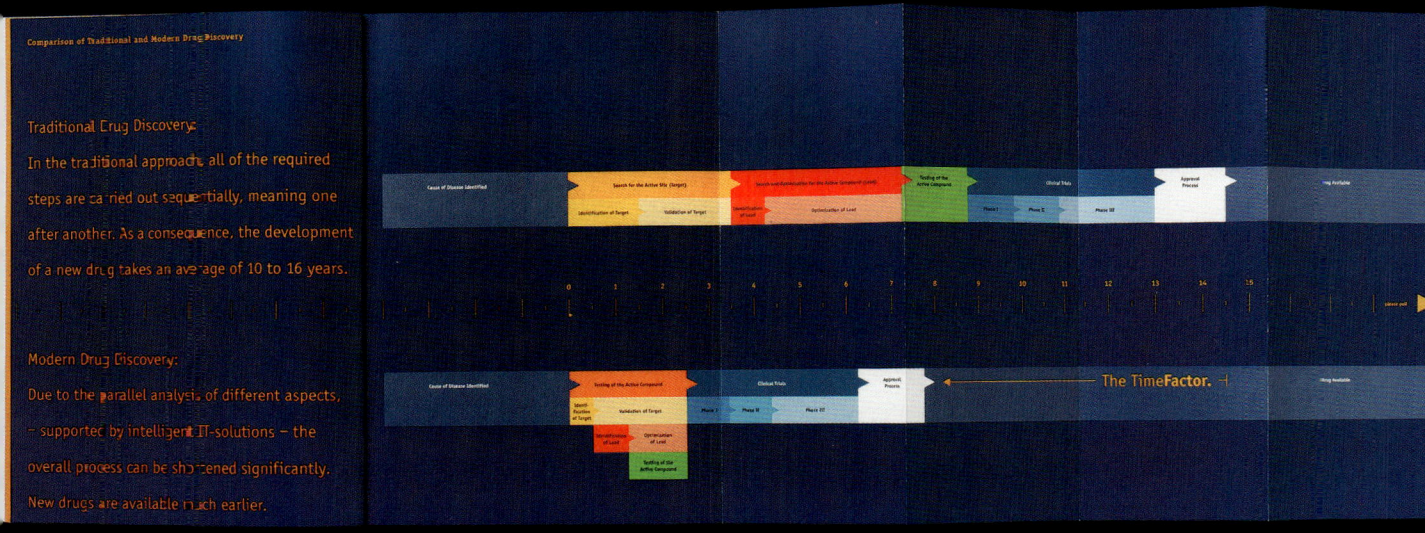

Comparison of Traditional and Modern Drug Discovery

Traditional Drug Discovery:
In the traditional approach, all of the required steps are carried out sequentially, meaning one after another. As a consequence, the development of a new drug takes an average of 10 to 16 years.

Modern Drug Discovery:
Due to the parallel analysis of different aspects, – supported by intelligent IT-solutions – the overall process can be shortened significantly. New drugs are available much earlier.

The Time**Factor.**

04 – – DELTA LLOYD 2001 – – UNA (AMSTERDAM) DESIGNERS (NL)

Eine typische Organigramm-Aufgabe: die Darstellung der Firmenstruktur eines Konzerns.

05 – – LION B SCIENCE 2001/02 – – KUHN, KAMMANN & KUHN (D)

Ein Zeitstrahldiagramm vergleicht die Geschwindigkeit von Prozessen zur Einführung neuer Medikamente.

Anhand von
[graf]basierten Grafiken
werden Strukturen
und Vernetzungen
deutlich.

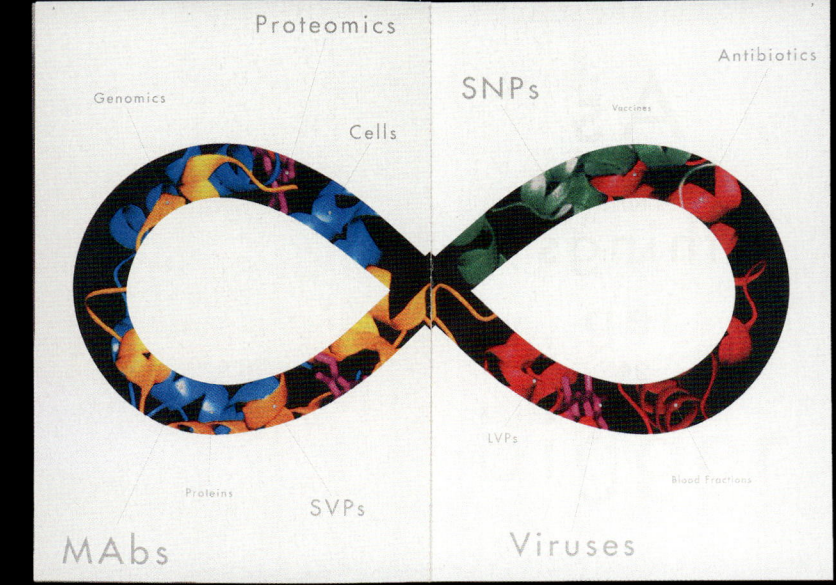

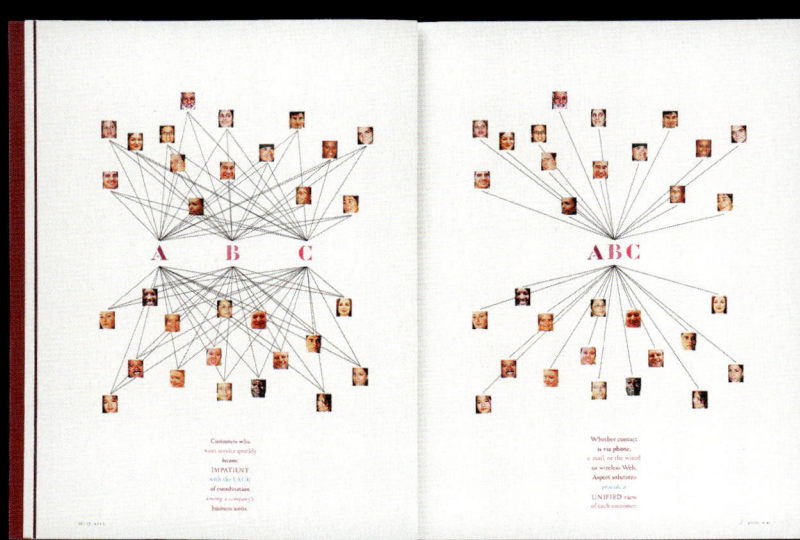

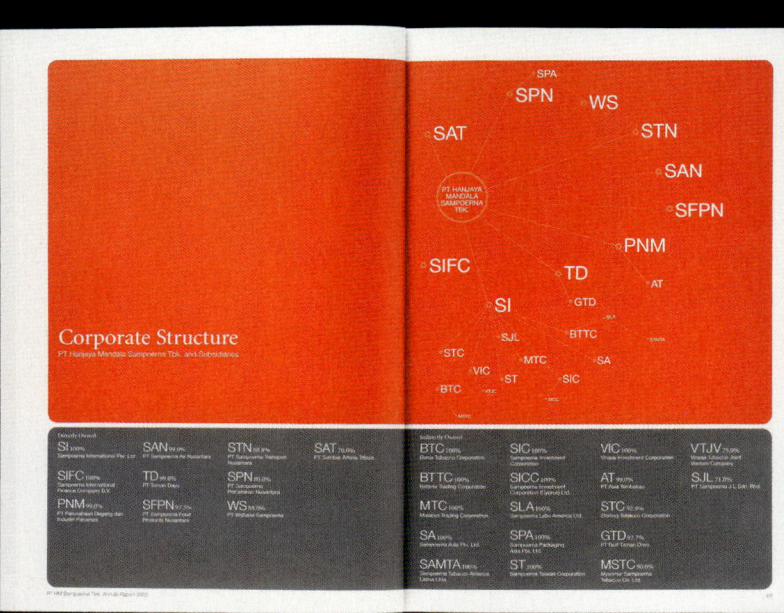

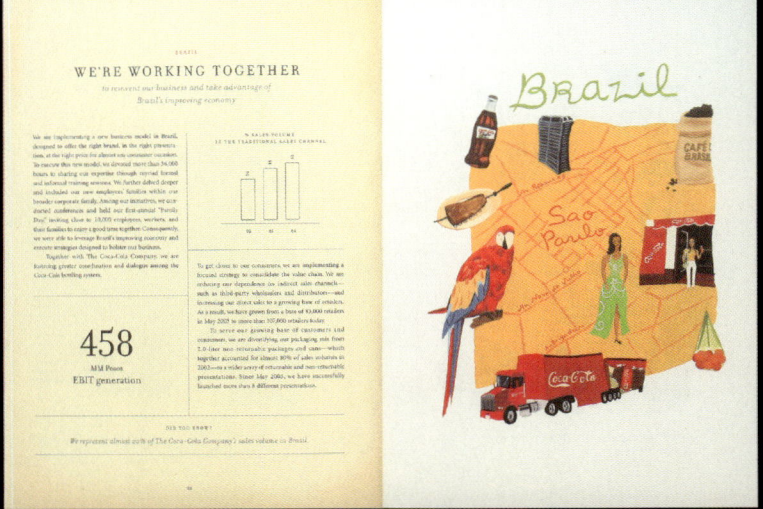

Standortkarten finden sich in nahezu jedem Geschäftsbericht. Drei Beispiele von illustrativ bis ganz abstrakt.

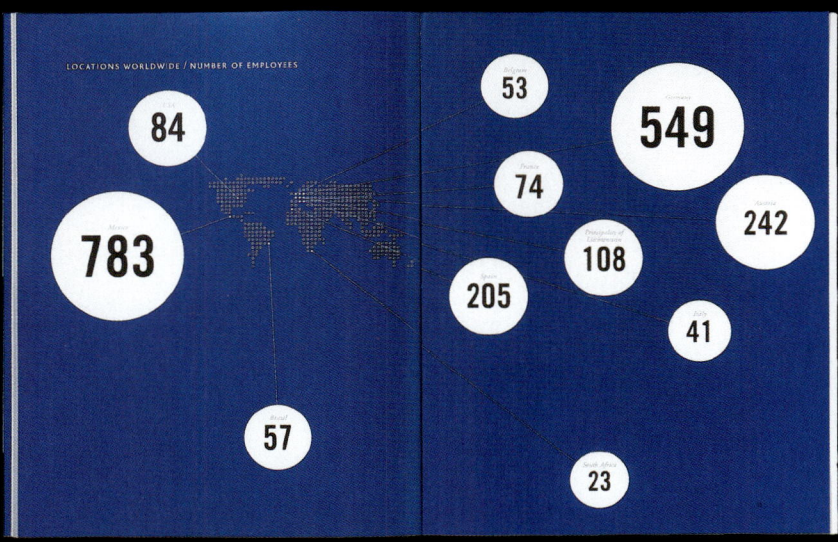

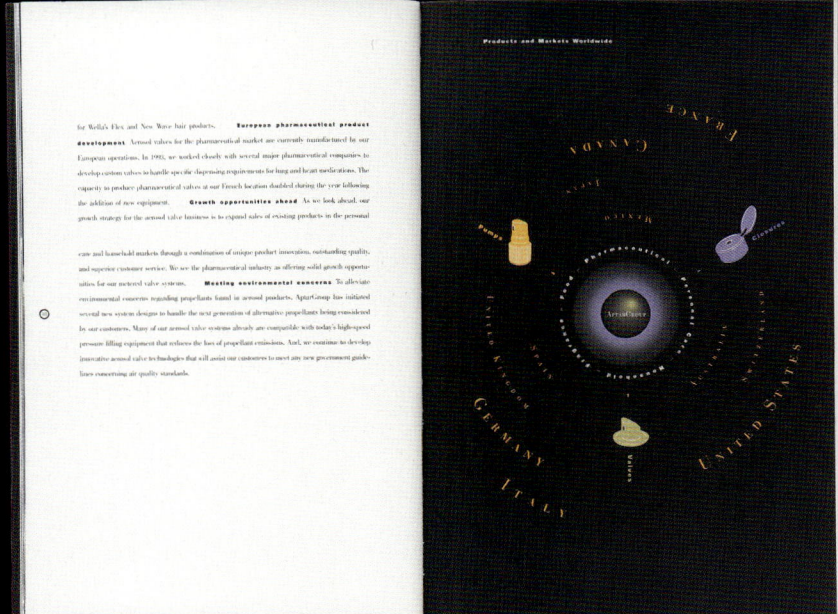

– k – 05.4 *

FFF : ///////// / //// /////
_ _ TYPO. TECHNIK UND TABELLEN

WO »BITTE LÄCHELN« ZUR SCHWERSTARBEIT WIRD

* VOR DER KAMERA HÖRT DER SPASS AUF

Ein faszinierendes Ritual: Wo immer sich der Vorstand persönlich die Zeit nimmt, die kreativen Macher »seines« Reports unter die Lupe zu nehmen, wird in den vorgelegten Referenzobjekten wenige Seiten geblättert. Schweigen. Vorstand: »So wie den hier wollen Sie mich aber nicht fotografieren, oder?« Agentur: »Ja, das ist nicht so glücklich gelaufen damals ...« Nächster Report, Blättern, Stirnrunzeln. »Und die hier sehen aus wie Schwerverbrecher.« Und so weiter.

Übersteht die Agentur die Musterung, beginnt das bange Warten auf den Schießbefehl – der Fototermin steht an. Immerhin ist bis dahin die Terminvereinbarung schon geschafft. Den Tag, an dem alle Vorstände Zeit haben, gibt es nicht. Haben sie gemeinsam Zeit, sitzen sie zusammen und debattieren bis in die Nacht. Die gequälten Gesichter danach sind nicht mehr fotogen, das Programm am Vormittag (gut für gute Stimmung und gutes Licht) meist zu gedrängt. Doch die Problematik ist steigerungsfähig: Wenn Vorstände schon keine Zeit haben, gilt dies für den Aufsichtsrat erst recht. Der Vorstandsvorsitzende eines DAX-Werts arbeitet etwa 120 Stunden pro Woche für sein Unternehmen. In den verbleibenden 48 schläft er und nimmt fünf bis zehn Aufsichtsratsmandate anderer Konzerne wahr. Der Wunsch nach 10 Minuten Zeit für ein Fotoshooting wird da schnell zum persönlichen Angriff: die Feuertaufe für jeden Kontakter in der Probezeit. Das eigentliche Zittern beginnt aber nach der kurzen Zeit am Set, denn wehe, wenn die Ergebnisse nicht einwandfrei sind!

Wo so viel Zeit- und Erwartungsdruck herrschen, wird ein Schuss aus der Hüfte schnell zum Schuss ins Knie. Es helfen nur optimale Vorbereitung, Aufmerksamkeit, Organisationstalent und Gelassenheit: Nervosität bringen bis auf wenige routinierte, telegene Selbstdarsteller schon die Manager selbst mit.

fff .) - - - - -

✳

fff
fig I. _ bitte lächeln!

: *cheese!*

✳ CHEESE!

— Sechs Tipps, damit aus dem Shooting kein Abschuss wird:

— VORAB NACHFRAGEN. Das Management sollte seine Vorstellungen zur Fotografie äußern. Allein?
— Gemeinsam? Frontal? Im Dialog? Bei der Arbeit? Locker? Imposant? Persönliche Vorlieben?
— KLARE VORGABEN MACHEN. Scribbles oder Layoutfotos sollten diskutiert und akzeptiert, die Kleidung
— und Location geklärt sein. So sind alle Beteiligten besser vorbereitet und entsprechend lockerer.
— ZEIT EINPLANEN. Ein guter Fotograf ist in der Lage, das Management-Shooting in einer Stunde abzu-
— wickeln. Aber nur, wenn davor genug Zeit ist, Location, Licht und Technik perfekt vorzubereiten
— und ggf. mit Komparsen Probeaufnahmen zu machen.
— KEINE KOMPROMISSE MACHEN. Der Fotograf für den Imageteil und die Gebäudefotos mag sein Metier
— beherrschen, muss aber deshalb kein Porträtprofi sein. Und umgekehrt.
— VOR ORT ENTSCHEIDEN. Anhand von Polaroids oder Digishots sollte ein grundsätzliches O.K. gegeben
— werden. Das reduziert die spätere Motivauswahl auf die Frage nach dem besten Gesichtsausdruck
— und minimiert das Risiko eines Nachshootings oder zeitaufwändiger elektronischer Retusche.
— NICHT AN DER FALSCHEN STELLE SPAREN. Ein guter Porträtfotograf verdient in einer Stunde so viel
— wie ein Art Director in einem Monat. Zum Ausgleich hat der AD nachts Zeit, seine Fehler auszubügeln.
— Der Fotograf macht keine und muss sich nach dem Shooting in den Flieger setzen, um sein freies
— Projekt auf Mauritius zu realisieren. Das mag dem einen oder anderen ungerecht vorkommen. Dann
— hilft es, hohe Fotohonorare als eine Art Arbeitslosenversicherung zu betrachten – für die IR-Manager
— des Auftraggebers wie für das Agenturpersonal.

BERICHT DES AUFSICHTSRATES

Aus der Sicht des Aufsichtsrates konnte die Salzgitter AG auch im Geschäftsjahr 2002 trotz des schwierigen wirtschaftlichen Umfeldes ein befriedigendes Ergebnis erzielen. Zur Gestaltung und Sicherung der Zukunft wurden weitere Investitionen auf den Weg gebracht und die mittel- und langfristigen strategischen Ziele der einzelnen Unternehmensbereiche und ihrer Geschäftsfelder systematisch überprüft und neu definiert. Dabei bewährte sich die 2001 durchgeführte Änderung der Organisationsstruktur des Konzerns zu einer Holdingstruktur.

Überwachung der Geschäftsführung und Beratung des Vorstandes

Der Aufsichtsrat hat den Vorstand bei der Leitung des Unternehmens regelmäßig beraten und die Geschäftsführung des Vorstandes überwacht. Er hat sich durch schriftliche und mündliche Berichte des Vorstandes regelmäßig, zeitnah und umfassend über die beabsichtigte Geschäftspolitik einschließlich der Unternehmensplanung und strategischen Weiterentwicklung, über die Rentabilität der Gesellschaft, den Gang der Geschäfte und die Lage des Konzerns einschließlich vorhandener Risiken informieren lassen. Abweichungen des Geschäftsverlaufs von den aufgestellten Plänen und Zielen sind unter Eingehen auf die Gründe erörtert worden.

In vier Aufsichtsratssitzungen befasste sich der Aufsichtsrat anhand der Berichterstattung des Vorstandes mit der aktuellen Lage und Entwicklung des Konzerns und erörterte ausführlich die ihm vom Vorstand vorgelegten besonders bedeutenden Geschäftsvorgänge, zu deren Vornahme es der Zustimmung des Aufsichtsrates bedurfte. Zugestimmt wurde insbesondere

- der Neuausrichtung des Unternehmensbereichs Handel,
- mehreren Investitionen im Unternehmensbereich Stahl (Stranggießanlage, Kontibeize, Stromversorgung),
- der Teilfinanzierung einer Akquisition im Unternehmensbereich Röhren (Stahlrohraktivitäten der North Star Steel Corp., USA) sowie
- der Umsetzung des Deutschen Corporate Governance Kodex mit wenigen Ausnahmen (unter anderem durch Anpassungen der Geschäftsordnungen und durch einen Vorschlag zur Anpassung der Satzung).

In seiner Sitzung am 12. Dezember 2002 befasste sich der Aufsichtsrat eingehend mit der vom Vorstand vorgelegten Unternehmensplanung für die Geschäftsjahre 2003 bis 2005. So wurden insbesondere die Finanz-, die Investitions- und die Personalplanung beraten und der Investitionsplanung für das Geschäftsjahr 2003 zugestimmt.

Daneben trat der vom Aufsichtsrat gebildete Strategieausschuss zweimal zusammen und diskutierte mit dem Vorstand intensiv die strategische Weiterentwicklung des Unternehmens. Die Ergebnisse mit der vom Vorstand vorgeschlagenen aktualisierten strategischen Ausrichtung wurden anschließend dem Aufsichtsratsplenum präsentiert und dort eingehend erörtert.

Die Mitglieder des Präsidiums des Aufsichtsrates berieten sich zur Vorbereitung von Vorstandsangelegenheiten einmal. In seiner Sitzung am 12. Dezember 2002 bestellte der Aufsichtsrat daraufhin Herrn Peter-Jürgen Schneider mit Wirkung ab 1. April 2003 für 5 Jahre zum Mitglied des Vorstandes und Arbeitsdirektor der Gesellschaft.

02 - - DILLON, READ & CO. 1991 - - THE GRAPHIC EXPRESSION, INC. (USA)

03 - - GILDEMEISTER 2002 - - MONTFORT WERBUNG (D)

Bei der Arbeit:
das Evotech-Management.

Übersichtlich trotz Zehnerrunde:
Nummern auf einer Outlinezeichnung
statt Namen im Bild.

Umsatzlenker im Umsatzbringer: Der DaimlerChrysler-Vorstand in seinen Fahrzeugen.

Führend:
Tjong Yik Min.

04 - - CIVIL AVIATION AUTHORITY OF SINGAPORE 2004/2005 - - EPIGRAM (SGP)

Spritzig:
Hang Chang Chieh und
sein Vorstandsteam.

05 - - MEDIA DEVELOPMENT AUTHORITY 2004/05 - - EPIGRAM (SGP)

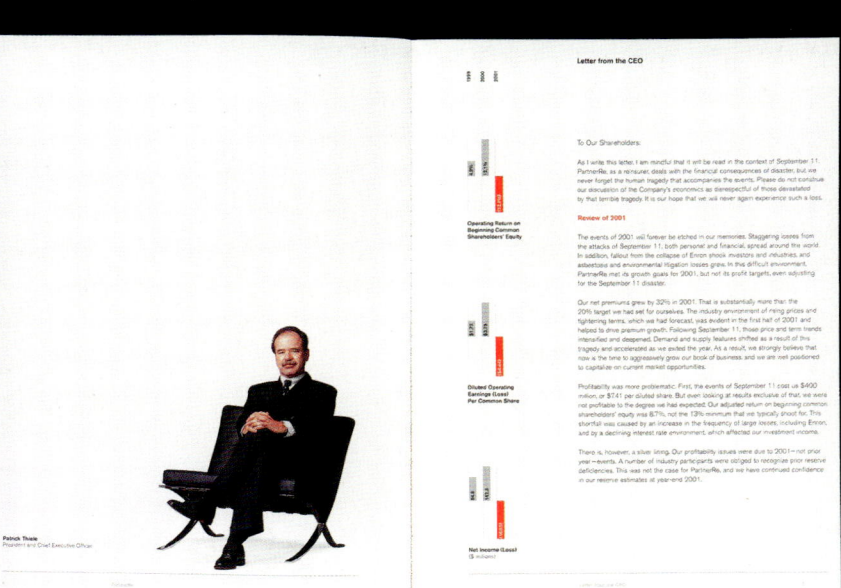

Entspannt:
Patrick Thiele.

01 — CNF 2001

TO OUR SHAREHOLDERS:

CNF's business and business environment changed dramatically in 2001 following several years of unprecedented growth fueled by a surging economy. As 2001 unfolded, the economy weakened, steadily at first and then abruptly.

The CNF companies were operating in an environment of deepening global recession before the despicable September terrorist attacks in New York and Washington caused further loss of economic confidence. Our revenues declined by more than $700 million in 2001 due to the recession and the end of major contracts we had with the U.S. Postal Service (USPS).

Due to this erosion of revenue and the related decline in profit, we needed to make several critical decisions in 2001 about the future of the company. I am a firm believer that sound and executable strategy drives value. In 2001 we implemented strategies that reduced CNF's asset intensity and transformed it from a pure transportation company into an enterprise that offers global supply chain solutions.

We believe our strategy is right on target for today's market and expect it to well position us long into the future. Just three years ago our top goal was to become a significant global force in the rapidly developing marketplace for supply chain services. Today that is a reality.

Financial Results and Strategies

Implementation of our strategy has come at a price. In 2001 the company reported a net loss for shareholders of common stock of $8.26 per share, which included $9.76 per share in unusual items charged against earnings and an 80 cents per share gain from discontinued Priority Mail operations. Without all of these items, net income for common shareholders was 70 cents per share on revenue of $4.86 billion. Most of the special charges were directly related to the restructuring of Emery Worldwide Airlines (EWA), the cost of using a duplicate fleet of contract aircraft after the airline suspended flights in August, and the loss from a bankrupt customer of Menlo Logistics. The gain was from a settlement with the USPS following a two-year contract pricing dispute that is now, for the most part, behind us.

All of the special charges in 2001, even though one-time in nature, worked to substantially decrease balance sheet equity. Nevertheless, we ended 2001 with over $400 million in cash on our balance sheet to provide flexibility in 2002. During this most challenging year, we put some troubling issues behind us and undertook key initiatives that position us to perform better in the future.

First, in December we announced the combination effective in 2002 of Emery, Menlo Logistics and Vector SCM under a new company called Menlo Worldwide, a supply chain services unit with global reach. Menlo Worldwide immediately provides our logistics operations with Emery's worldwide coverage and Emery's customers with the skills and technology needed to provide solutions to larger and more complex logistics problems. The formation of Menlo Worldwide makes it very clear that we are serious about becoming a top-tier provider of global supply chain services. Menlo Worldwide has been well received by our customers, employees and investors. In the financial section of this annual report, the operations of the major components of Menlo

Worldwide are reported separately, consistent with how they were managed in 2001. Beginning in the first quarter of 2002, they will be combined and CNF will report as two major lines of business, Con-Way and Menlo Worldwide.

Second, CNF is no longer in the airline business. The closure of EWA, a separate subsidiary of CNF that was reported as part of Emery Worldwide, was

"We believe our strategy is right on target for today's market and expect it to well position us long into the future."

Gregory L. Quesnel
President and Chief Executive Officer

a difficult step but one critically important to the future of Emery as a part of Menlo Worldwide. However, the closure of EWA and other restructuring activities at Emery resulted in after tax write-offs of

$406.3 million and the loss of more than 800 jobs. But with the new structure, Emery has shed an estimated $100 million in annual transportation costs and has greatly improved flexibility to deal with the ups and downs of the cyclical air freight market.

Emery's transportation network continues to provide premium next-day delivery of heavy air freight in North America using a fleet of contracted aircraft that serve all major cities in the U.S., Canada and Mexico. With this new business model, Emery has a lower, more variable cost structure, giving it the needed flexibility to respond to changes in market demand. Renamed Emery Forwarding, the company is now positioned to serve its customers around the world not only with air freight and ocean forwarding, customs brokerage and time-critical expedited shipments, but also with the third- and fourth-party forwarding capabilities of Menlo Logistics and Vector SCM.

You, our investors, have supported our strategy as reflected in CNF's shareholder value, which held up well in 2001 despite the recession and our restructurings. CNF's year-end stock price held its own and did well on a relative basis compared to the Dow Jones Transportation Average, which declined 10 percent and the S&P 500, which ended the year down 13 percent. CNF's year-end stock price closed at $33.55, down just slightly from $33.81 at the end of 2000.

There were other notable accomplishments during the year. Vector SCM, the joint venture company we formed with General Motors in late 2000, successfully completed its initial year as one of the world's first fourth-party logistics companies (4PLs). Vector SCM already has assumed responsibility for almost a third of GM's logistics and distribution operations and is on target to assume management of GM's entire global supply chain within the next two years.

We also reached a settlement of our Priority Mail contract dispute with the USPS, turning over operation of the 10 Priority Mail Processing Centers to the USPS in return for a $235 million cash settlement.

2   3

02 — INTERWEST PARTNERS 1997

Director of Business Development, Alza Corporation
Financial Analyst, Furman Selz, Inc.
Research Associate, Big Stone Partners
MBA, Stanford University
BA, Smith College
e-mail: jwinter@interwest.com

Senior Vice President of Marketing, Netsom Online Communication Services
Chairman and Chief Executive Officer, Precept Corporation
Co-founder, Vice President of Marketing, Claris Corporation
Director of Marketing, Apple Computer
Public Board Seat: Infoseek
BS, Boston University
e-mail: z@interwest.com

JULIE S. WINTER / SR. ASSOCIATE
Biotechnology & Medical Devices

JOHN ZEISLER
Software & Internet Services

Since joining the firm, I've been doing everything from evaluating business plans to working with portfolio companies, in an active, hands-on way. To be constantly learning about new technologies was what drew me to venture capital, but what drew me to InterWest was the partners. They have tremendous respect for what entrepreneurs are trying to accomplish – and that helps them build good, working relationships. I also think the level of commitment here – to really helping people succeed – is extraordinarily high.

During my nearly two decades on the operating side of PC hardware, software, and Internet companies, I loved working with young companies – advising start-ups on strategy and evaluating new venture opportunities – all the while building my experience base and network of relationships. What I love about the venture business is the chance to work with entrepreneurs who are driving fundamental changes in their industries – entrepreneurs who are the best and the brightest.

OUR LITTLE
BLACK BOOK

03 — STRATECH SYSTEMS 2000

Bb

Board of Directors

Dr David Chew Shien Hoon
PHD IN BUSINESS MANAGEMENT

Dr Kennedy Chew Khoo Mien
PHD IN BUSINESS MANAGEMENT

Mr Liaw Vooo Baoong

Professor Kong Chang Chieh
PHD IN ELECTRICAL ENGINEERING

Mrs Chew-Leong Sook Cheng
(LLB LONDON)

Mdm Lucy Ng alias Kwong Fei Fung
NON-EXECUTIVE DIRECTOR

Mr Tan Kay Liew
BACHELOR OF SCIENCE IN MATHEMATICS

Mr Seah Chin Yew
BHY LAW & BUSINESS ADMINISTRATION

4   5

DER VORSTAND

Saarbrücken, im März 2000

Hans Otto Woll   Gerd Lichter   Werner Paulus   Herbert Maurer

HANS OTTO WOLL   GERD LICHTER   WERNER PAULUS   HERBERT MAURER

S c h l u s s b e m e r k u n g e n

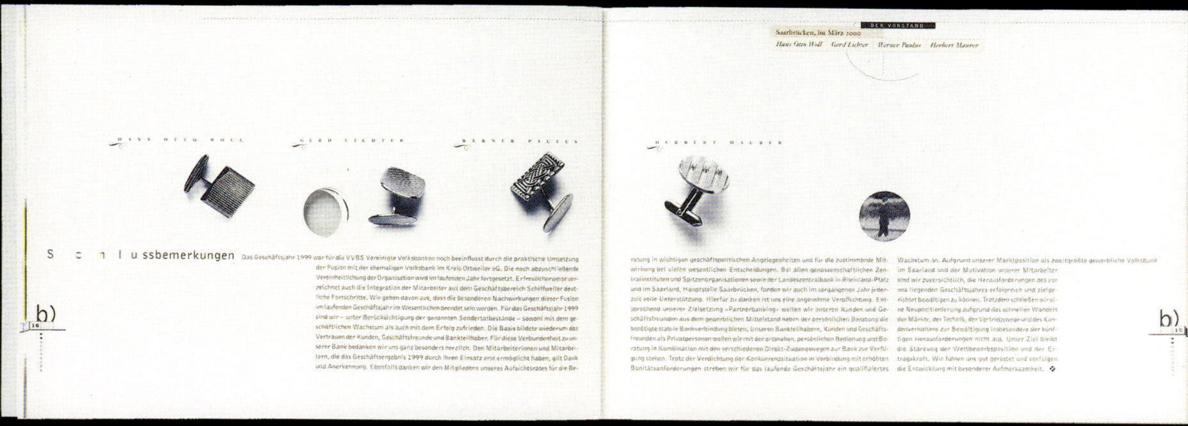

04 - - VVES 1999 - - MAKSIMOVIC & PARTNERS (D)

◇ Das Geschäftsjahr 1998 war für die VVBS Vereinigte Volksbanken gleichermaßen ereignisreich wie erfolgreich. Zum einen feierte die Bank gemeinsam mit Kunden und Geschäftsfreunden im Rahmen verschiedener Jubiläumsaktivitäten das 125-jährige Bestehen, zum anderen erfolgte im 4. Quartal die Fusion mit der Volksbank im Kreis Ottweiler eG. Einschließlich des Volumens der fusionierten Bank erhöhte sich das Geschäftsvolumen der VVBS um rd. 30 % und betrug erstmals über 2 Milliarden DM. Für das Jahr 1999 sehen wir die Integration der durch Fusion hinzugekommenen Mitarbeiter und die Optimierung der Leistungserstellung als wichtiges Ziel an. Der persönliche Kontakt soll dabei einen unverändert hohen Stellenwert behalten, so daß wir den persönlichen Vertriebsweg um den elektronischen zwar ergänzen, jedoch nicht ersetzen. Entsprechend unserer Zielsetzung „Partnerbanking" wollen wir insbesondere über die persönliche Beratung die Partnerschaft mit unseren Bankteilhabern, Kunden und Geschäftsfreunden pflegen.

Auch im vergangenen Geschäftsjahr 1998 haben uns unsere Kunden, Geschäftsfreunde und Bankteilhaber ihr Vertrauen in reichem Maße entgegengebracht. Für diese Verbundenheit zu unserer Bank bedanken wir uns ganz besonders herzlich. Den Mitarbeiterinnen und Mitarbeitern, die das Geschäftsergebnis 1998 durch ihren Einsatz erst ermöglicht haben, gilt Dank und Anerkennung. Den Mitgliedern unseres Aufsichtsrates sagen wir Dank für die Beratung in wichtigen geschäftspolitischen Angelegenheiten und für die zustimmende Mitwirkung bei vielen wesentlichen Entscheidungen. Bei allen genossenschaftlichen

Zentralinstituten und Spitzenorganisationen sowie der Landeszentralbank in Rheinland-Pfalz und im Saarland, Hauptstelle Saarbrücken, fanden wir auch im vergangenen Jahr jederzeit volle Unterstützung. Hierfür zu danken ist uns eine angenehme Verpflichtung. Unter Berücksichtigung der verteilten Märkte sehen wir für 1999 ein qualifiziertes Wachstum, insbesondere durch die Intensivierung vorhandener Geschäftsbeziehungen. Hierbei haben qualitative Gesichtspunkte eindeutig Vorrang vor quantitativen Größen. In Zeiten zunehmender Globalisierung und wachsendem Konkurrenzkampf verstärkt sich der Druck auf die Margen, so daß besonderes Gewicht auf Solidität und Solvenz gelegt werden muß. Neben der tagesaktuellen Beratung in Finanzdingen aller Art wollen wir unseren mittelständischen Firmenkunden bei Fragen der Unternehmensnachfolge und den Privatkunden bei Fragen der Zukunftsvorsorge zur Verfügung stehen. Aufgrund unserer Marktposition und der Motivation unserer Mitarbeiter sind wir zuversichtlich, die Herausforderungen des vor uns liegenden Geschäftsjahres erfolgreich und zielgerichtet bewältigen zu können.

Saarbrücken, im März 1999

DER VORSTAND

Hans Otto Woll
Gerd Lichter
Werner Paulus
Herbert Maurer

05

10

15

20

25

30

- k - 05.5 *

FFF : //////// / //// /////
_ _ TYPO. TECHNIK UND TABELLEN

DAS BESTE ZUM SCHLUSS: DIE WEITERVERARBEITUNG

* DER AUGENBLICK DER WAHRHEIT

Nach der Arbeit kommt das Vergnügen. Der Augenblick, an dem der fertige Geschäftsbericht nach Monaten des Diskutierens, Konzipierens, Textens, Layoutens, Setzens, Korrigierens und Kontrollierens fix und fertig auf dem Tisch liegt, ist für alle Beteiligten hochemotional. Damit der Moment der Wahrheit auch zur Erkenntnis führt, dass alles wohl getan sei, gibt es die Druckveredelung, Weiterverarbeitung und Buchbinderei. Der erste Eindruck zählt, und der gehört der äußeren Form.

Viel mehr als für die Macher gilt das für die Adressaten. Und mehr als die äußere Form bestimmen Weiterverarbeitung und Veredelung die Wirkung eines Geschäftsberichts – vom ersten haptischen und visuellen Kontakt über das Blättern bis zur Wahrnehmung von Details. Und darin steckt manchmal nicht der Teufel, sondern ein erhöhter Nutzwert und konzeptionelle Rafinesse.

Dabei müssen Kosten und Nutzen sorgfältig abgewägt werden, denn alles, was von der Norm abweicht, muss erst bezahlt werden, bevor es sich bezahlt machen kann. Sonderformate, Papierqualität, Prägungen, Stanzungen, UV-Lackierungen, Faden- oder Wire-O-Bindungen und Beigaben sind ein erheblicher Kostenfaktor. Dennoch kommen im hochauflagigen DAX-Werte-Bereich regelmäßig rund ein Viertel der Reports im Schuber zu den Aktionären und die Premiumpapierfabriken haben zur Geschäftsberichtssaison Hochkonjunktur. Die gegenüber üblichen Heft-, Klebe- und Bindeverfahren deutlich aufwändigere so genannte »Schweizer Broschur« mit Fadenheftung und Leinenfälzel ist quasi Industriestandard, genauso wie ein achtseitiger Umschlag mit Klappen vorne und hinten.

Eine qualitativ hochwertige Verarbeitung, so die Überzeugung der Firmen, zahlt durch die spürbare Einlösung von Qualitätsversprechen über die sinnliche Wahrnehmung auf das Markenkonto ein. Bei merkbar schlechter Verarbeitung zahlt die Firma auch – mit ihrem guten Ruf.

50

55

60

65

70

fff .) ----   ∗

Oft zu spät bedacht: die Verpackung. Weiterverarbeitung kann aber mehr ...

∗ DIE VORREITER: VORWERK UND DIE DEUTSCHE HANDELSBANK

Eine hohe Verarbeitungsqualität dient nicht nur der längeren Haltbarkeit, dem besseren Handling (z. B. über Registerstanzungen) und der Vermeidung von Gebrauchsspuren – sie kann auch bewusst in die inhaltliche Kommunikation eingebunden sein und konzeptionelle Aspekte des Berichts unterstützen. Manche Reports werden zu Sammlerstücken mit dauerhafter Imagewirkung oder finden sich zu soliden Preisen in ebay-Auktionen wieder, gewissermaßen als Kapitalmarkttool zur Erzielung einer privaten Zusatzdividende.

Geschäftsberichte mit verarbeitungstechnischen Besonderheiten sind so alt wie Reports selbst, denn wer seine Aktivitäten für berichtenswert hält, hat schon immer viel davon gehalten, sie möglichst gehaltvoll darzustellen. Form follows function – schön und gut; form creates value: besser.

Kaum eine Firma verfolgt dieses Konzept konsequenter als der Wuppertaler Staubsaugerhersteller Vorwerk, dessen Berichte weniger mit Großreinemachen als mit der Wahrheitsfindung im Allgemeinen zu tun haben. Jeder Bericht wird dabei durch Klapp- und Schiebemechanismen, eingelegte Musikchips, aufgeklebte Spiegelfolien u. v. a. zur spielerischen Entdeckungsreise in eine ganz eigene, angenehme, überraschende Welt in uns selbst – und dient so dem Image eines ganz und gar nicht verspielten Konzerns *(siehe Beispiele auf den Seiten 92, 110, 135, 137, 219, 272)*.

Die Geschäftsberichte der Deutschen Handelsbank haben sogar das Institut selbst überdauert: Hochwertigst hergestellt, kreativ umgesetzt und jeweils einem Thema gewidmet, transportierten sie den High-End-Anspruch eines Hauses für High-End-Kunden Seite für Seite. Berichte, die nicht weggeworfen werden, wenn das Geschäftsjahr vorbei ist: Auch das ist Wert- und Nachhaltigkeit im besten Sinne – dass die DHB ihr Ende den Budgets für die Geschäftsberichtsproduktion mitverdankt, ist nichts als ein böswilliges Gerücht.

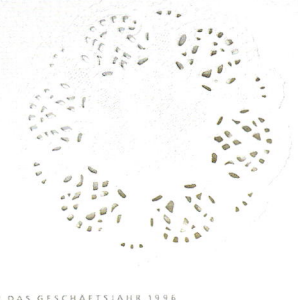

Die Deutsche Handelsbank
hat mit ihren Geschäfts-
berichten Standards
für exzellente und vielfältige
Verarbeitungsqualität gesetzt
– nicht just for fun, sondern
als adäquater Ausdruck für
den gepflegten, individuellen
Umgang mit der eigenen
Kundschaft.

01 - - DEUTSCHE HANDELSBANK 1996 - - W.A.F. WERBEGESELLSCHAFT (D)
Blindprägung und Filigranlaserstanzung: ein Kaffeeuntersetzer.

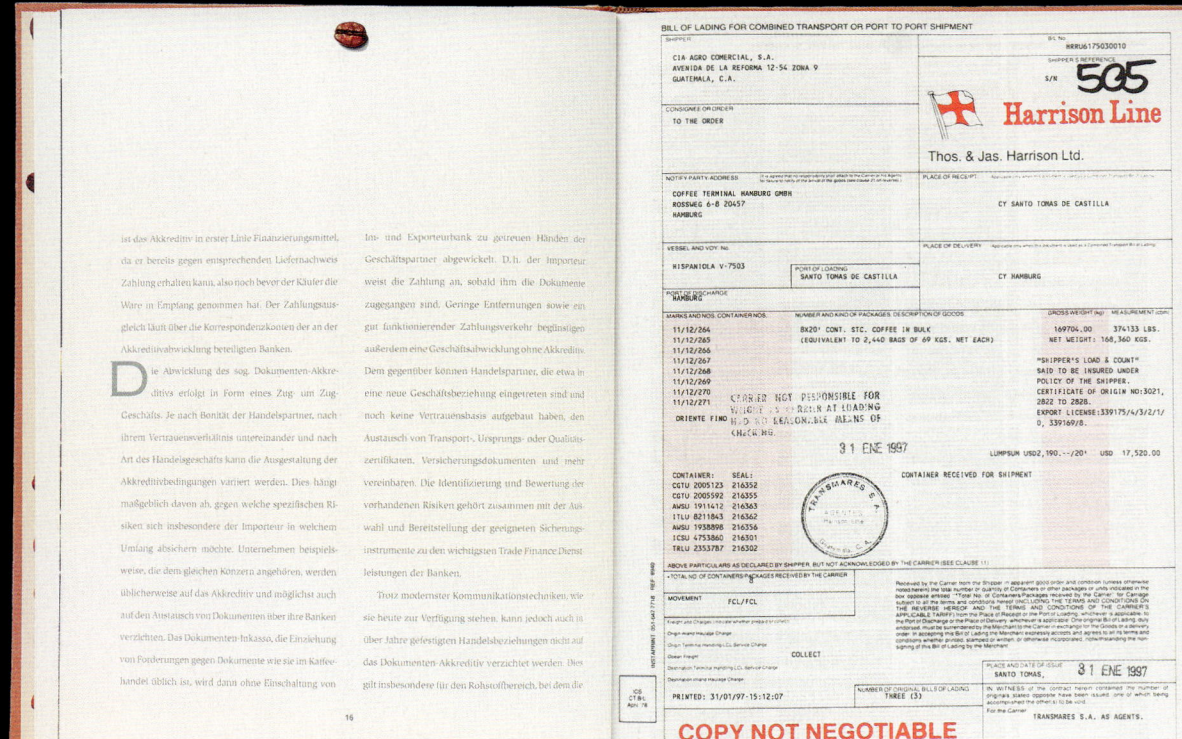

02 - - DEUTSCHE HANDELSBANK 1996 - - W.A.F. WERBEGESELLSCHAFT (D)
Papierwechsel: der Lieferschein auf Dünndruckpapier.

Mehrstufige Blindprägung: Filtertüte auf Filterpapier.

Geschäftsfeld Industrie

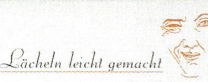

Lächeln leicht gemacht

1. Drücken Sie als erstes die Lippen gegen die Zahnreihen.

Verpackungsbehälter

Dank einer günstigen konjunkturellen Entwicklung und der Gewinnung von interessanten Neukunden hatte unsere Produktionsgesellschaft in den USA, die Plaxicon Company mit dem Hauptsitz in Rancho Cucamonga/Kalifornien, im abgelaufenen Geschäftsjahr ein erfreuliches Wachstum. Das Unternehmen, das Verpackungsbehälter aus umweltfreundlichem PET-Kunststoff herstellt, erzielte 1994 einen Umsatz in Höhe von 61,4 Millionen DM (Vorjahr 52,8 Millionen DM). Diese Steigerung hätte noch deutlicher ausfallen können, wäre die Gesellschaft nicht an Kapazitätsgrenzen gestoßen.

Sie produziert derzeit etwa 168 Millionen Behälter pro Jahr auf modernen, weitgehend automatisierten Anlagen an drei Standorten in den Bundesstaaten Alabama, Ohio und Kalifornien. Diese Betriebsstätten liegen jeweils in räumlicher Nähe wichtiger Kunden, so daß kundennahe Abstimmung und Abwicklung gewährleistet sind.

Flaschen und Behälter aus PET-Kunststoff haben sich durch die besonderen Vorteile dieses Materials

gegenüber Glas vor allem in der Lebensmittel- und Kosmetikbranche immer mehr durchgesetzt. Hier hat unsere Gesellschaft, vor allem bei "Private Label" – Abfüllern und Verwendern von Standard-Behältern – einen guten Ruf als innovativer Hersteller von Qualitätsprodukten. So kam das Unternehmen als erstes mit sogenannten Weithals-Behältern auf den Markt. Auch im Berichtsjahr wurden in Zusammenarbeit mit Kunden neue Produkte entwickelt und auf den Markt gebracht.

Industrietextilien

Die Vorwerk & Co. Möbelstoffwerke in Kulmbach/Oberfranken, die seit 1918 zu unserer Firmengruppe gehören, wurden zum 1. Januar 1995 an die Firma Achter & Ebels GmbH & Co. KG in München-gladbach verkauft. Damit ist die unternehmerische Fortführung des Kulmbacher Velourspezialisten (Herstellung von Autobezugsstoffen und technischen Textilien) am bisherigen Standort gesichert. Achter & Ebels ist ein namhafter Zulieferer für die Automobilindustrie, ein Sektor, auf dem auch die Möbel-

stoffwerke tätig sind. Beide Programme ergänzen sich.

Dieser Schritt ist uns nicht leicht gefallen, denn mit dem Kulmbacher Unternehmen geht auch ein kleines Stück Vorwerk-Tradition verloren. Andererseits ist es uns insbesondere in den letzten schwierigen Wirtschaftsjahren nicht gelungen, die Möbelstoffwerke in eine wettbewerbsfähige Größenordnung zu bringen, die für die Zukunft Erfolg versprochen hätte. Wir haben darum lange Zeit, aber vergeblich versucht, eine Kooperationsmöglichkeit mit einem leistungsfähigen, größeren Unternehmensverbund zu finden und in dieser Zeit weiter erhebliche finanzielle Mittel zugeführt.

Mit dem Verkauf der Möbelstoffwerke an Achter & Ebels glauben wir eine unter den gegebenen Umständen gute Lösung für das Kulmbacher Unternehmen und seine Mitarbeiter gefunden zu haben. Das Berichtsjahr schlossen die Möbelstoffwerke mit einem Umsatz von 9,8 Millionen DM (Vorjahr 13,9 Millionen DM) ab, beschäftigt wurden am Jahresende 149 Mitarbeiter.

2. Und nun verbreitern Sie Ihre Mundspalte.

3. Heben Sie als nächstes Ihre Mundwinkel leicht an.

4. Überprüfen Sie das Ergebnis im Spiegel.

(aus dem Handbuch: "Mein Weg an die Spitze - Nützliche Tips für Aufsteiger")

Der zweite Vorreiter in Sachen Add-ons und Verarbeitung:
In den Vorwerk-Bericht werden freie Themen mit viel Liebe zum Detail umgesetzt.

Der Bericht des Computerhändlers Cancom wirkt wie eine Hardware-Lieferung (und wurde auch auf der Lagerstraße des Unternehmens verpackt). Folgerichtig fungiert der Brief des Vorstands als Lieferschein und in der Antistatikhülle finden sich Systemhaus-Bestandteile zur Eigenkonfiguration des Report-Users.

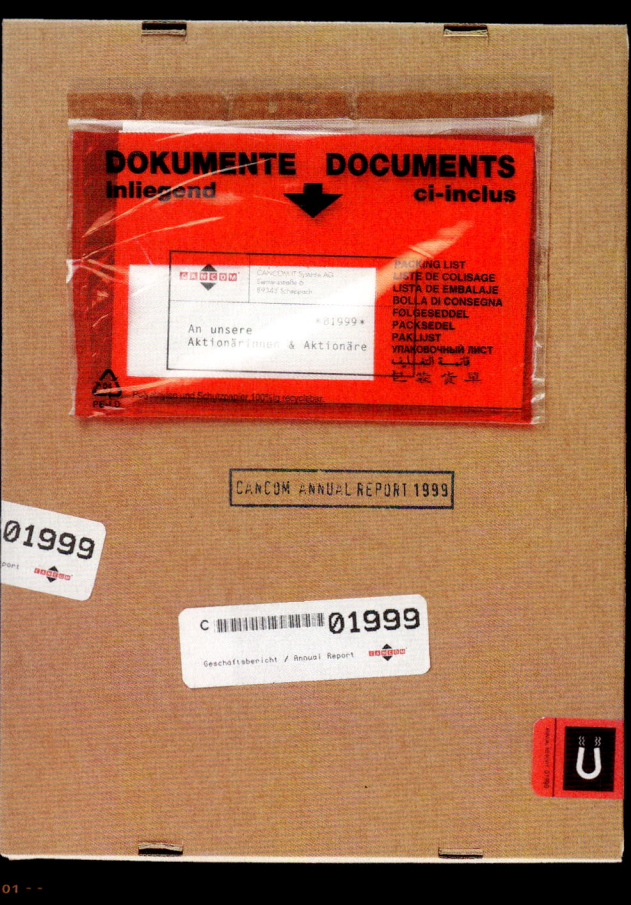

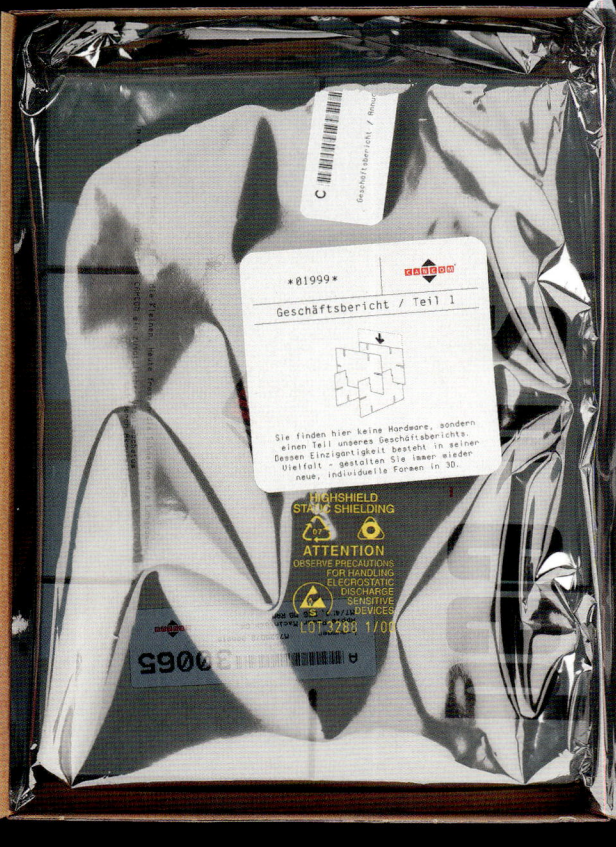

Der Bericht der Großdruckerei schlott handelt von Individualität – und beweist sie:
Durch Beilage einer Originaldruckform, Banderolierung, Nummerierung und die dreigeteilte
Bindung des Innenteils, die mehr Seitenkombinationen zulässt als es Berichte gibt:
ein Unikat für jeden Leser.

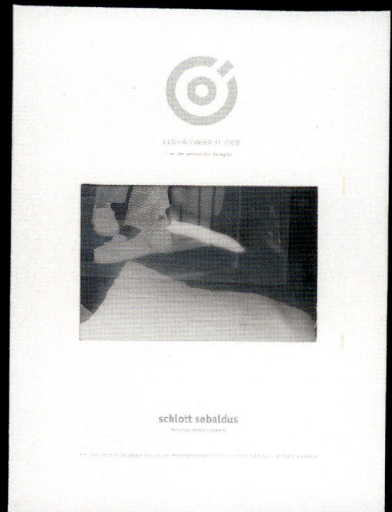

03 - -

04 - -

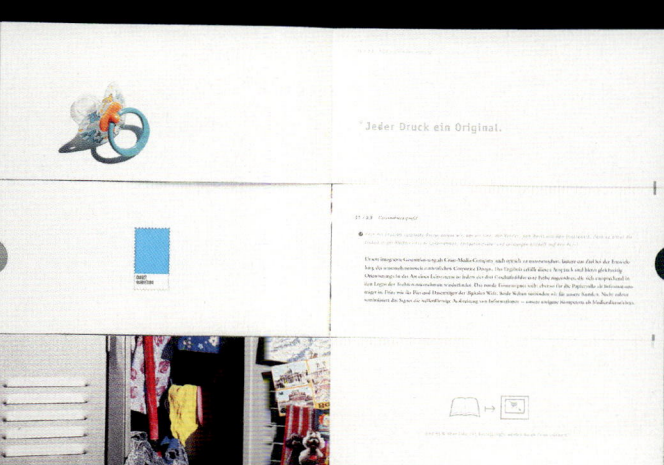

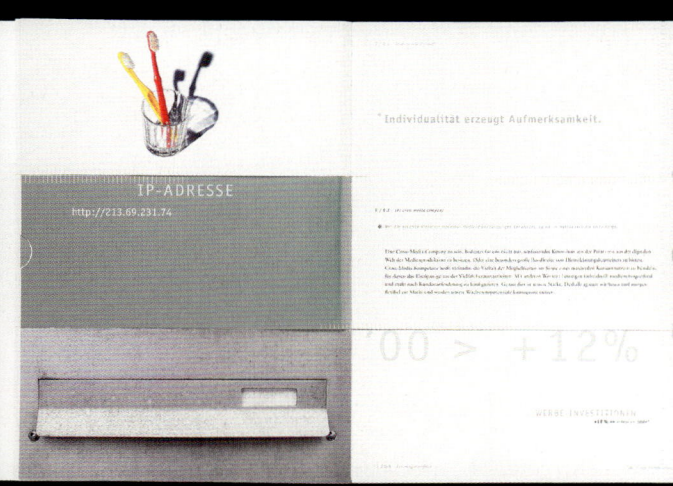

05 - -

06 - - SCHLOTT SEBALDUS 2000 - - STRICHPUNKT (D)

07 > >

08 - - VORWERK 1996 - - HERMANN MICHELS (D)

Individuell nachvoll-ziehbar: die Korrelation zwischen Wirtschaftskraft und Rocklänge.

1 foot

Leistung mit Format: ein Bericht, der Fuß fasst.

[*] KEIN STANDARD: FORMAT

DIE DEUTSCHEN SIND EIN ORDENTLICHES VOLK. Deshalb ist ihnen die Passform des Geschäftsberichts in einen Ablageordner auch wichtiger als die optische Gesamtwirkung. Und weil das seit vielen Jahrzehnten so ist, sind die deutschen Druckmaschinen und Papierhersteller auf die DIN-Formate eingestellt. Die Folge: Es ist nicht einfach, mit der Ästhetik des Goldenen Schnittes zu argumentieren, wenn der Papierbeschnitt Gold wert ist. Die Amerikaner machen es sich einfacher: Berichte aus den USA sind mit meist unter 20 x 26 cm so klein, dass sie problemlos in jeden Aktenordner passen – nur passt das den Deutschen auch nicht, denn die Amerikaner verzichten dafür auf den Tabellenteil mit seinem immensen Platzbedarf, was in Deutschland nicht sein kann, weil nicht sein darf.

Dabei könnte es so schön sein: Wer kleine Produkte abbildet, dem reicht ein kleines Format – zum Beispiel für Taschenmesser. Die Aufgaben eines Stadtbezirks von Manhattan dagegen sind riesig – und riesig ist auch sein Bericht.

56 cm

20,5 cm

02 - - SWISS ARMY BRANDS 1999 - -
SAMATA MASON (USA)

03 - - EAST MIDTOWN ASSOCIATION 2003 - - PENTAGRAM (USA)

01 - - CORNER HOUSE 1991 - - THE KUESTER GROUP, INC. (USA)

Vier Papiersorten (Umschlagkarton, Bilderdruckpapier, Natur- und Transparentpapier) tragen viel zur Gesamtwirkung bei.

02 - - GILDEMEISTER 2003 - - MONTFORT WERBUNG (D)

Auch Gildemeister setzt auf Materialvielfalt: Neben Karton für Umschlag und Registerseiten finden sich Bilderdruckpapiere im Text/Bildteil und Naturpapiere für die Vorworte in japanischer Bindung.

* PAPIER: DIE QUAL DER WAHL

DIE BASIS EINES PRODUKTES WIRD OFT ÜBERSEHEN. Schlechtes Papier fällt optisch erst auf, wenn das Druckbild stumpf, die Farben flau, die Flächen unregelmäßig sind. Dabei ist Papier viel mehr als nur Bild- und Datenträger: Es ist ein wichtiger Bestandteil der Corporate Identity. Es hat nicht nur visuelle, sondern auch haptische und sogar auditive Qualitäten – das Blättern einer Zeitung klingt ganz anders als das eines Bildbandes. Eine unendliche Vielfalt von Weiß- und Farbtönen, Flächengewichten und Oberflächenstrukturen steht für bewussten, stilprägenden Einsatz zur Verfügung. Knapp die Hälfte der hundert größten deutschen Firmen macht sich die angenehme Haptik von Naturpapieren zu Nutze und setzt sie als Umschlagpapiere ein. Viele Firmen verwenden unterschiedliche Papiere für Text- und Bildteile (so wie auch in diesem Buch) oder für Lagebericht und Anhang ihres Reports. Andere nutzen Transparentpapiere, um ihre Vielschichtigkeit unter Beweis zu stellen und für Durchblick zu sorgen. Und für die Dritten sind ihre eigenen Produkte die Basis der Erfolgsbilanz: Die Bank mit dem Report auf Recyclingpapier aus geshredderten Geldscheinen. Der Modekonzern mit haderhaltigem Papier aus Lumpen und Baumwolle. Oder die Brauerei mit dem Umschlagkarton aus Gersten- und Hopfenfasern.

(A) ↓

03 - -

04 - - CYRK 1998 - - WEYMOUTH DESIGN (USA)

Unterschiedliche Papiere und Formate in einem Bericht: Da freut sich der Buchbinder.

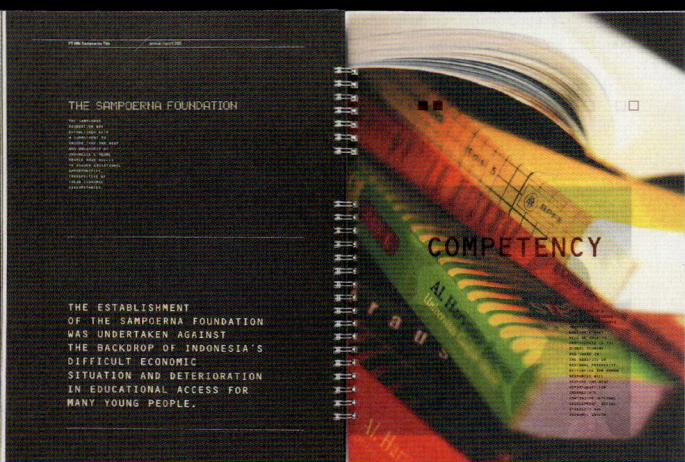

(A) ↓

06 - -

07 - -

Vielschichtig:
Fotos auf Transparentpapier
überlagern Fotos auf den opa
Das Ergebn s: neue, ästhetisc
Traumwelten.

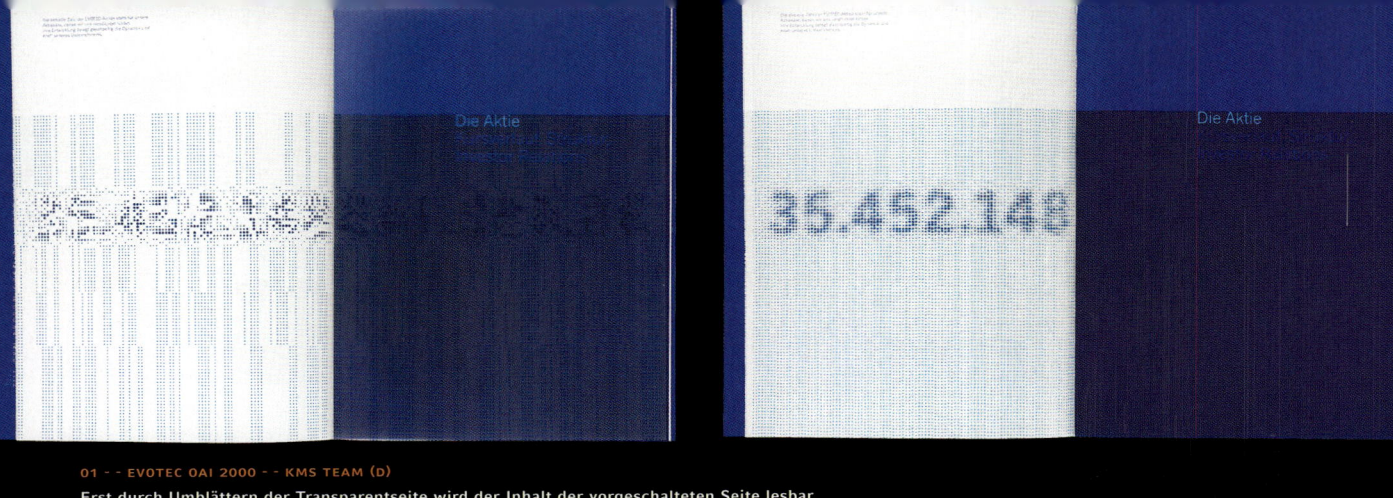

Erst durch Umblättern der Transparentseite wird der Inhalt der vorgeschalteten Seite lesbar.

20% OF A $1 BILLION ANNUAL MARKET
TEACUPS
STOPPING A $6 MILLION RESEARCH PROJECT

SCAFFOLDING IN NEW YORK
20% OF A $1 BILLION ANNUAL MARKET
TEACUPS
STOPPING A $6 MILLION RESEARCH PROJECT

Ein altes Bilderbuchprinzip findet im Bericht des Schulungsanbieters GFN Anwendung: Hinter den eingefärbten PVC-Folien verbirgt sich eine Zeichnung, die erst nach dem Umblättern sichtbar wird und die ursprüngliche Aussage in ganz neuem Licht erscheinen lässt – genau so, wie die GFN-Kunden beim Umblättern der Schulungsunterlagen ständig mit neuen Problemen (und Lösungen) konfrontiert werden.

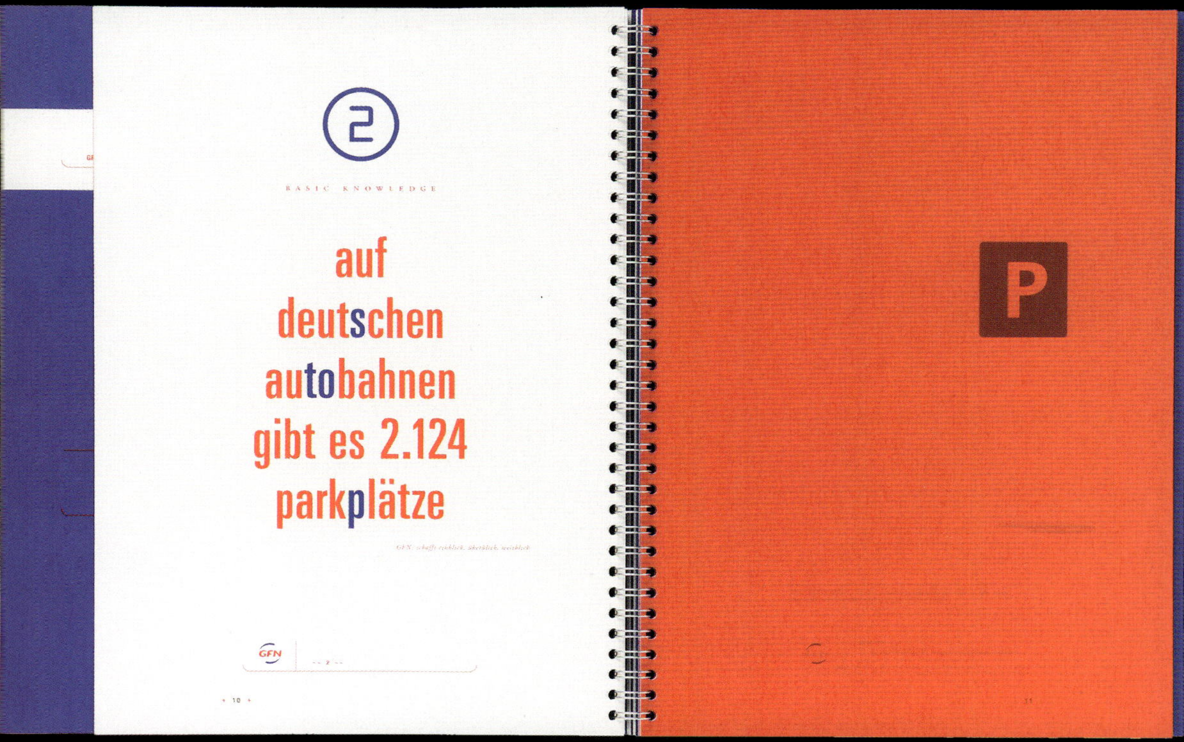

(2)

BASIC KNOWLEDGE

auf deutschen autobahnen gibt es 2.124 parkplätze

GFN · · 2 · ·

« 10 »

(2)

auf
s
to
p

BEYOND THE BASICS

P

GFN BACKGROUND - - jeden sommer werden auf der fahrt in den urlaub über 1.500 mitreisende bei pinkelpausen vergessen

GFN TIP
vor der weiterfahrt die wageninsassen durchzählen
· · 2 · ·

« 11 »

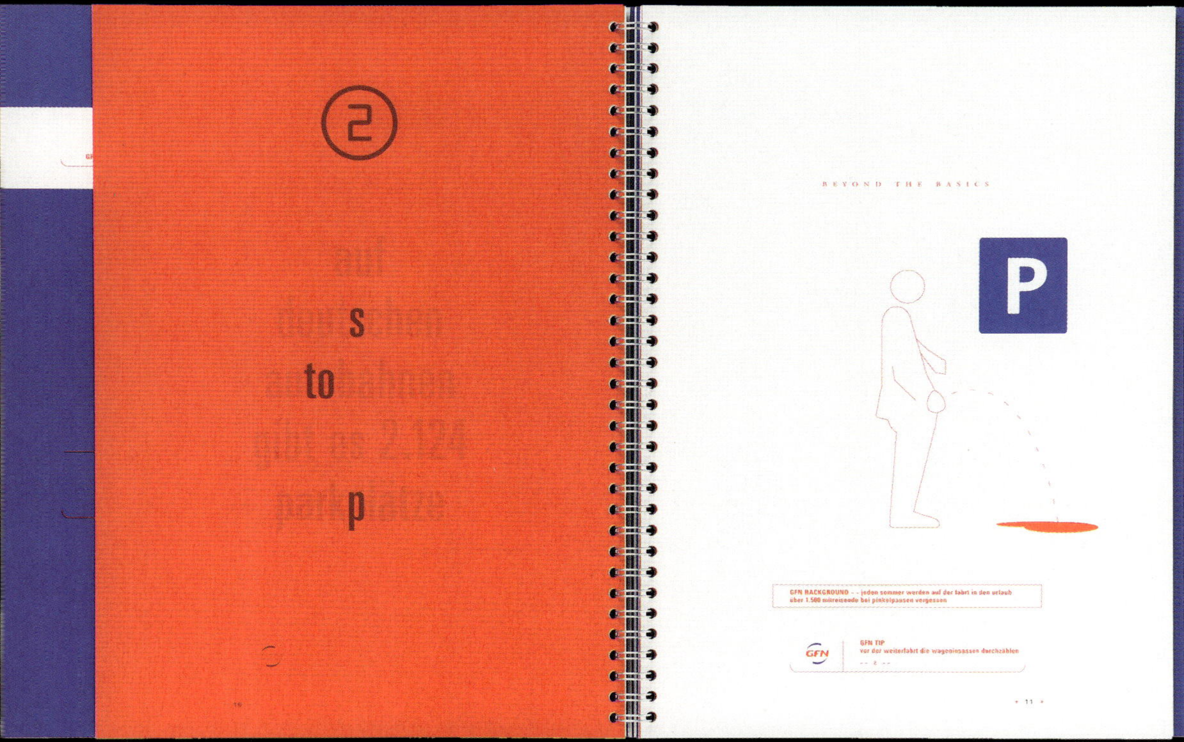

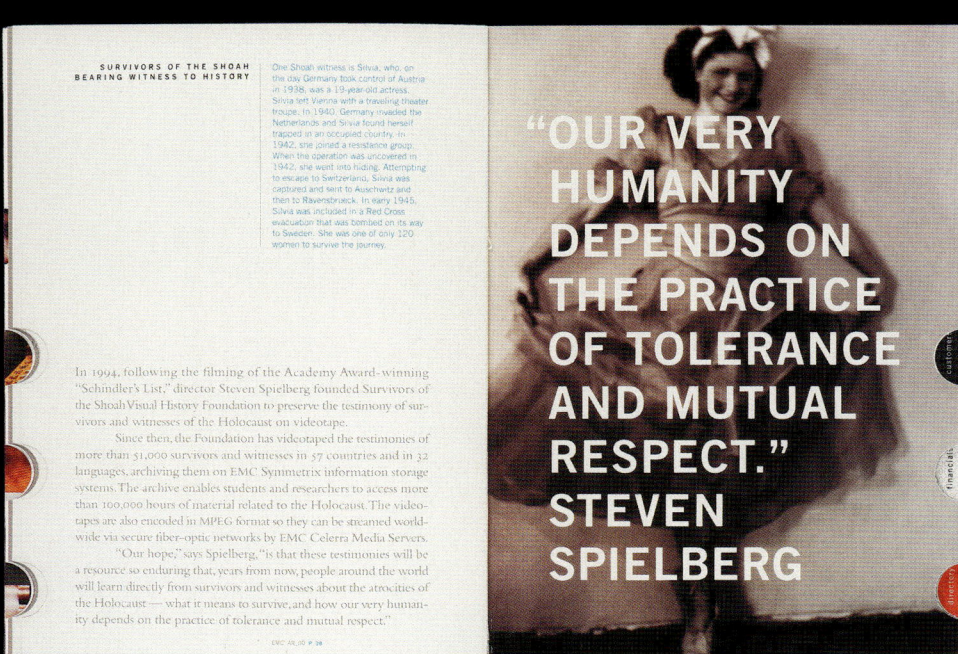

SURVIVORS OF THE SHOAH
BEARING WITNESS TO HISTORY

One Shoah witness is Silvia, who, on the day Germany took control of Austria in 1938, was a 19-year-old actress. Silvia left Vienna with a traveling theater troupe. In 1940, Germany invaded the Netherlands and Silvia found herself trapped in an occupied country. In 1942, she joined a resistance group. When the operation was uncovered in 1942, she went into hiding. Attempting to escape to Switzerland, Silvia was captured and sent to Auschwitz and then to Ravensbrück. In early 1945, Silvia was included in a Red Cross evacuation that was bombed on its way to Sweden. She was one of only 120 women to survive the journey.

In 1994, following the filming of the Academy Award-winning "Schindler's List," director Steven Spielberg founded Survivors of the Shoah Visual History Foundation to preserve the testimony of survivors and witnesses of the Holocaust on videotape.

Since then, the Foundation has videotaped the testimonies of more than 51,000 survivors and witnesses in 57 countries and in 32 languages, archiving them on EMC Symmetrix information storage systems. The archive enables students and researchers to access more than 100,000 hours of material related to the Holocaust. The videotapes are also encoded in MPEG format so they can be streamed worldwide via secure fiber-optic networks by EMC Celerra Media Servers.

"Our hope," says Spielberg, "is that these testimonies will be a resource so enduring that, years from now, people around the world will learn directly from survivors and witnesses about the atrocities of the Holocaust — what it means to survive, and how our very humanity depends on the practice of tolerance and mutual respect."

"OUR VERY HUMANITY DEPENDS ON THE PRACTICE OF TOLERANCE AND MUTUAL RESPECT."
STEVEN SPIELBERG

01 - -

FINANCIAL REVIEW

02 - - EMC 2000 - - WEYMOUTH DESIGN (USA)

* ALLE REGISTER ZIEHEN

JE KOMPLEXER EIN WERK IST, desto dankbarer sind die Leser für praktische Hilfestellungen. Das gilt für das Telefonbuch genau so wie für den Geschäftsbericht. Ob gedruckt oder gestanzt, ob als Eingriff, Lasche, verkürzte Seite, ob rechts, oben oder unten, ob farblich kodiert oder uni, mit un ohne Text, in einfacher oder doppelter Reihe: Register helfen auf dem Weg zum Ziel. Sie machen Umfangreiches handlicher und tragen so nicht nur zum Auf-, sondern auch zum Wohlbefinden bei.

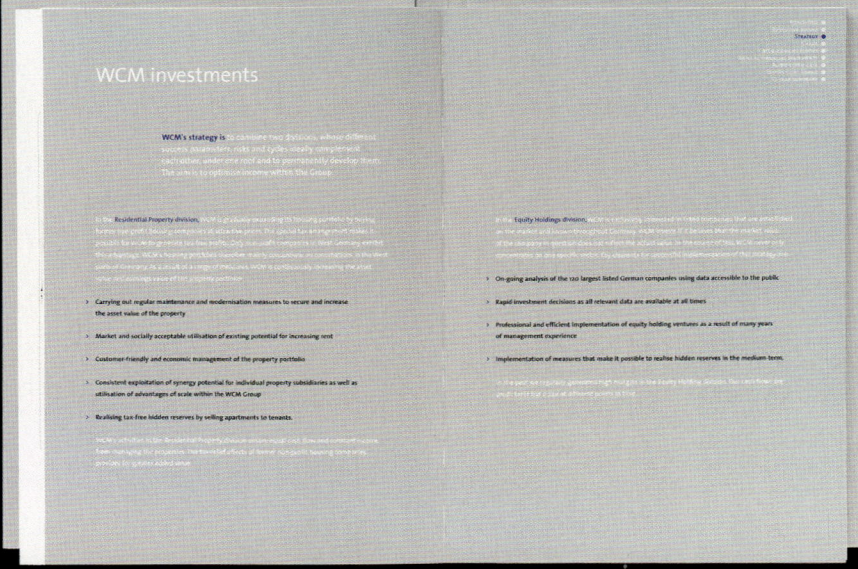

Der Ablauf des Berichts wird durch ein Band am oberen Seitenra verdeutlicht, der aktuelle Teil ist fett abgesetzt.

03 - - LINDE 2002 - - KW43 (D)

FOREWORD
EXECUTIVE BODIES
STRATEGY
SHARE
MANAGEMENT REPORT
AL FINANCIAL STATEMENTS
AUDIT CERTIFICATE
SUPERVISORY BOARD
10-YEAR SUMMARY

Kurz und klar:
Auflistung der Topics, farbige Markierung der aktuellen Position.

04 - - WCM 2001 - - HGB (D)

Lagebericht

Geschäftsverlauf
Vermögens-, Finanz- und E
Volkswagen AG (Ke rzlassu
Forschung und Entwicklun
Geschäftsprozesse
Rechtliche Angelegenheiten
Risikobericht
> Ausblick

Wie ein Software-Pop-up-Menü ist das übersichtliche Register des VW-Reports aufgebaut.

05 - - VOLKSWAGEN 2003 - - HILGER & BOIE (D)

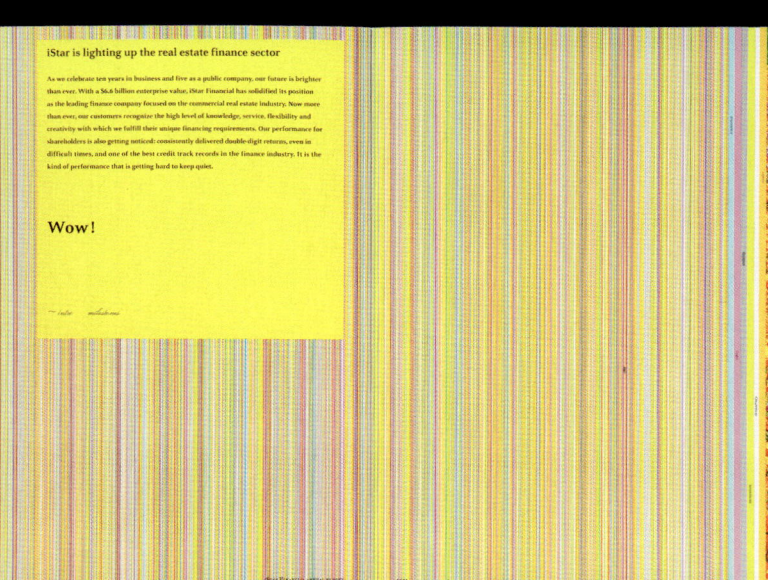

iStar is lighting up the real estate finance sector

As we celebrate ten years in business and five as a public company, our future is brighter than ever. With a $6.6 billion enterprise value, iStar Financial has solidified its position as the leading finance company focused on the commercial real estate industry. Now more than ever, our customers recognize the high level of knowledge, service, flexibility and creativity with which we fulfill their unique financing requirements. Our performance for shareholders is also getting noticed: consistently delivered double-digit returns, even in difficult times, and one of the best credit track records in the finance industry. It is the kind of performance that is getting hard to keep quiet.

Wow!

LEIDENSCHAFT FÜR SPORT
→ ENTSCHLOSSENHEIT UND EMOTION SPIEGELN SICH AUF DEM GESICHT EINES JEDEN SPORTLERS. WENIGER SICHTBAR SIND DIE UNERMÜDLICHEN ANSTRENGUNGEN, NOCH SCHNELLER, STÄRKER, BESSER ZU WERDEN. ABER DIESE ANSTRENGUNGEN SIND ES, DIE LEIDENSCHAFT AUSMACHEN. LEIDENSCHAFT TREIBT UNSERE SPORTLER ZU HÖCHSTLEISTUNGEN AN. UND ES IST LEIDENSCHAFT, DIE UNS DAZU BRINGT, PRODUKTE ZUR UNTERSTÜTZUNG DIESER SPORTLER KONTINUIERLICH ZU ENTWICKELN UND ZU OPTIMIEREN.

im Handling am besten, in der Produktion am aufwändigsten: Registerstanzungen innerhalb oder außerhalb des Buchblocks.

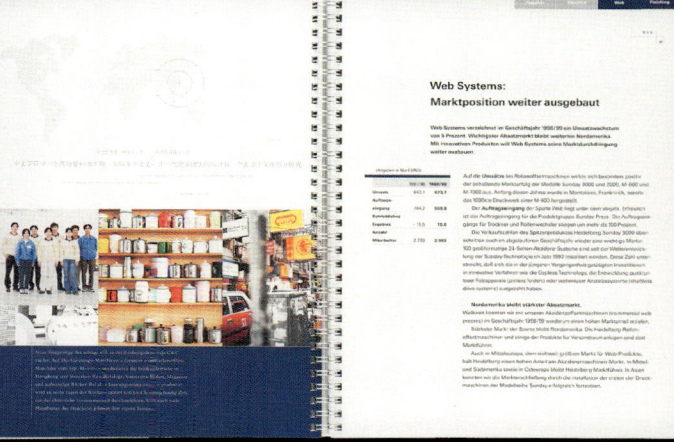

04 - - HEIDELBERGER DRUCKMASCHINEN 1998/99 - - 3ST KOMMUNIKATION (D)

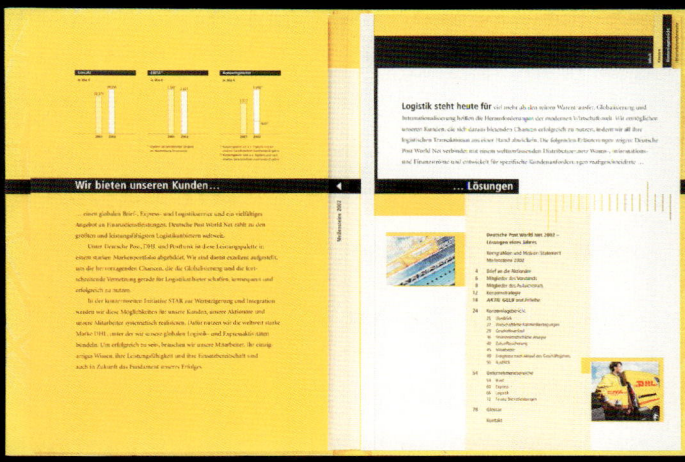

05 - - DEUTSCHE POST 2002 - - HGB (D)

06 - - MANNHEIMER AG HOLDING 2000 - - HILGER & BOIE (D)

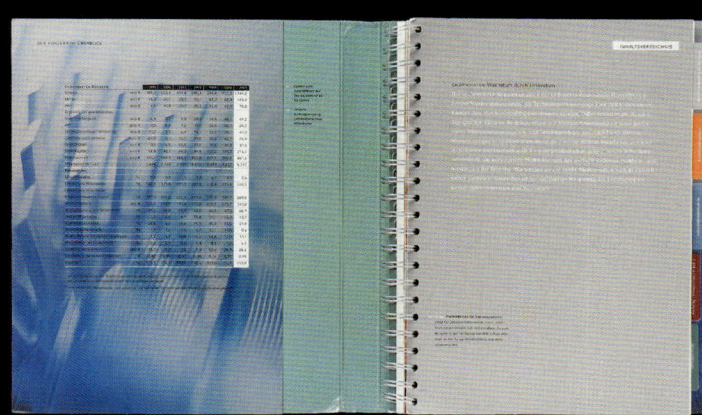

07 - - GILDEMEISTER 2001 - - MONTFORT WERBUNG (D)

08 - - CONSORS 2000 - - SCHOLZ & FRIENDS (D)

09 - - DIS 2002 - - MARIAN NESTMANN (D)

(A) ↓

Die Stanzung machts möglich:
Der Bericht verzichtet auf illustrative Elemente und ist dennoch durchgängig attraktiv gestaltet.

01 - -

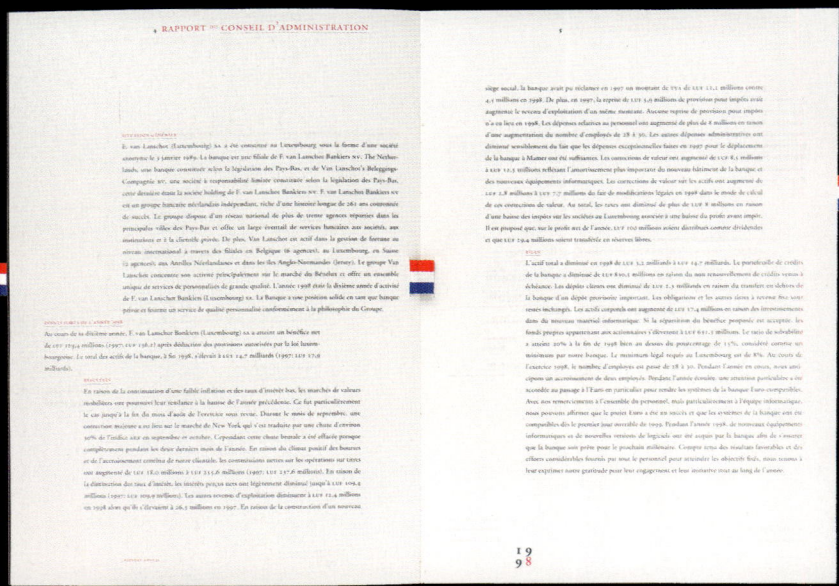

02 - -

03 - - F. VAN LANSCHOT BANKIER (LUXEMBOURG) 1998 - - UNA (AMSTERDAM) DESIGNERS (NL)

[*] LÖCHER MIT INHALT

STANZUNGEN KÖNNEN MEHR ALS REGISTER SEIN: Als Hinweisgeber auf die in der Umschlagklappe versteckte Kennzahlenübersicht haben sie nach dem Ersteinsatz bei Heidelberger Druckmaschinen schnell Karriere gemacht. Auch als konzeptionelles, verbindendes Element oder rein der Ästhetik wegen können Stanzungen eingesetzt werden. Einige besonders schöne Beispiele für das Emmentaler-Prinzip (mehr Genuss durch weniger Material) finden sich auf dieser und den Folgeseiten.

Die gestanzte Titelklappe
führt direkt zu den Kennzahlen.

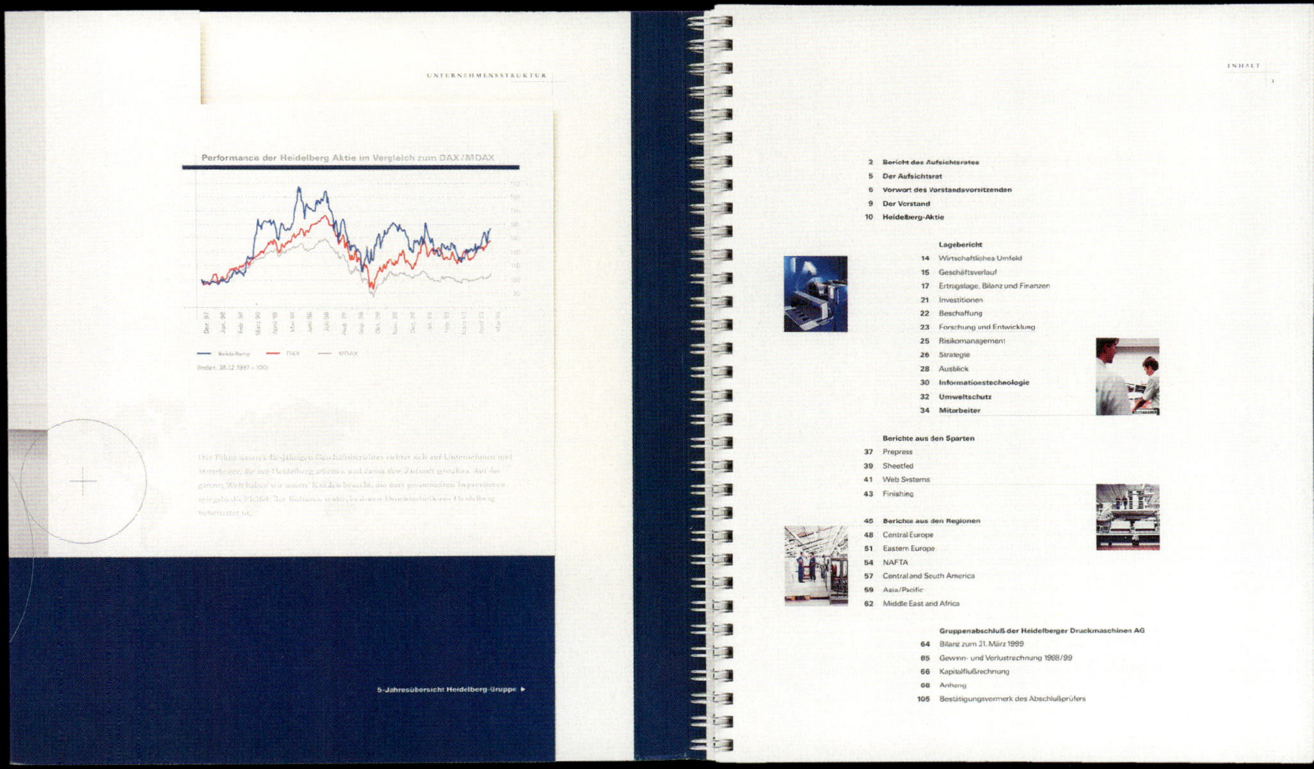

UNTERNEHMENSSTRUKTUR

Performance der Heidelberg Aktie im Vergleich zum DAX/MDAX

Die Politik unseres Heidelberger Geschäftsbereiches richtet sich auf Unternehmen und Mitarbeiter, die mit Heidelberg arbeiten und deren Zukunft gestalten. Auf der gesamten Wertschöpfung unserer Kunden beruht, an den gemeinsamen Investitionen spiegelt sich, Erfolg. Der Rahmen unseres neuen Markenbildes Heidelberg, widerspiegelt...

5-Jahresübersicht Heidelberg-Gruppe ▶

Ein Beispiel das Schule machte: Die Stanzung in der Umschlagklappe verweist auf weitere Inhalte.

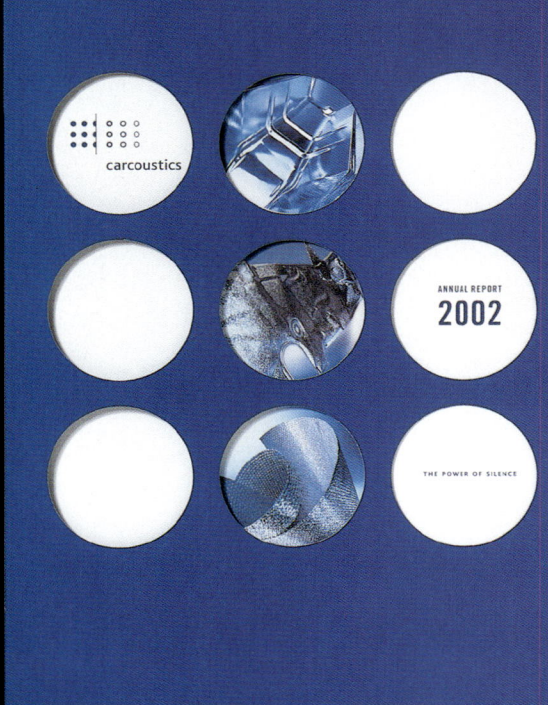

01 - - ISOTECHNIKA 2002 - - ZACHARKO DESIGN PARTNERSHIP (CDN)

02 - - CARCOUSTICS 2002 - - STRICHPUNKT (D)

Herausforderung für den Buchbinder: acht konzentrische Stanzungen.

03 - - GILDEMEISTER 2002 - - MONTFORT WERBUNG (D)

04 - -
05 - -
06 - -
07 - -

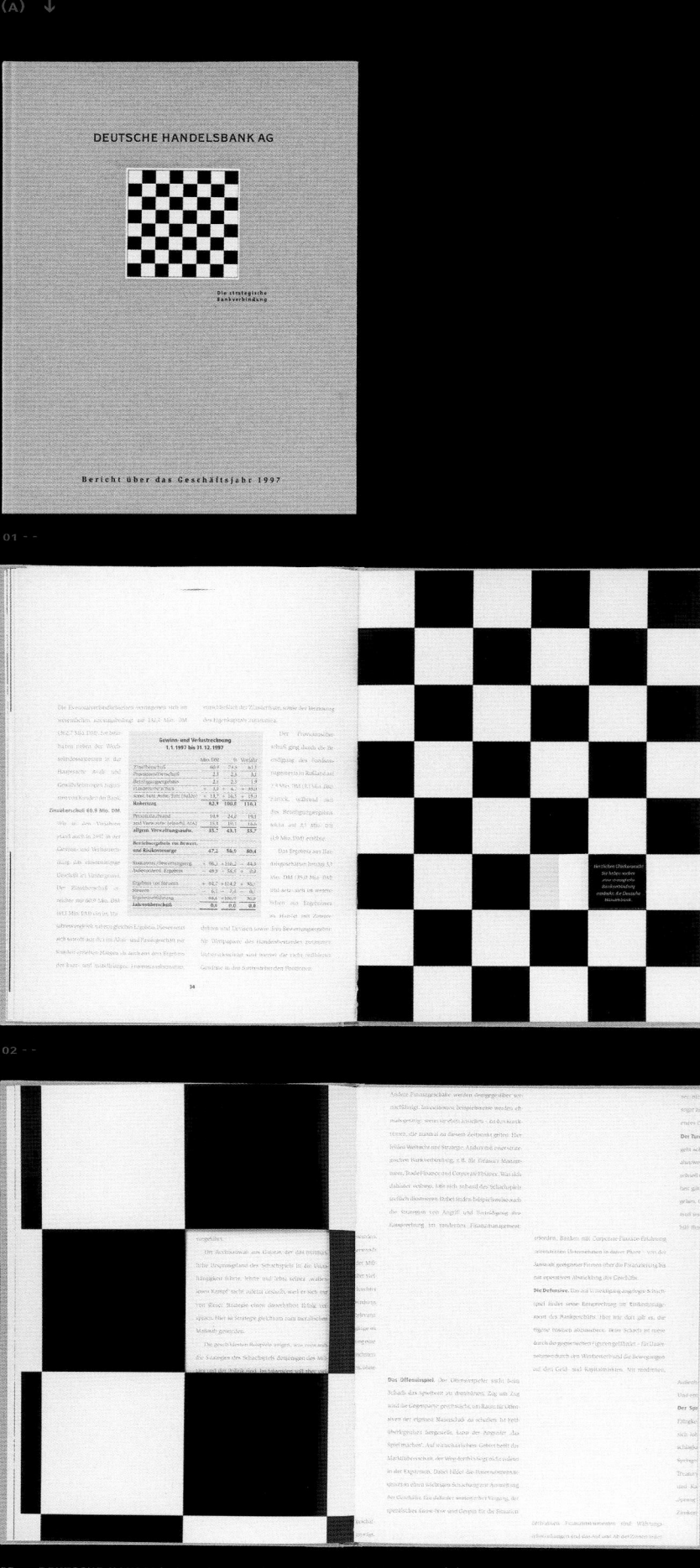

01 - -

02 - -

(B) ↓

04 - -

05 - -

06 - - PEOPLE SOFT 1999 - - TURNER & ASSOCIATES (USA)

(A) ↓

geschäftsbericht 1998

01 - -

DER WEG ZUM MARKTERFOLG FÜHRT ÜBER DIE MITARBEITER. Gerade in der heutigen Zeit spielt die persönliche Kompetenz eines jeden Mitarbeiters eine immer größere Rolle. Teamdenken, Kommunikationsfähigkeit und der Wille, Verantwortung zu übernehmen, sind wichtige Erfolgsfaktoren für die Erreichung der Unternehmensziele. Gleichzeitig bedingt der rasche Wandel in unserer Gesellschaft, mit seinen Auswirkungen auf die wirtschaftlichen, rechtlichen und technischen Rahmenbedingungen, ein hohes Maß an Flexibilität und die positive Grundeinstellung, sich ständig weiterzubilden und weiterzuentwickeln. Durch die Fusion mit der Volksbank im Kreis Ottweiler eG werden an alle unsere Mitarbeiter zusätzlich hohe Anforderungen an die Bereitschaft zur Veränderung gestellt. Die schnelle Anpassung von technischen Abläufen, Organisationsstrukturen bis hin zur Neuorientierung sind wichtige Schritte, um die Fusion erfolgreich umzusetzen. Die positive Einstellung aller Mitarbeiter zum Beruf und die hohe Identifikation mit dem Unternehmen gilt es auf die neue VVBS Vereinigte Volksbanken zu übertragen. Durch die gestiegene Betriebsgröße wird es ener möglich sein, Mitarbeiter unter Berücksichtigung ihrer Fähigkeiten und Neigungen einzusetzen, was im Hinblick auf Motivation und Engagement von großer Bedeutung ist. Ein anhaltender Erfolg unserer Bank bedarf der Leistungsbereitschaft von uns allen und schafft dabei die Basis für sichere Arbeitsplätze. ◆

Personalstruktur   Dienstjubiläen

	31. 12. 1997	31. 12. 1998
teste & beitseverhältnisse	298	316
davon Teilzeitarbeitsverhältnisse	15	27
davon Ausbildsverhältnisse	13	19
in diesen Zahlen enthaltene ruhende Arbeitsverhältnisse	29	46

einschließlich Fusion

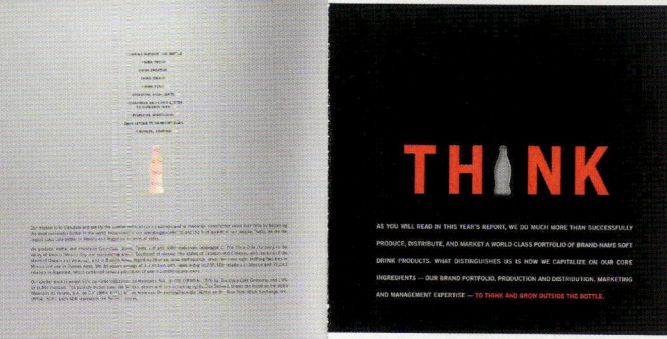

03 - -

THINK

AS YOU WILL READ IN THIS YEAR'S REPORT, WE DO MUCH MORE THAN SUCCESSFULLY PRODUCE, DISTRIBUTE, AND MARKET A WORLD CLASS PORTFOLIO OF BRAND-NAME SOFT DRINK PRODUCTS. WHAT DISTINGUISHES US IS HOW WE CAPITALIZE ON OUR CORE INGREDIENTS — OUR BRAND PORTFOLIO, PRODUCTION AND DISTRIBUTION, MARKETING AND MANAGEMENT EXPERTISE — TO THINK AND GROW OUTSIDE THE BOTTLE.

04 - -

BY BUILDING ON OUR STRONG RELATIONSHIP WITH THE COCA-COLA COMPANY, WE THINK FRESH, THINK SMART, THINK CREATIVE, THINK AND WORK TOGETHER AS A TEAM TO EXPAND CONSUMER DEMAND FOR OUR QUALITY NON-ALCOHOLIC BEVERAGES ACROSS OUR DIVERSE FRANCHISE TERRITORIES AND GROW SHAREHOLDER VALUE OVER TIME.

05 - -

IN THE VALLEY OF MEXICO, CONSUMERS DRINK 695 EIGHT-OUNCE SERVINGS OF OUR BEVERAGES EACH YEAR.

06 - -

IN 2001 COCA-COLA FEMSA SOLD 608 MILLION UNIT CASES OF OUR BEVERAGE BRANDS.

07 - -

THINK TEAM

08 - -

FRESH: diverse tastes, greater choices

09 - - COCA-COLA FEMSA 2001 - - PARAGRAPHS DESIGN (USA)

Das Produkt im Mittelpunkt: Durchblick aufs Wesentliche (II).

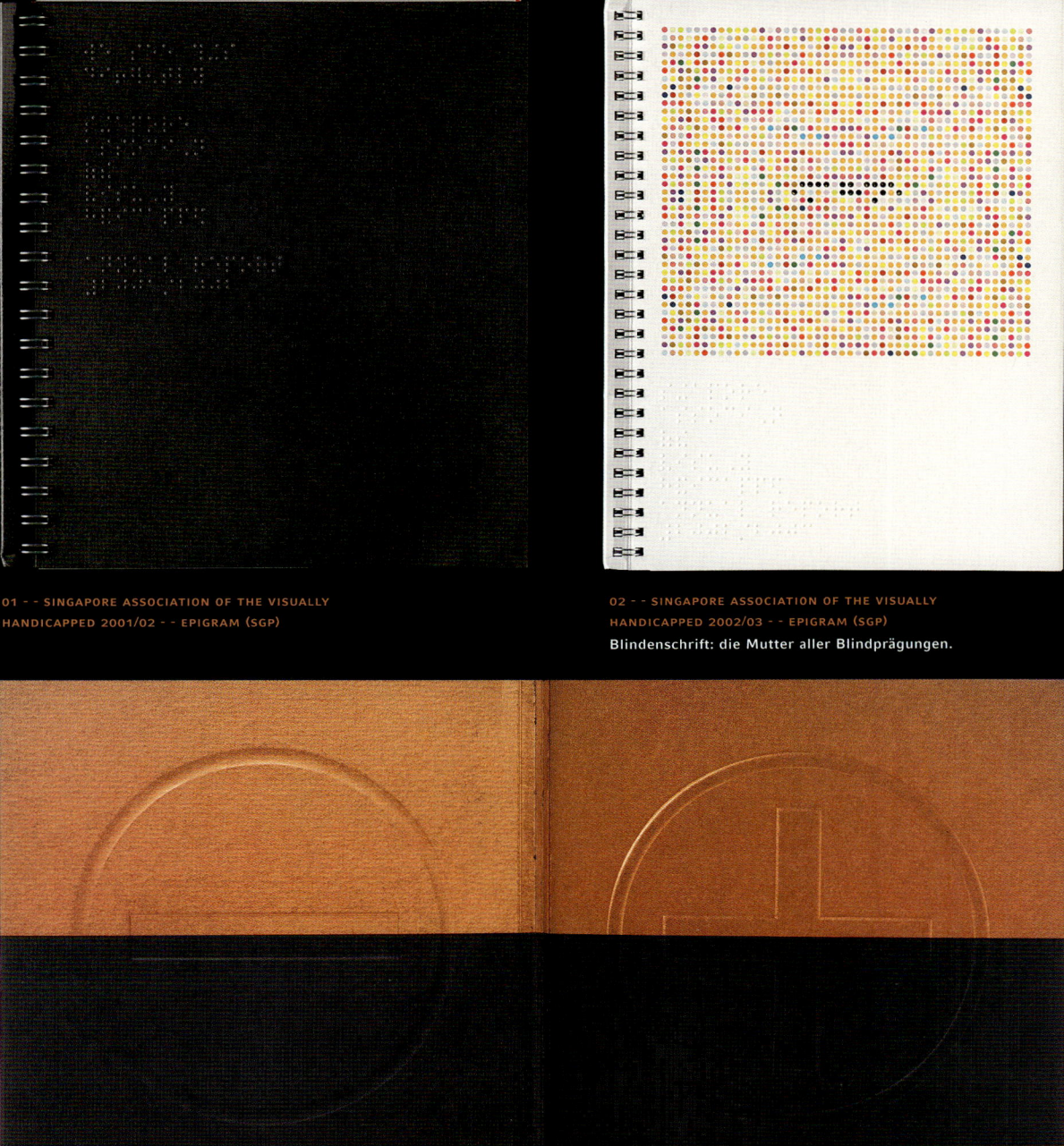

01 - - SINGAPORE ASSOCIATION OF THE VISUALLY
HANDICAPPED 2001/02 - - EPIGRAM (SGP)

02 - - SINGAPORE ASSOCIATION OF THE VISUALLY
HANDICAPPED 2002/03 - - EPIGRAM (SGP)
Blindenschrift: die Mutter aller Blindprägungen.

04 - - DIGITAS 2000 - -
ATTY & TOSHI (USA)

05 - - ESCADA 2001 - -
CLAUS KOCH CORPORATE COMMUNICATIONS

06 - - UNIVERSITY OF OXFORD 1998/99 - -
ENTAGRAM DESIGN (GB)

07 - - GOLD-ZACK 1998 - -
KUHN, KAMMANN & KUHN (D)

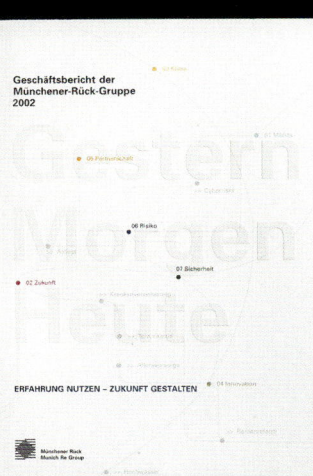

08 - - MÜNCHENER RÜCK 2002 - -

09 - - VAN LANSCHOT 1999 - -

Bindeformen

Gängige Buchbindeverfahren in der Schemadarstellung:

1.) RÜCKSTICH- BZW. RÜCKENDRAHTHEFTUNG
2.) FADENHEFTUNG
3.) SCHWEIZER BROSCHUR
4.) WIRE-O-BINDUNG OFFEN
5.) WIRE-O-BINDUNG VERDECKT
6.) HARDCOVER (BUCHFORM)
7.) KLEBEBINDUNG (PUR ODER HOTMELT)
8.) HARDCOVER, BANDEROLIERUNG
9.) HARD- ODER SOFTCOVER IM SCHUBER
10.) BUCHSCHRAUBEN
11.) NIETEN

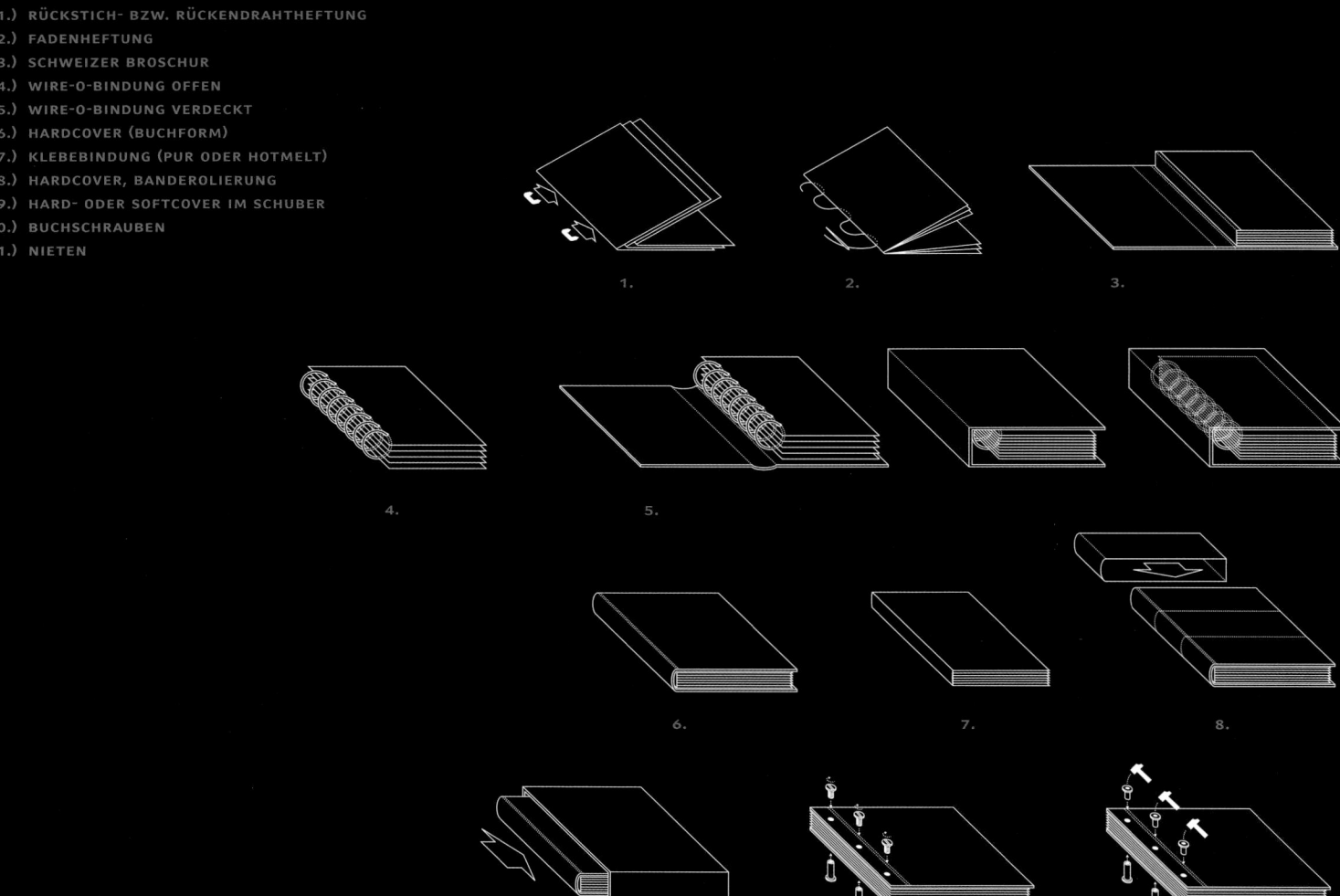

*FLEXIBEL: FESTE BINDUNGEN

BINDUNGEN HABEN ZUM ZIEL, DASS ZUSAMMENBLEIBT, WAS ZUSAMMENGEHÖRT. In Deutschland wird jede dritte zwischenmenschliche Ring-Bindung wieder geschieden. Deshalb ist die entsprechende Technik für den Zusammenhalt von Papieren oft bei Familienstammbüchern und anderen auf Flexibilität angelegten Dokumentensammlungen anzutreffen. Der Geschäftsbericht ist dagegen für die Dauer gemacht. Da wird im einfachsten Fall geheftet, meist aber geknotet oder geklebt, verdrahtet, geschraubt und geklammert. Dazu kommen Hüllen, Schuber und Schachteln, in denen sich hin und wieder neben dem Report auch noch andere nützliche Dinge finden – die Beispiele auf S. 164 f. reichen von Blumensamen über Streichholzschachteln und Spielkarten bis hin zu Kalendern und Türanhängern.

Keine Frage: Die buchbinderische Verarbeitung ist ein Imagefaktor. Und ein beständiges Diskussionsthema zwischen den Verfechtern von offenen oder verdeckten Wire-Os* (der Planlage wegen), Hardcoveranhängern (der Wertigkeit wegen) und Freunden der Schweizer Broschur (des Blätterns wegen). Letztere sind deutlich in der Mehrheit; die Anhänger von Billigvarianten wie der Rückendrahtheftung oder der Klebebindung, jeweils aus dem Zeitschriften-bereich hinlänglich bekannt, müssen sich des Risikos bewusst sein, dass ihr Report nach kurzer Benutzungsdauer vom Aushängeschild zur Loseblatt-sammlung mutieren kann – mit unangenehmen Ausfallerscheinungen.

Tipp: Die Papierfabrik Scheufelen, renommierter Hersteller von Premiumpapieren für Geschäftsberichte, und Römerturm Feinstpapier erstellen gemeinsam eine jährlich aktualisierte Box mit zahlreichen Bindemustern für Geschäftsberichte und einem kostenlosen Musterservice für Agenturen, Aktiengesellschaften und Druckereien. Weitere Informationen unter www.scheufelen.com/kreativservice.

* Eine weit verbreitete Form der verdeckten Wire-O-Bindung (»Ethabind«) steht unter Patentschutz durch die Großbuchbinderei Thalhofer, Schönaich.

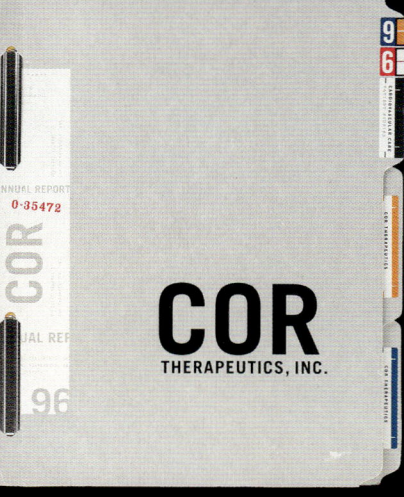

01 - - COR THERAPEUTICS 1996 - -
CAHAN & ASSOCIATES (USA)
Aktenbindung.

02 - - 4MBO 2000 - - STRICHPUNKT (D)
Offene Wire-O.

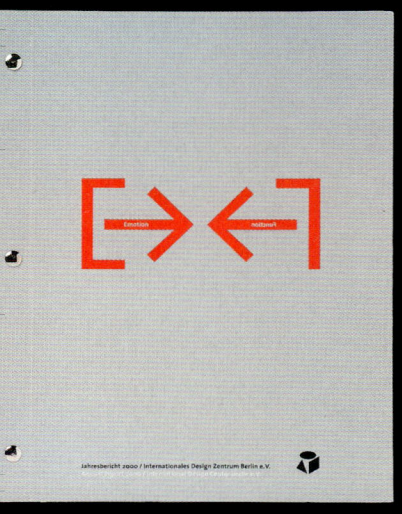

03 - - INTERNATIONALES DESIGN ZENTRUM BERLIN
E.V. 2000 - - WIR DESIGN (D)
Buchschrauben.

04 - - HEIDELBERGER DRUCKMASCHINEN 1998/99 - - 3ST KOMMUN KATION (D)
Verdeckte Wire-O.

05 - - ARRIS 1996 - - SCHULTE DESIGN (USA)
Genietet.

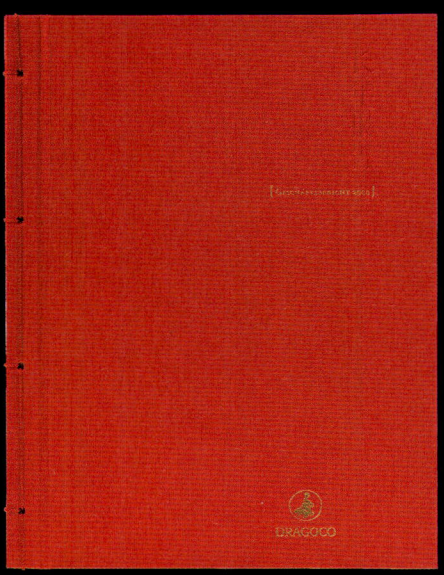

06 - - DRAGOCO 2000 - - KIRCHHOFF CONSULT AG (D)
Chinesische Bindung.

Ein schöner Rücken kann auch entzücken: bedruckte Buchblocks

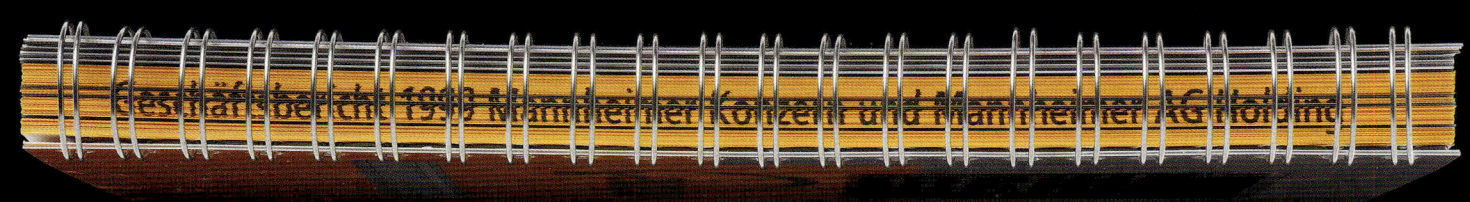

01 - - MANNHEIMER AG HOLDING 1999 - - HILGER & BOIE (D)

 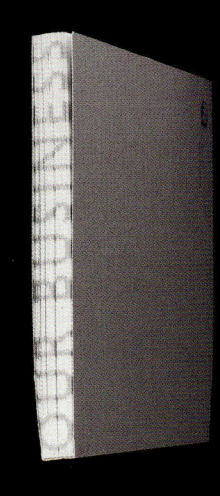 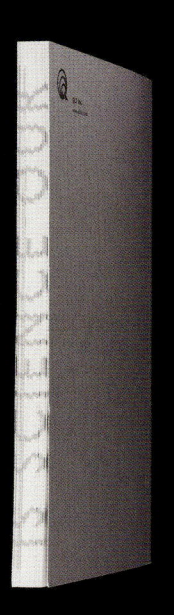 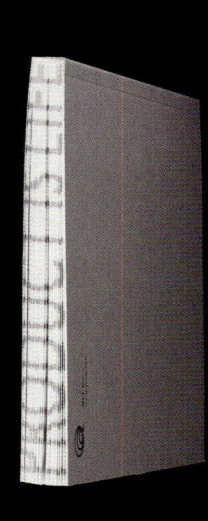

02 - - QLT 2000 - - SAMATA MASON (USA)

03 - - PT HM SAMPOERNA TBK - - EPIGRAM (SGP)
Halbleinenband mit Sticker und Goldpapier

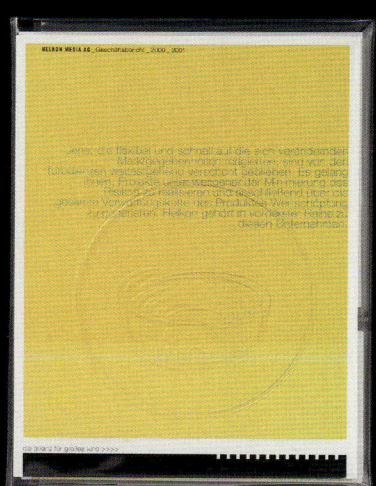

04 - - HELKON MEDIA 2000/01 - -
HÄFELINGER + WAGNER DESIGN (D)
PE-Folie mit Taschen und Prägung.

05 - - ZIFF-DAVIS 1998 - - PENTAGRAM (USA)
PE-Folie farbig.

06 - - CADENCE 1996 - -
CAHAN & ASSOCIATES (USA)
Samteinband mit Heißfolienprägung.

07 - - PLAYTEX PRODUCTS 2002 - - ADDISON (USA)
Packpapier.

08 - - MIGROS 2004 - - STUDIO ACHERMANN (CH)
Textstickerei auf kaschierter Baumwolle

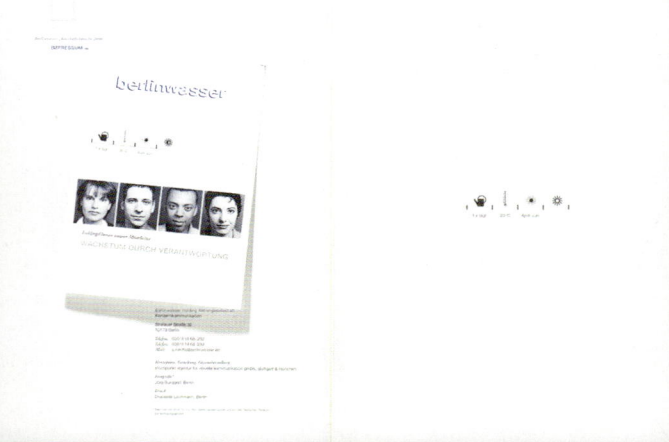

01 - - BERLINWASSER 2000 - - STRICHPUNKT (D)

Blumensamen.

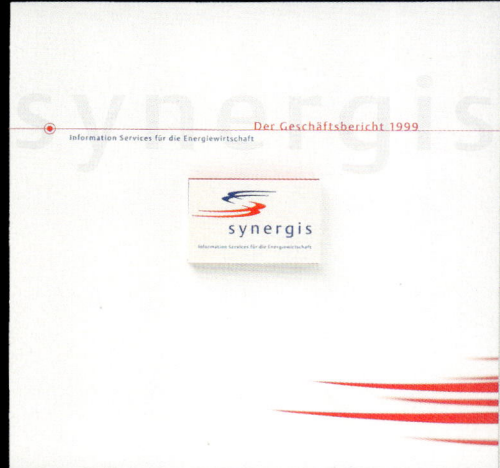

02 - - SYNERGIS 1999 - - WIR DESIGN (D)

Streichhölzer.

03 - - THYSSEN KRUPP 2000/01 - - HÄFELINGER + WAGNER DESIGN (D)

Postkarten.

04 - - SCHLOTT SEBALDUS 1999 - - STRICHPUNKT (D)

Memory.

05 - - JENOPTIK 2001 - - W.A.F. WERBEGESELLSCHAFT (D)

Türhänger.

06 - - PT HM SAMPOERNA 2004 - - EPIGRAM (SGP)

3D-Brille.

Die Verpackung des Limited-Edition-Geschäftsberichts 2000 der NICI AG lässt sich als Beutel weiterverwenden, im Jahr darauf gibt es ein Kalendarium zum Einheften in den Flausch-Ordner dazu: ein Report zum Liebhaben.

06 - - NICI 2000 - - BERNSTEIN & BURKEL (D)

07 - - NICI 2001 - - BERNSTEIN & BURKEL (D)

08 - - MEDIA DEVELOPMENT AUTHORITY 2004/05 - - EPIGRAM (SGP)
Die staatliche Fördergesellschaft für New Media verpackt ihren Report in einer DVD-Hülle und legt Spieletrailer bei.

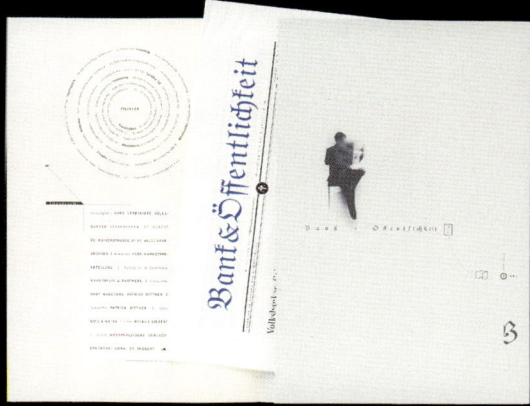

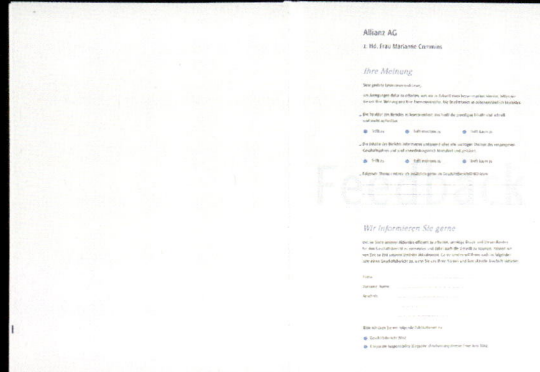

09 - - VVBS 2000 - - MAKSIMOVIC & PARTNERS (D)
In der hinteren Umschlagklappe verbirgt sich ein Magazin.

10 - - ALLIANZ GROUP 2001 - - KIRCHHOFF CONSULT AG (D)
Zum Heraustrennen: der Feedback-Bogen zum Geschäftsbericht.
Wirkungsvolle Aufforderung zur Interaktion in der Kommunikation.

MIND GRENADES

fff
2. _ ... gut verankert ...

fff
1. _ gute ideen ...

fff
3. _ ... und mit langzeitwirkung

WIE>

06.0
IDEE/KONZEPT

AUF DIE WÜRZE KOMMT ES AN

JEDER NACH SEINEM GESCHMACK

Was darf's denn sein, bitte?

FFF : //////// / //// /////

ALLE GESCHÄFTSBERICHTE SIND GLEICH

WAS IHRE PFLICHTINHALTE BETRIFFT**

(was aber nicht bedeutet, dass sie deshalb nicht trotzdem
ganz unterschiedlich aussehen können / und das sogar im Pflichtteil)

** bei gleicher Bilanzierungsform im gleichen Land.

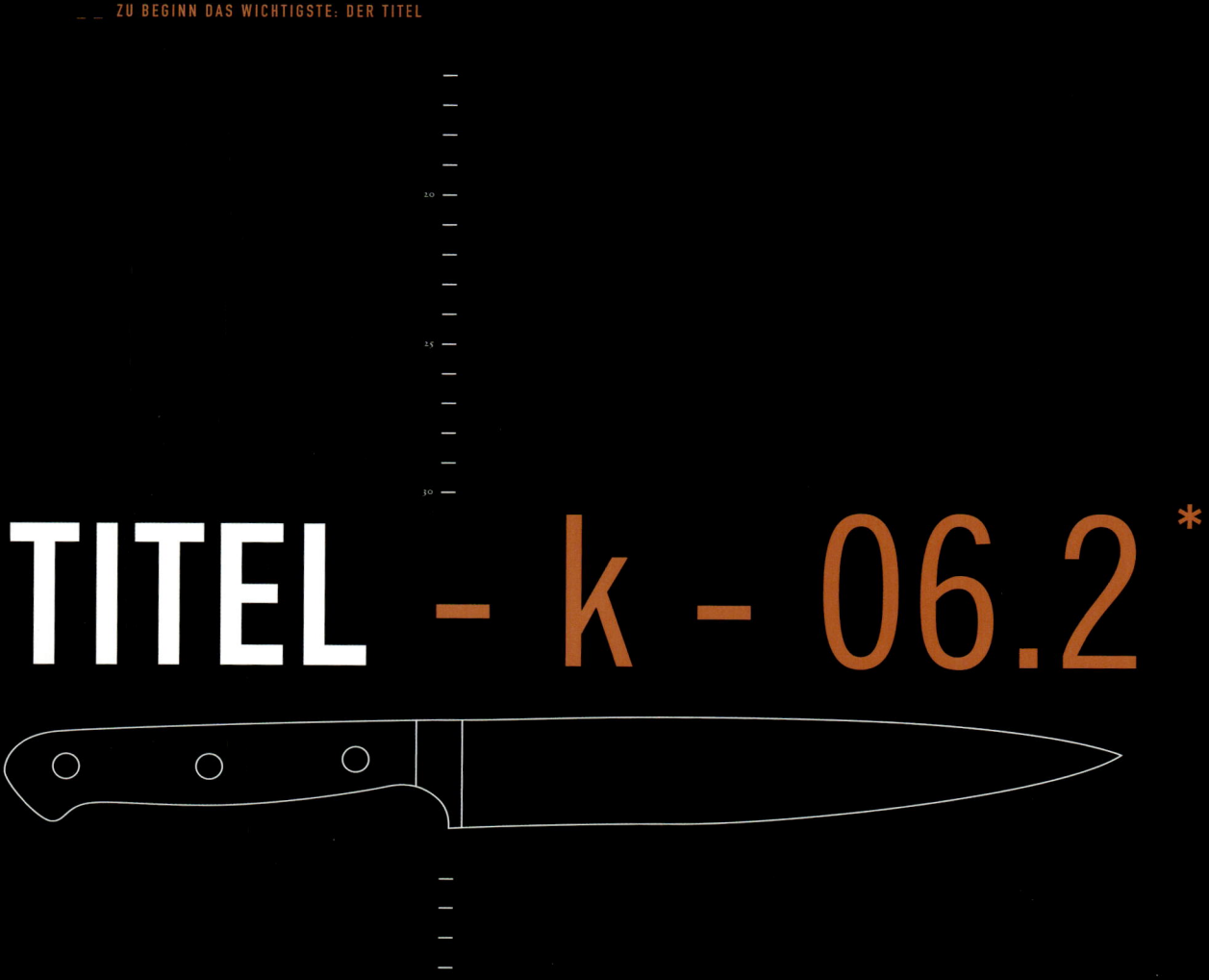

FFF : ///////// / //// /////
__ ZU BEGINN DAS WICHTIGSTE: DER TITEL

TITEL − k − 06.2 *

LIEBE AUF DEN ERSTEN BLICK

* DER ERSTE EINDRUCK ZÄHLT

DIE MARKTFORSCHUNG BELEGT, dass der Titel eines Magazins erheblichen Einfluss auf den Verkaufserfolg hat: Die am Kiosk verkaufte Auflage von »Stern« und »Spiegel« schwankt je nach Titelbild um rund 20 %. Für Geschäftsberichte gibt es solche Untersuchungen nicht, doch die Wirkung ist unbestritten: Der erste Eindruck zählt (siehe auch S. 62).

Der Titel verkauft den Inhalt, er setzt die Tonality. Die große Mehrzahl der Unternehmen nennt deshalb auf dem Umschlag neben Firmenname und Geschäftsjahr auch das Thema des Imageteils oder verweist zumindest (foto)grafisch darauf. Weil Menschen besonders auf Menschen reagieren, arbeiten viele Reports mit Porträts auf dem Titel (Bsp. S. 176 f.). Andere zeigen die Produkte des Herausgebers (Bsp. S. 178) oder stellen Firmennamen bzw. -Logo plakativ in den Vordergrund (Bsp. S. 180).

Auch Understatement weckt Interesse: Einige Companys buhlen allein durch Farb- und Formensprache um die Aufmerksamkeit ihrer Investoren (siehe nebenstehende Seite) oder lassen den Titel nahezu frei (Bsp. S. 179).

Den gegenteiligen Weg gehen Firmen, die auf der Front gleich die wichtigsten Aussagen des Reports unterbringen (S. 181 ff.). Im Prinzip könnte der Innenteil ein Leerband sein, denn vielen Schnell-Lesern würde das gar nicht mehr auffallen – ganz im Sinne der »Frankfurter Allgemeinen Sonntagszeitung«, die in ihrer Ausgabe vom 15. 2. 2004 bemerkt: »Geschäftsberichte sind [...]dicke Werbebroschüren [...]. Wer nur wenig Zeit hat, darf getrost weiterblättern.«. Die Hoffnung auf interessiertere Leser geben Firmen nicht auf, die auf den ersten Innenseiten das Titelthema fortführen (S. 186 ff.) oder sogar darauf bauen, dass mit den Vorjahren verglichen wird: Werden Aufträge zur Berichterstellung für mehrere Jahre vergeben, steigt die Chance auf ein langfristig angelegtes Kommunikationskonzept. Das zeigt sich dann in Titelserien, die über eine bloße Corporate-Design-Verwandtschaft hinausgehen (S. 184 f.).

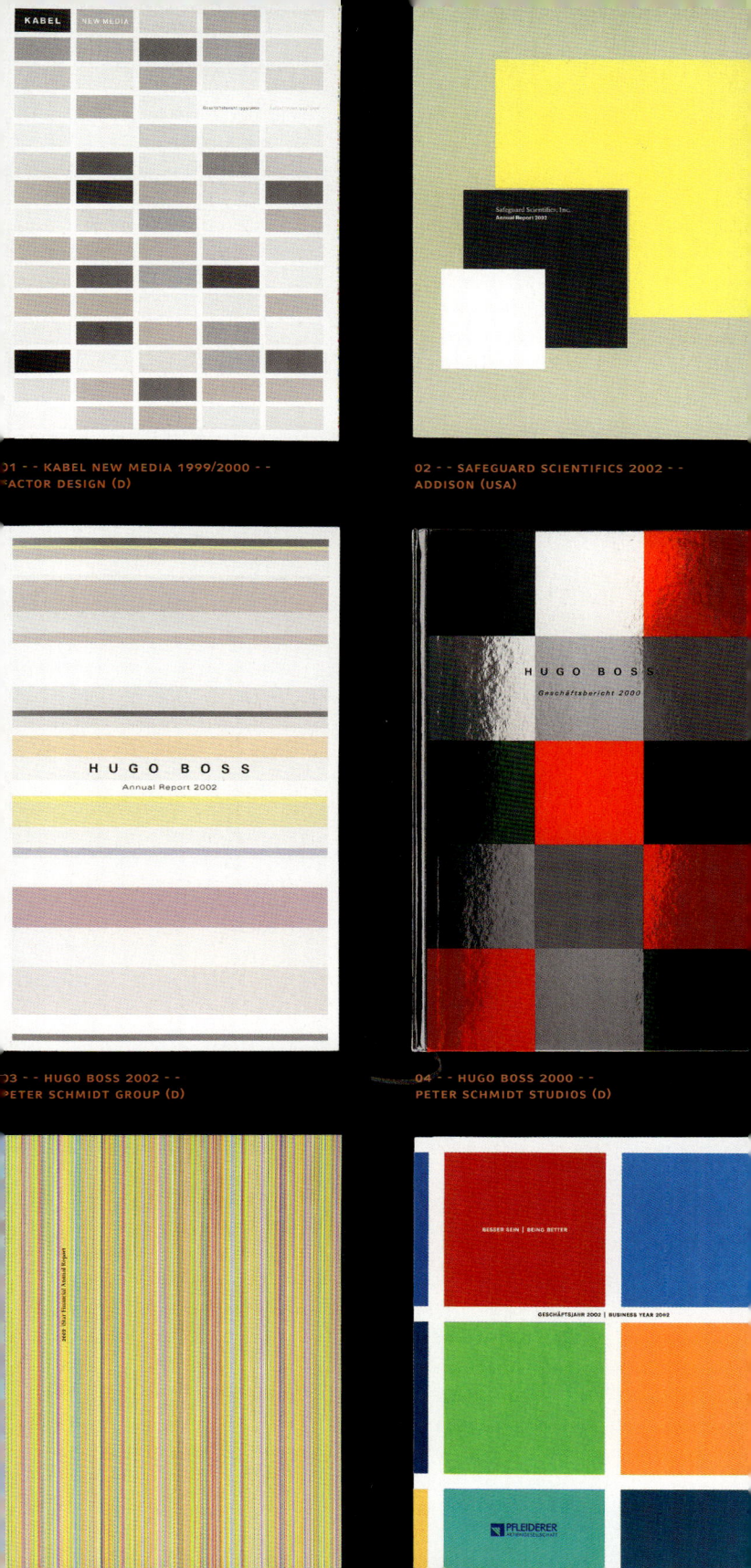

01 - - KABEL NEW MEDIA 1999/2000 - -
FACTOR DESIGN (D)

02 - - SAFEGUARD SCIENTIFICS 2002 - -
ADDISON (USA)

03 - - HUGO BOSS 2002 - -
PETER SCHMIDT GROUP (D)

04 - - HUGO BOSS 2000 - -
PETER SCHMIDT STUDIOS (D)

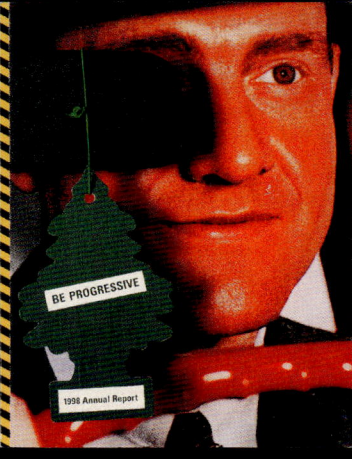

01 - - THE PROGRESSIVE CORPORATION 1998
- - NESNADNY & SCHWARTZ (USA)

02 - - DELTA LLOYD VERZEKERINGSGROEP 1998
- - UNA (AMSTERDAM) DESIGNERS (NL)

03 - - DELTA LLOYD NUTS OHRA 2000
- - UNA (AMSTERDAM) DESIGNERS (NL)

04 - - THE GEORGE GUND FOUNDATION 2000
- - NESNADNY & SCHWARTZ (USA)

05 - - EPIX MEDICAL 2001
- - WEYMOUTH DESIGN (USA)

06 - - NEXT FIFTEEN 2002
- - RADLEY YELDAR (GB)

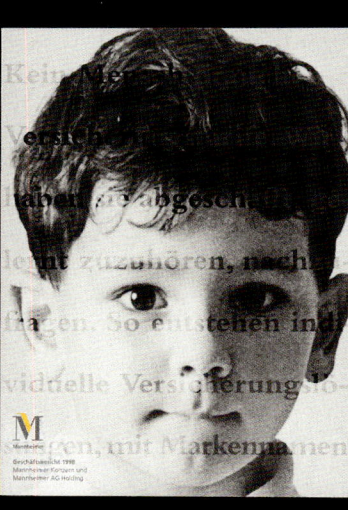

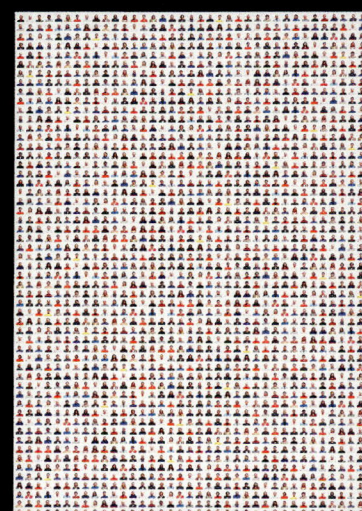

07 - - COLLATERAL THERAPEUTICS 1998/99
- - CAHAN & ASSOCIATES (USA)

08 - - MANNHEIMER AG HOLDING 1998
- - HILGER & BOIE (D)

09 - - NCR 1999 - - SAMATA MASON (USA)

10 - - AFFYMETRIX 2001
- - HOWRY DESIGN ASSOCIATES (USA)

11 - - OLD MUTUAL 2002 - - FITCH: LONDON (GB

12 - - ASPECT 2000
- - CAHAN & ASSOCIATES (USA)

13 - - SAMSUNG 2001
- - CORPORATE AGENDA LLC (USA)

14 - - BIO MARIN PHARMACEUTICAL 1999
- - WEYMOUTH DESIGN (USA)

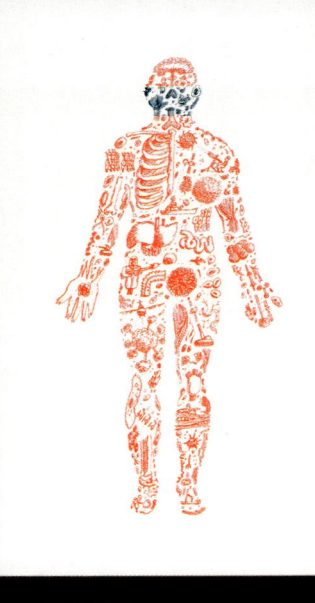

15 - - XOMA 2000
- - HOWRY DESIGN ASSOCIATES (USA)

01 - - APTAR GROUP 1999 - - SAMATA MASON (USA)

02 - - CRAFTS COUNCIL 1997/98
- - PENTAGRAM DESIGN (GB)

03 - - KLM ROYAL DUTCH AIRLINES 2002/03
- - UNA (AMSTERDAM) DESIGNERS (NL)

04 - - DAIMLERCHRYSLER 2005
- - STRICHPUNKT (D)

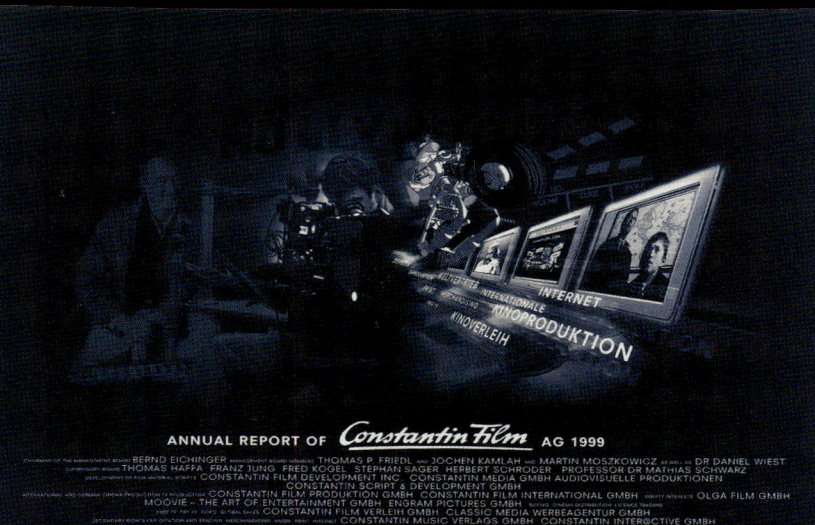

Der Berichtsbericht: gut zum Druck.

Hinter den gestanzten Punkten verbirgt sich
eine Standortkarte.

01 - - MIGROS 2002 - - STUDIO ACHERMANN (CH)

02 - - CYRK 1998 - - WEYMOUTH DESIGN (USA)

&

XOMA Ltd., 2002 Annual Report

03 - - XOMA 2002 - - HOWRY DESIGN ASSOCIATES (USA)

2000 ANNUAL REPORT TO SHAREHOLDERS

CNF

04 - - CNF 2000 - - PENTAGRAM (USA)

Geschäftsbericht 1999

&

bon appétit

05 - - BON APPÉTIT - - STUDIO ACHERMANN (CH)

FIT *is* NYC*

*Fashion
INSTITUTE
of
Technology

ANNUAL REPORT 2001

06 - - FASHION INSTITUTE OF TECHNOLOGY 2001

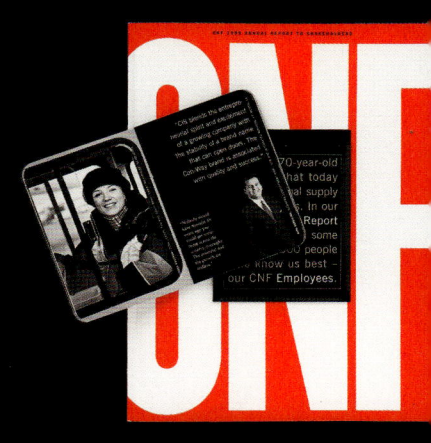

07 - - CNF 1999 - - PENTAGRAM (USA)

08 - - PT HM SAMPOERNA TBK 2001 - - EPIGRAM (SGP)

Delta Lloyd Nuts Ohra nv
Annual report 1999

Without the small things
That particularise and
Authenticate our lives,
Big things, such as those
That constitute the bustling
World of human enterprise,
Would have no place
Indeed, need arises out of
The smallest of concerns,
Whence large concerns become
Manifest and thereby thrive.

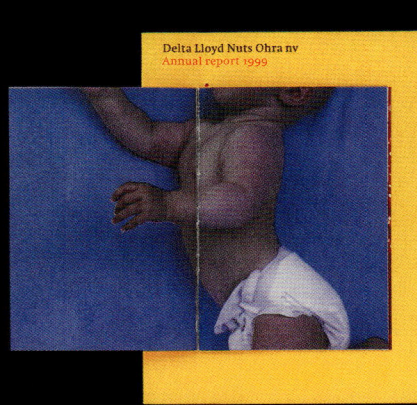

Fließtext auf dem Titel

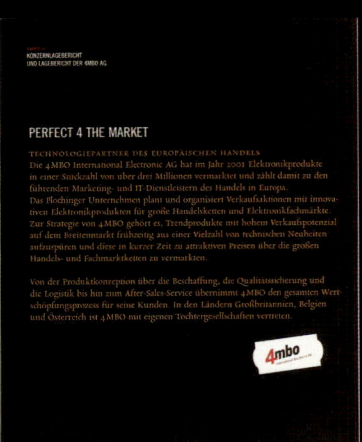

While companies look for ways to cut
expenditures in response to economic downturn,
the majority of our client relationships remain intact.
In most cases, they strengthen.

Gartner

KONZERNLAGEBERICHT
UND LAGEBERICHT DER 4MBO AG

PERFECT 4 THE MARKET

TECHNOLOGIEPARTNER DES EUROPÄISCHEN HANDELS
Die 4MBO International Electronic AG hat im Jahr 2001 Elektronikprodukte
in einer Stückzahl von über drei Millionen vermarktet und zählt damit zu den
führenden Marketing- und IT-Dienstleistern des Handels in Europa.
Das flexibinger Unternehmen plant und organisiert Verkaufsaktionen mit innovativen Elektronikprodukten für große Handelsketten und Elektronikfachmärkte.
Zur Strategie von 4MBO gehört es, Trendprodukte mit hohem Verkaufspotenzial
auf dem Breitenmarkt frühzeitig aus einer Vielzahl von technischen Neuheiten
aufzuspüren und diese in kurzer Zeit zu attraktiven Preisen über die großen
Handels- und Fachmärkte zu vermarkten.

Von der Produktkonzeption über die Beschaffung, die Qualitätssicherung und
die Logistik bis hin zum After-Sales-Service übernimmt 4MBO den gesamten Wert-
schöpfungsprozess für seine Kunden. In den Ländern Großbritannien, Belgien
und Österreich ist 4MBO mit eigenen Tochtergesellschaften vertreten.

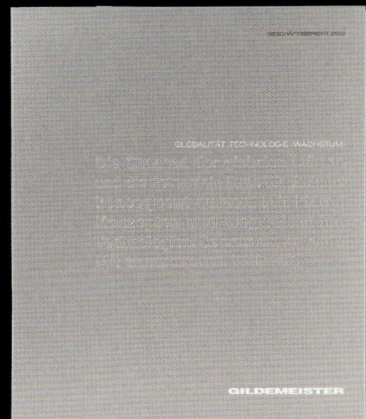

GESCHÄFTSBERICHT 2002

GLOBALITÄT TECHNOLOGIE WACHSTUM

GILDEMEISTER

Our purpose is
to help our clients
attract, retain,
and grow the most
profitable customer
relationships in
their industries.

DIGITAS

annual report 2001

Geschäftsbericht der
Münchener-Rück-Gruppe
2001

Ist die Welt nicht mehr so, wie sie einmal war?
Wie verkraften Versicherer Ereignisse wie den 11. September?
Wie behandeln Erst- und Rückversicherer das Terrorismusrisiko?
Wie geht es der Luftfahrt ein Jahr nach dem 11. September?
Welches sind die zuverlässigen Punkte unserer Informationsnetze?
Kommen die internationalen Vereinbarungen zum Klimaschutz nicht viel zu spät?
Welchen Nutzen ziehen Kunden der Münchener Rück aus dem Kompetenzzentrum „Biowissenschaften"?
Welche neuen Risikofelder hat die Gentechnologie der Landwirtschaft beschert?
Hat Umweltfolgenvorsorge noch Konjunktur?
Braucht ein Rückversicherer eine hohe Börsenkapitalisierung?
Wie sichert die Münchener Rück ihre Finanzkraft?
Welche Ressource ist entscheidend, wenn es gilt, die Marktführerschaft zu sichern?
Wird Krankenversicherung zum Privileg der Besserverdienenden?
War der Aktienkurs der Münchener Rück immer in der Nähe des Fair Value?
Wie war die Münchener Rück auf den 11. September vorbereitet?
Was macht die Münchener Rück zum Preferred Partner in Risk?
War die organisatorische Umstrukturierung der Münchener Rück erfolgreich?
Wie hat sich das Marktumfeld der Erstversicherung entwickelt und wie bedeutet das für uns?
Wie die MEAG ihre Bewährungsprobe bestanden?
Wie bewegt sich ein Versicherer im Spannungsfeld von Rendite und Risiko?
Brauchen wir eine neue Rechnungslegung?

Wie viel Risiko verträgt die Welt?

Münchener Rück
Munich Re Group

San Francisco International Airport introduced service abroad with the first West Coast flight to Asia. The *1992 Annual Report* is presented during a period of continued rapid growth in international service. Two hundred twenty-four flights weekly provide convenient non-stop service to twenty destinations worldwide.

STIHL Geschäftsbericht 2002

FORTSCHRITT

AUS TRADITION

02

XILINX

2001 ANNUAL REPORT

09 - - COULTER 1998
- - CAHAN & ASSOCIATES (USA)

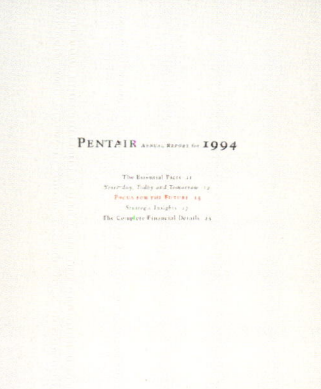

12 - - PENTAIR 1994
- - THE KUESTER GROUP, INC. (USA)

15 - - KONINKLIJKE WESSANEN 2000
- - TOTAL DESIGN (NL)

10 - - COULTER 1998
- - CAHAN & ASSOCIATES (USA)

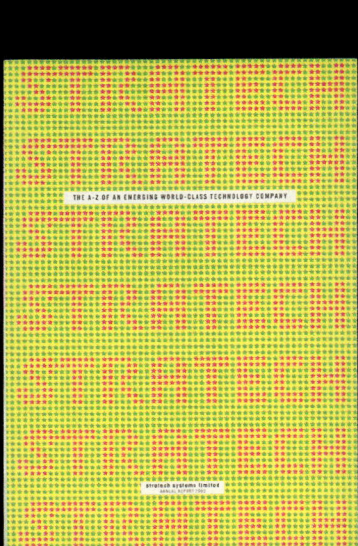

13 - - MUSICLAND 1993
- - MUSICLAND STORES CORPORATION (USA)

16 - - STRATECH SYSTEMS 2000
- - EPIGRAM (SGP)

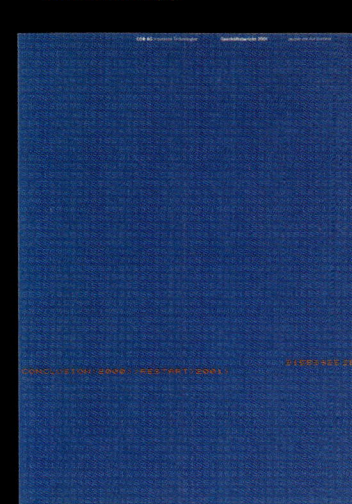

11 - - SCM MICROSYSTEMS 2001
- - DESIGNAFAIRS (D)

14 - - COR 2001 - - CAMPAÑEROS (D)

17 - - LUFTHANSA 2005
- - KIRCHHOFF CONSULT (D)

Wegen ungenügender Verpackung verderben weltweit
bis zu 50 Prozent aller Lebensmittel.
Moderne Verpackungslösungen schützen zuverlässig
vor Licht, Feuchtigkeit und Keimen.

Wir bieten Sicherheit durch Verpackung.

JAHRESBERICHT 2001   SIG HOLDING AG

JENOPTIK JENA

JAHRESBERICHT 2002   SIG HOLDING AG

JENOPTIK JENA

Menschen trinken jährlich
über 20 Milliarden Liter Fruchtsäfte.

Verpackungen der SIG schützen Getränke.
Von der Herstellung bis zum Konsum.

JAHRESBERICHT 2003   SIG HOLDING AG

JENOPTIK JENA

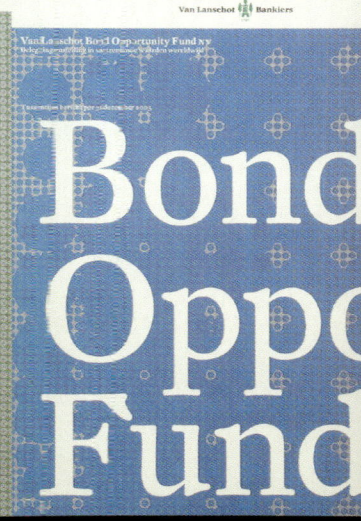

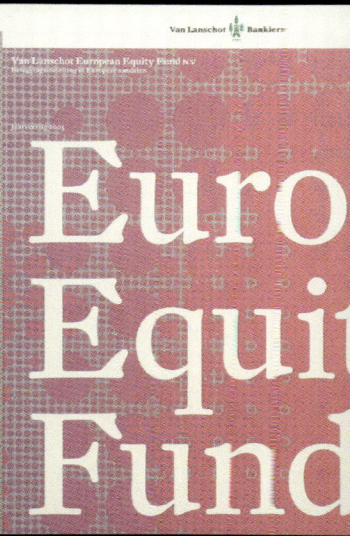

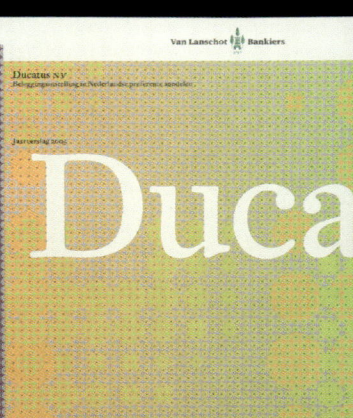
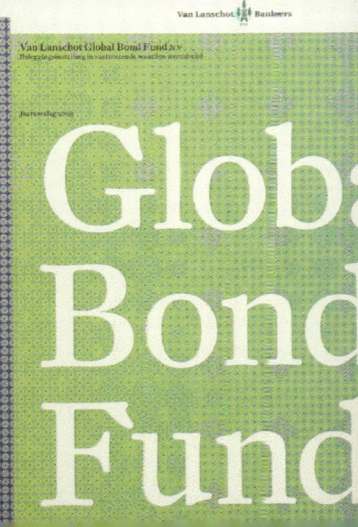

A
usblick

ückblick
Я

urchblick
D

machen

Termine 2002

20. März	Medienkonferenz zum Jahresergebnis 2001, Zürich
26. März	Pressekonferenz Meeting, London
30. April	Generalversammlung, Zürich
6. Mai	Dividendenauszahlung
14. Mai	Zwischenbericht 1. Quartal 2002
22. August	Halbjahresbericht 2002
21. November	Zwischenbericht 3. Quartal 2002

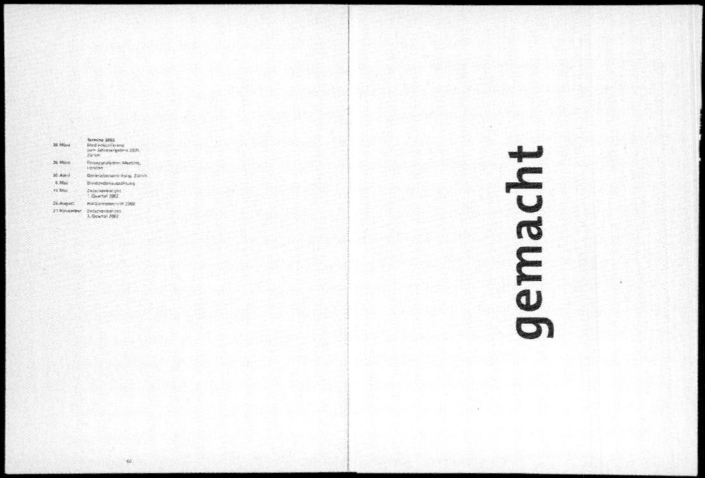

gemacht

weitermachen

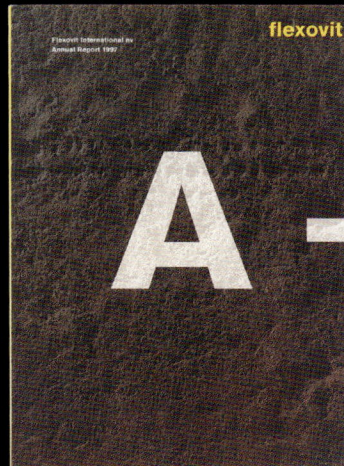

one stop supplier

Concerning customisation and ideas on product and service integration. Higher profits, lower costs, better process control, higher speed, guaranteed quality, risk control, continuous improvement and modernisation, greater flexibility and manoeuvrability. All of them examples of 'universal objectives' of companies that want to set the tone. Companies are more than ever pointing to collaboration with third parties, permanent business partners, for the realisation of these objectives. One example of a strategy that is applied more and more often – and by us, too – is that of chain integration and the intensifying of co-operation with a small circle of preferred suppliers in the matter of products and service policy, production, involvement in marketing and brand-building issues, as well as quality improvement and control, logistics.

figures, facts and products

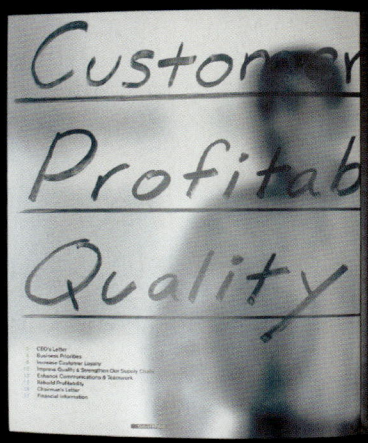

Our business is self-service and security solutions. And when it comes to our business, there's no one working harder, thinking smarter and moving faster than Diebold.

Improving our business is our constant focus. It's why we're a global leader in the markets we serve. Have a look at what we're doing to make sure it stays that way.

01 - - DIEBOLD 2005 - - ADDISON (USA)

02 - - CIVIL AVIATION AUTHORITY OF SINGAPORE - - EPIGRAM (SGP)

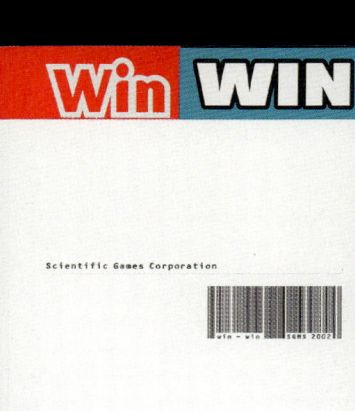

20 % weniger Inhalt als Titel – und trotzdem alles drin: Analogie zu den um 20 % gesenkten Lizenzgebühren des Entsorgers.

FFF : ///////// / //// /////
HOCH GESCHÄTZT: UNTERNEHMENSWERTE

VALUES – k – 06.3 *

WERTPAPIERE

* INNERE WERTE: FINANCIALS, FACTS AND VALUES

BÖSE ZUNGEN KÖNNTEN BEHAUPTEN, wenn es in einem Geschäftsbericht auch im Imageteil um Werte geht, dann sei den Machern nichts Besseres eingefallen. Richtig daran ist, dass sich viele Berichte mit ihrem ureigensten Thema auseinander setzen: Zahlen, Daten und Fakten. Richtig ist auch, dass es oft nichts Besseres gibt: Die primäre Zielgruppe eines Reports ist genau an diesen Themen interessiert. Was liegt also näher, als sie attraktiv aufzubereiten, gute Kennzahlen hervorzuheben und über die Visualisierung zu emotionalisieren (Bsp. S. 194f., 197ff.)? Dass es im Geschäftsbericht um Geld geht, ist evident – zumal, wenn es sich bei den berichtenden Companies um Banken, Börsen und Versicherungen handelt (Bsp. S. 191ff., 198.4–6, 201, 204.4–6).

Doch Werte sind mehr als Umsatz und Ertrag. Unternehmenswerte sind die Grundlage zur Wertmehrung – und meist auch die Leitlinie für den Geschäftsbericht, oft ohne weitere Einschränkung oder Interpretation. Berichte, die sich auf diese »emotionalen« Werte konzentrieren (Bsp. S. 200–205), sind deshalb häufig anzutreffen. Sie sind die besten Botschafter der Unternehmenskultur, denn sie liefern, anders als Imagebroschüren, den Beweis für ihr Funktionieren im Zahlenteil gleich mit.

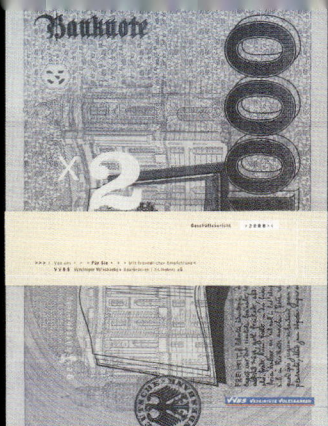

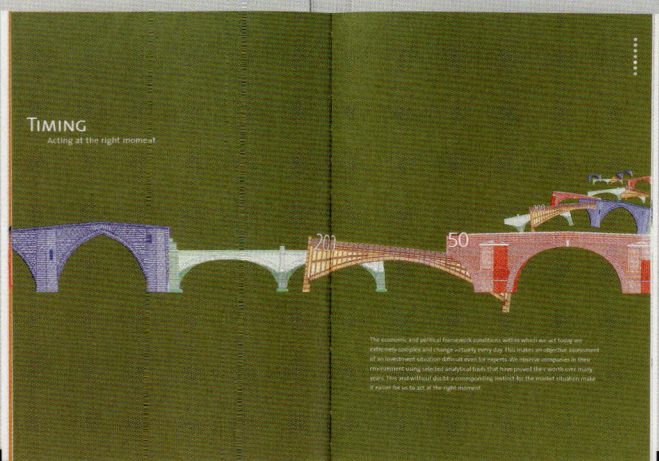

TIMING
Acting at the right moment

The economic and political framework conditions within which we act today are extremely complex and change virtually every day. This makes an objective assessment of an investment situation difficult even for experts. We measure companies in their environment using selected analytical tools that have proved their worth over many years. This and without doubt a corresponding instinct for the market situation make it easier for us to act at the right moment.

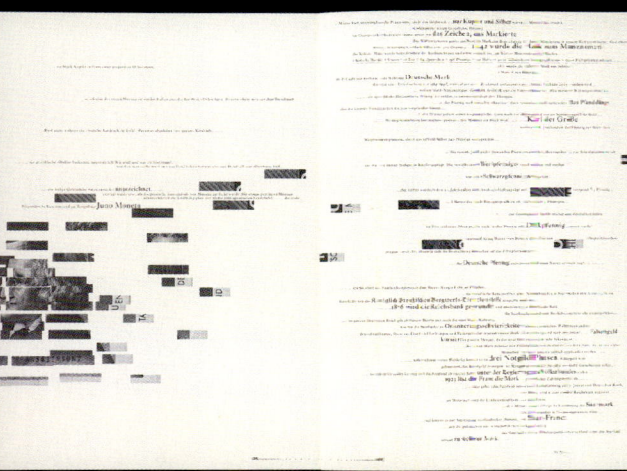

Geschäftsbericht
1996

1872~1997

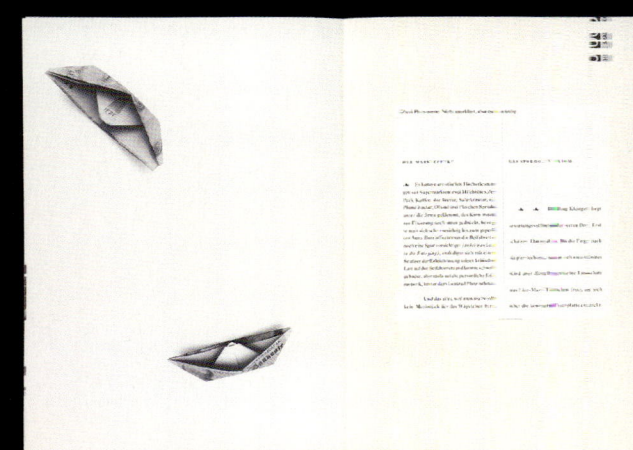

04 - -

07 - -

05 - -

08 - -

06 - - GRUPPE DEUTSCHE BÖRSE 1999 - - CLAUS KOCH CORPORATE COMMUNICATIONS (D)

Genial einfach, einfach genial: Die Fotografien zeigen Wachstumskurven,
analog zum Logo der Deutschen Börse.

09 - - GRUPPE DEUTSCHE BÖRSE 2001 - - THEMA COMMUNICATIONS AG (D)

Wachstum als übergreifendes Bildthema.

01 - -

02 - -

03 - -

04 - - ADAPTEC 1999 - - TURNER & ASSOCIATES (USA)

05 - -

06 - - LINDE 2002 - - KW43 (D)

FACT   80% show no signs or symptoms.
       70% will develop chronic liver disease.

FACT   There are more than 170 million people infected with
       hepatitis C worldwide.
       There are 2.7 million chronically infected in the U.S.

Source: World Health Organization, 2002
Centers for Disease Control and Prevention (CDC), 2002

(B) ↓

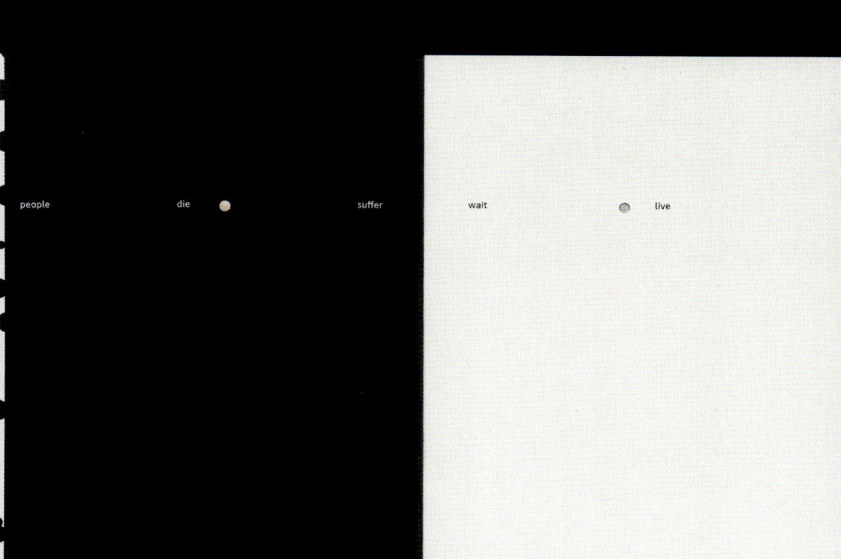

people   die   suffer   wait   live

04 - -

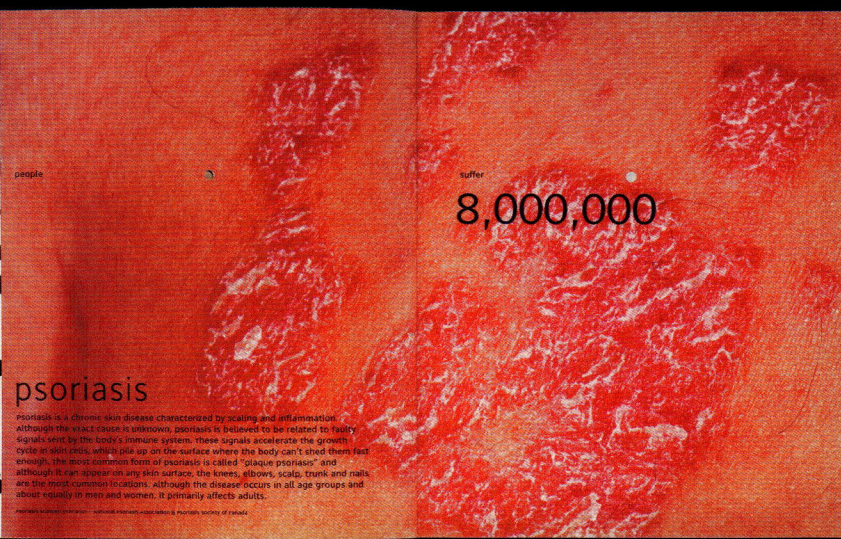

people   suffer

8,000,000

psoriasis

Psoriasis is a chronic skin disease characterized by scaling and inflammation. Although the exact cause is unknown, psoriasis is believed to be related to faulty signals sent by the body's immune system. These signals accelerate the growth cycle in skin cells, which pile up on the surface where the body can't shed them fast enough. The most common form of psoriasis is called "plaque psoriasis" and although it can appear on any skin surface, the knees, elbows, scalp, trunk and nails are the most common locations. Although the disease occurs in all age groups and about equally in men and women. It primarily affects adults.

Psoriasis research source: Psoriasis foundation, psoriasis & psoriatic society of canada

05 - -

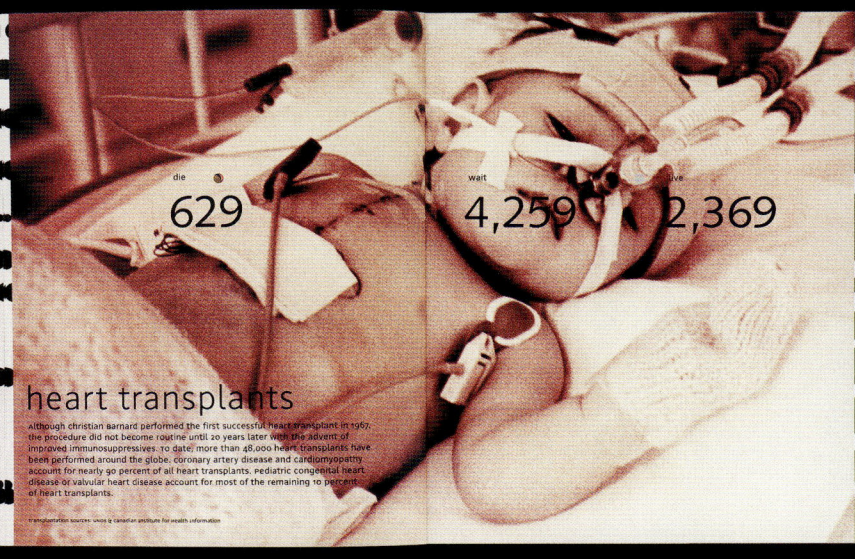

die   wait   live

629   **4,259**   **2,369**

heart transplants

Although christian barnard performed the first successful heart transplant in 1967, the procedure did not become routine until 20 years later with the advent of improved immunosuppressives. To date, more than 48,000 heart transplants have been performed around the globe. coronary artery disease and cardiomyopathy account for nearly 90 percent of all heart transplants. pediatric congenital heart disease or valvular heart disease account for most of the remaining 10 percent of heart transplants.

Transplantation sources: vw06 & canadian institute for health information

06 - - ISOTECHNIKA 2001 - - ZACHARKO DESIGN PARTNERSHIP (CDN)

»people die / suffer / wait / live«: Was die Vorsatzseite blanko neben Stanzpunkten einführt, wird in der Folge mit Bild- und Zahlenmaterial ausgeführt.

37 Wochen

60 Fußballfelder

Forum

1 Milliarde Bits

494.000.000 *Euro*

Richard Hunziker,

556.000.000.000 *US-Dollar*

Stephen Pelletier,

400 *Prince Equity Fund-Manager*

William J. Indelicato,

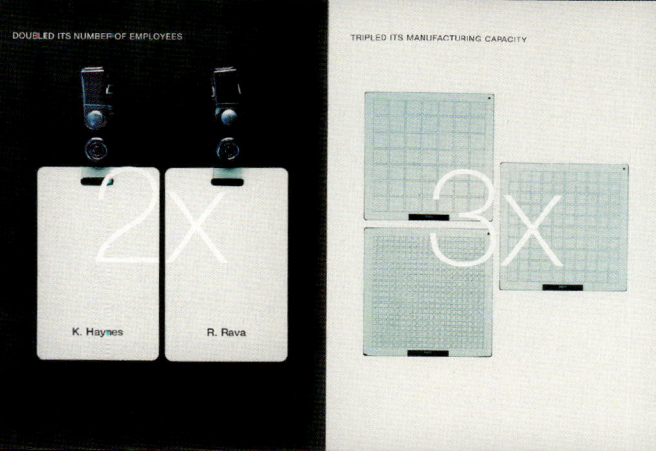

07 - - AFFYMETRIX 1999 - - HOWRY DESIGN ASSOCIATES (USA)

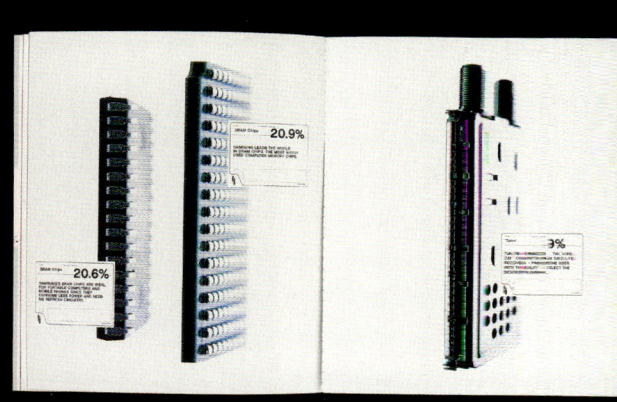

08 - - SAMSUNG 2000 - - CORPORATE AGENDA LLC (USA)

09 - - POTLATCH 1999 - - PENTAGRAM (USA)

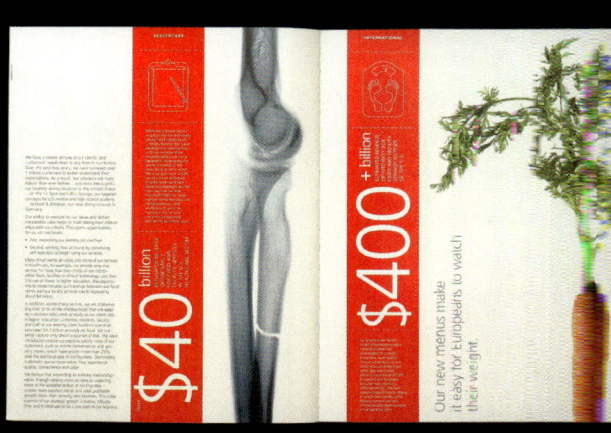

10 - - ARAMARK CORPORATION 2005 - - ADDISON (USA)

11 - - BERU 2001/02 - - 3ST KOMMUNIKATION (D)

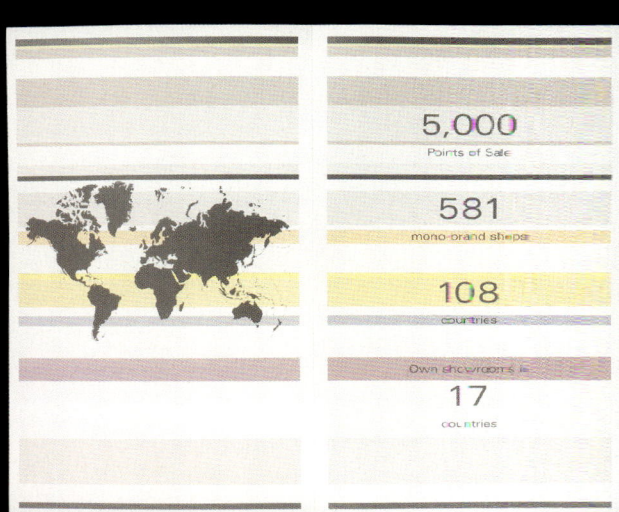

12 - - HUGO BOSS 2002 - - PETER SCHMIDT GROUP (D)

< 200 / 201 >

(A) ↓

01 - -

02 - - THE PROGRESSIVE CORPORATION 2002 - - NESNADNY & SCHWARTZ (USA)

* EMOTIONAL VALUES

WENN EIN KONZERN EINE UNTERNEHMENSBERATUNG ENGAGIERT, führt das zu einem Leitbild mit Definition der Unternehmenswerte. Dieses Ergebnis unzähliger Meetings sieht meist gleich aus, nur marginal beeinflusst durch das sprachliche (Un)Vermögen des jeweiligen Managements: »Unsere Firma steht für Qualität und Innovation, bemüht sich um nachhaltigen Profit, ist sich ihrer Verantwortung gegenüber den Shareholdern bewusst, fördert ihre Mitarbeiter und schont die Umwelt.«

Warum das so ist? Consultants werden nicht für Kreativität bezahlt, sondern für eine strukturierte Außensicht mit Innenwirkung. Dagegen sind Geschäftsberichte mit Bezug auf die Unternehmenswerte strukturierte Innensicht mit Außenwirkung. Und weil ihre Macher für Kreativität bezahlt werden, darf man erwarten, dass die immer gleichen Werte ganz individuell interpretiert werden – zum Wohle des Unternehmens wie auch der Leserschaft.

glück

Aspecta
Lebensversicher
Geschäftsbericht
2000
Annual Report
2000

Neo-Punk?
Erwachsenwerden?
Morgen?
Neo-punk?
Growing up?
Tomorrow?

Raum?
Fastfood?
Freiheit?
Städte?
Space?
Fast food?
Freedom?
Cities?

Geborgenheit?
Trennungen?
Eine Familie?
Warmth and security?
Separations?
A family?

Sex?
Schokolade?
Hybrid
Design?
Sex?
Chocolate?
Hybrid
design?

Lip-gloss?
Verführung?
Amusement
total sans
regret?
Lip gloss?
Seduction?
Amusement
total sans
regret?

M
GESCHÄFTSBERICHT
* 2002

Der Migros-Bericht erzählt Geschichten von Menschen aus aller Welt, die für Migros produzieren, von ihren Wünschen und ihren Werten: Ein Dokument der Menschlichkeit.

01 · ·

CONTONE
27. DEZEMBER 2002
*
«MASSERIA BANTELLO, DIE SCHWEINEZUCHT IM TESSIN»

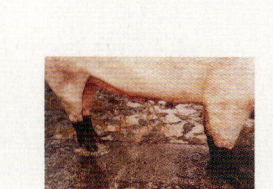

[Fließtext unleserlich]

7-PUNKTE-FLEISCH-GARANTIE

FRANZISKA C. MÜLLER

VERSAM
*
WO DER WALD MEHR IST ALS BLOSS HOLZLIEFERANT

FOREST STEWARDSHIP COUNCIL (FSC)

02 · ·   03 · ·

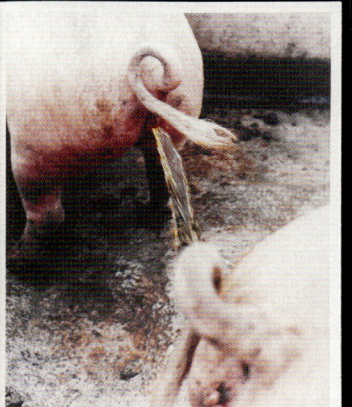

04 · ·   05 · ·

10. FEBRUAR 2003

[Fließtext unleserlich]

LISA FELDMANN

STOPP

allem was krank macht

FAIRE
VERTRÄGE

KINDERARBEIT - VERBOTEN

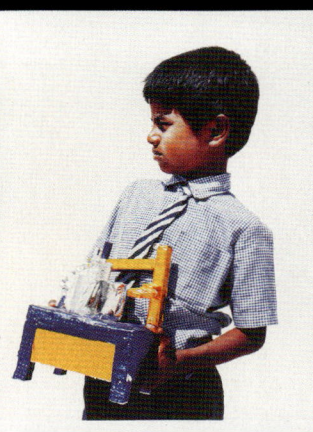

Ja
zur
Freiheit

ENGAGEMENT

DAS IST UNS WICHTIG

SOLIDITÄT UND ZUVERLÄSSIGKEIT

«Optimismus ist Pflicht. Man muss sich auf die Dinge konzentrieren, die gestellt werden sollen und für die man verantwortlich ist.»

KARL RAIMUND POPPER (1902–1994)
PHILOSOPH UND WISSENSCHAFTSTHEORETIKER

KREATIVITÄT

INNOVATION

AUGUST EVERDING (1928–1999)
INTENDANT, REGISSEUR UND THEATERLEITER

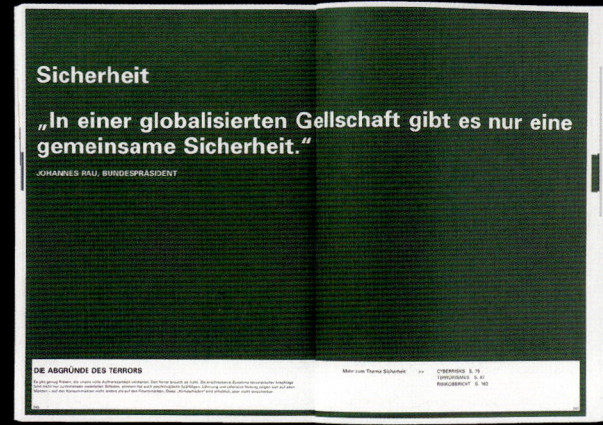

Sicherheit

„In einer globalisierten Gellschaft gibt es nur eine gemeinsame Sicherheit."

JOHANNES RAU, BUNDESPRÄSIDENT

DIE ABGRÜNDE DES TERRORS

GESTERN
Ground Zero: Die Zuversicht blit verletzt

DIE LEHREN DES 11. SEPTEMBERS 2001

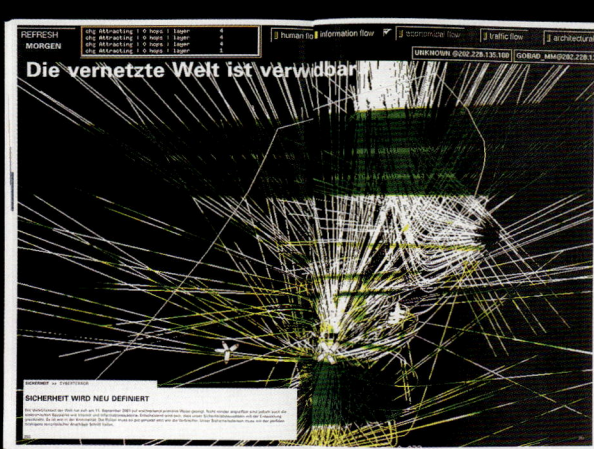

REFRESH
MORGEN
Die vernetzte Welt ist verwdbar

SICHERHEIT WIRD NEU DEFINIERT

Werte sind ein wichtiges Thema für eine Rückversicherung:
Die Munich Re schaut zurück und nach vorn.

Werte.

(c) ↓

07 - -

01 *transparent*

OFT GENÜGEN EINFACHE MITTEL, UM SICH DURCHBLICK
ZU VERSCHAFFEN.

02 *transparent*

ES IST EINFACH SCHÖN, WENN MAN ENTWICKLUNGEN
VERFOLGEN KANN.

08 - -

DIE NEUE GRÖSSE
DER SCHLOTT GRUPPE
IM TIEFDRUCK:

520.000

09 - -

---

engagiert

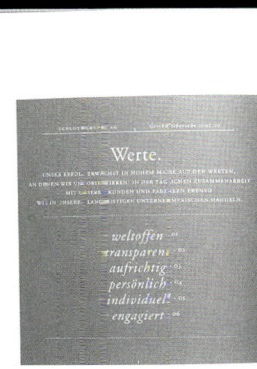

TEAMARBEIT HEISST: JEDER SCHAFFT, DAMIT EINER TRIFFT
UND ALLE WEITERKOMMEN.

engagiert

MAN KANN SICH VERÄNDERUNGEN WÜNSCHEN - ODER LOSGEHEN
UND ANDERE DAFÜR GEWINNEN.

10 - -

Werte.

weltoffen
transparent
aufrichtig
persönlich
individuell
engagiert

weltoffen

WELCOME

NEUES ENTDECKEN KANN MAN NUR, WENN MAN AUCH BEREIT IST,
ES IN SEIN LEBEN ZU LASSEN.

---

persönlich

AM WOHLSTEN FÜHLT MAN SICH, WENN EINEM
ETWAS VERTRAUT IST.

individuell

DER UNTERSCHIED ZWISCHEN „PASST" UND „PASST GENAU"
KANN SEHR WOHLTUEND SEIN.

FFF : ///////// / //// /////
_ _ SCHRIFTEINSATZ ALS IMAGETRÄGER

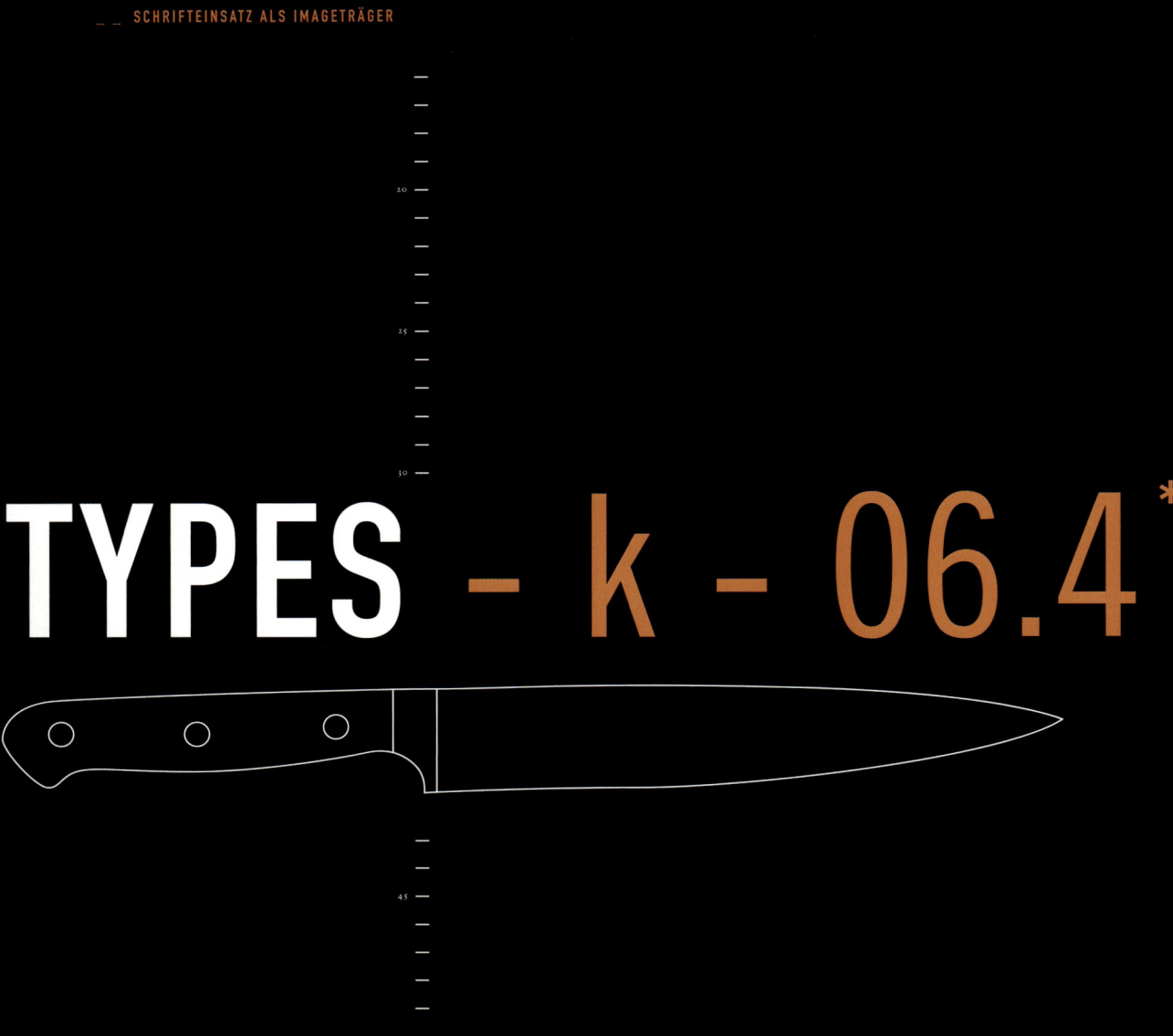

TYPES – k – 06.4*

TYPO-TYPEN

* EIN WORT SAGT MEHR ALS TAUSEND BILDER

TYPO-ORIENTIERTE IMAGEKONZEPTE sind keine Notlösungen: Seit einem halben Jahrhundert beweist der Wettbewerb des Type Directors Club of New York, dass allein oder vorrangig mit den Mitteln der Schrift hervorragende Kommunikationsmedien gestaltet werden können. Geschäftsberichte machen unter den wenigen jährlich vergebenen, weltweit begehrten Awards einen zunehmend größeren Prozentsatz aus. Mehr als die Hälfte der in diesem Kapitel gezeigten Reports stammen aus dem TDC-Archiv, aus dessen Fundus auch weitere Beispiele Eingang in dieses Buch gefunden haben (z. B. S. 106 f., 161 f., 213 f., 217 f.).

Bei einer halben Million Buchstaben ist jeder Geschäftsbericht potentiell ein gefundenes Fressen, und tatsächlich lässt sich ein Bericht mit guter Typografie nicht nur lesbarer gestalten (siehe Kap. 5), sondern in Richtung fast jeder gewünschten Wirkung dirigieren. Wobei es keine Rolle spielt, ob ein Typokonzept gewählt wurde, um besonderen Aussagen besonderes Gewicht zu verleihen (visualisierende Typografie: S. 212), Selbstbewusstsein zu demonstrieren (Bsp. S. 209, 213), ein ästhetisch-individuelles Gesamtbild zu erzeugen (Bsp. S. 210, 211, 217), Assoziationen zu anderen Medien zu erwecken (Bsp. S. 216) – oder schlicht um Geld für Fotografie, Illustration und Repro zu sparen.

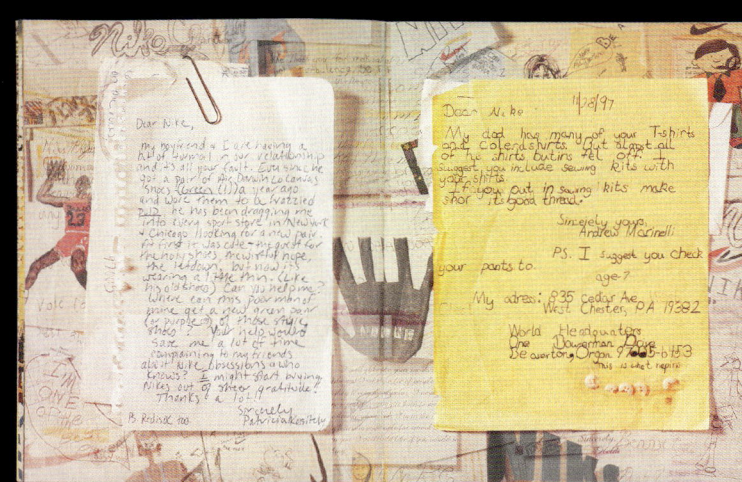

01 - -

02 - -

03 - -

opportunities the Internet offers. The Internet will allow Dover to reach readers directly to better understand their special interests and develop more and better books for them. It will help Dover identify potential customers, more accurately predict markets for new titles, test and pre-sell products, and provide retail partners with information that will enable them to sell more books. The Internet has the power to increase Dover's sales across all of its distribution channels.

The Internet is also blurring traditional roles and compressing the process of bringing books from author to reader. Tremendous market advantages and economies are emerging for companies that own content, have direct relationships with end users and manufacture the product, thereby adding value to every step in the process (Fig. 6). The combination of Courier and Dover creates just such an end-to-end solution.

Against the backdrop of Dover and the opportunities it presents, Courier is again in the familiar territory of having to make strategic decisions about where to focus

Fig. 7

Fig. 6

and invest for maximum shareholder value. In the year ahead, we need to reevaluate just how much time and energy to put into The Home School and CMS. While these ventures have yet to achieve profitability, they have already made a major contribution to Courier's value by providing knowledge we can transfer to Dover, with its tremendous upside potential.

Clearly, we have much to do in fiscal 2001. Here are our priorities:
• *Continue expanding our book manufacturing business.* The additional $15 million we'll invest next year will go primarily to expand capacity, enhance service and increase workforce productivity through automation.
• *Integrate Dover smoothly into the Courier family of companies.* First steps include upgrading its technological base and improving processes for order taking and tracking.
• *Build Dover's business through all channels.* We'll bring Dover's special magic to the Internet with the launch of consumer and business sites as well as the initiation of electronic direct marketing campaigns to develop a close dialog with our customers.

competencies in e-commerce, electronic direct marketing and online customer service. This experience is about to prove extremely valuable, as we apply it to a much bigger and far more profitable venture.

Note Begins Volume II.

On September 22, 2000, Courier bought Dover Publications, Inc. with 1999 revenues of about $32 million (Fig. 4). Dover is one of the world's most successful and consistently profitable specialized publishers. It sells not only to major bookstore chains, but to thousands of independent bookstores, children's and craft stores, museums and historical sites, and restaurant and hospital gift shops. It has also sold directly to consumers for more than half a century—today it has relationships with over 500,000 book lovers.

Dover has built this loyal customer base by offering high-quality paperback titles at modest prices, and by publishing and keeping books in print on every topic under the sun—military history, paper dolls, scientific treatises, musical scores, typographic fonts, cooking, crafts—you name it. The company has an

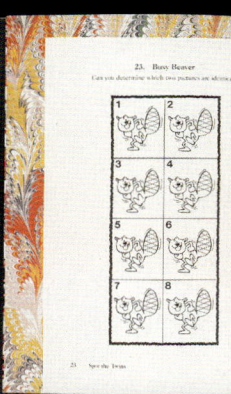

Fig. 3

active list of over 7,000 titles. It also has a unique process for identifying niche markets and developing content cost-effectively for those markets, enabling Dover to publish about 40 new books every month. Courier has manufactured a majority of these products for many years.

Courier acquired Dover for $19 million in cash. The company is operating as an autonomous subsidiary under the leadership of an experienced and talented senior management team. The acquisition is expected to have a minimal effect on Courier's net income for fiscal 2001 due to interest expense on acquisition debt, amortization of goodwill of approximately $0.8 million and a required purchase accounting inventory write up which will increase cost of sales when this inventory is sold. Dover is expected to be accretive to earnings after 2001 and to generate substantial cash from operations from the outset.

Dover has amassed a huge, loyal customer base without yet tapping the awesome power of the Internet. Dover's potential contribution to Courier's bottom line is even more impressive in view of the stunning business

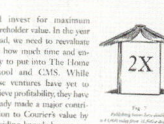

REGARDING

RELATIONSHIPS

INTERWEST PARTNERS

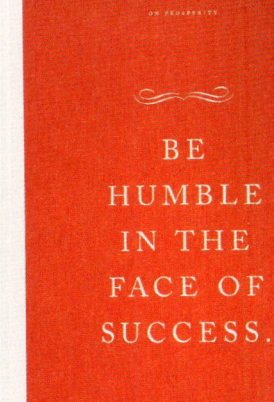

ON PROSPERITY.

BE
HUMBLE
IN THE
FACE OF
SUCCESS.

Building a highly successful company is the
ultimate achievement for you as an entrepreneur.
We'll do everything we can to help, but we do so with
the conviction that the credit belongs to you.
FLIP GIANOS

ON PARTNERSHIPS

EVERY-
BODY'S
MONEY IS
GREEN.

You're not raising money. You're recruiting
a partner. Industry-specific knowledge
and company-building experience are just as
important as capital (or maybe more so).
ARNIE ORONSKY

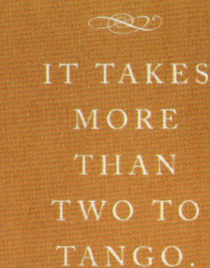

ON TEAMWORK

IT TAKES
MORE
THAN
TWO TO
TANGO.

One of the most important things we do
is help an entrepreneur build a high-performance
team with the right mix of experience and
the chemistry to work together effectively.
JOHN ZEISLER

PUTERA SAMPOERNA

© PT HM Sampoerna Tbk Annual Report 2000

President Director's Message

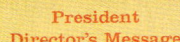

The year just past saw the Company continue to build on the strength of our core brands as actions in our cigarette tolerances in a marketplace that has begun to show signs of maturity. This despite an environment in which uncertainty regarding both regulatory changes and raw material availability continues to challenge our capabilities for developing a long-term, sustainable approach toward our consumers, markets, suppliers, and other critical stakeholders.

The regulatory framework that defines the cigarette industry underwent a series of modifications in 2000. First, the Government's shift of the annual budget process to a calendar year cycle necessitated two reformulations of the excise tax system within nine months. The first of these ushered in an inevitable increase in tax rates across all segments, of 4% for large producers and 5% for all others. This significantly reduced the tax disparities between large and small producers, and between machine-made and hand-rolled products, and may prompt an eventual simplification of the system itself. The immediate impact, however, has been to induce price margin across the industry.

The April set-rate also narrowed the price advantage for white cigarettes, with minimum stick price decreases falling from 55% to 40% of comparable machine-made clove products. Price parity, however, remains a distant goal. Finally, in a departure from past practice, each of the year's tax increases also stipulated mandatory price increases for these few brands already selling at a premium to the minimum price. The first such increase was based on a percentage of the prevailing price, while the second squelched an increment to explain per stick. This early modification clearly increases the risks of pursuing a proactive premium pricing strategy.

Contents

Financial Statements

Robert Morgan Chairman

'00 CHALLENGES

Charles Schwab

Cap'n Snooze

San Remo

Major new clients for the Group include:

Lexus
Mazda Commercial Vehicles
Country Road
Telstra (brand campaign)
Ansett (media)
Solution 6

Challenging Year

The competitive business challenge seems to get greater every year
There was no shortage of challenges as we started the year.

The advertising business has changed dramatically since de-regulation was forced on us in 1998. Some thought the changes would be minimal, but this has not been the case.

De-regulation has brought reduced margins to all advertising agencies in Australia and New Zealand, and the need to charge for our services in a totally different way. Reduced margins have meant reduced staff costs and in many cases reduced profits.

De-regulation has seen the extraordinary growth of the media independent. More and more clients have separated media away from the normal agency creative function. During the year, we launched a major media independent company in Australia, called Optimum Media Direction.

Technology is changing our industry at a very rapid rate. Digital media, the rise of customer relationship marketing and e-commerce. They all create enormous challenges for the advertising industry and therefore our company in particular.

To meet the challenge, we have continued to diversify into new areas of the communication business. In the past twelve months, we've established Clemenger Digital in Melbourne, involved Sales Force as a partner in our Vectus Telemarketing operation, and purchased Fusion, a sales promotion company in Melbourne to be part of Sales Success in Sydney.

Another challenge we hadn't allowed for was the fire that gutted most of the Clemenger BBDO building in Sydney. A major disaster occurred on June 6, 1999 and two of our three floors were totally unusable. Fortunately there was space available in the building while we re-designed and re-built the whole space. The new agency offices were officially re-opened on May 26 to everyone's relief, and the result is a brilliant "new look" for Clemenger BBDO in Sydney.

The challenge to service our clients across a number of different business disciplines
It used to be relatively straightforward to service our clients. We were there to look after their advertising requirements, as a part of the marketing mix. Television, Radio, Newspapers, magazines, some sales promotion work as well.

Today, it's a very different story. We need to offer clients a totally integrated service across a number of disciplines. Public Relations, Sales Promotion, Direct Marketing, E-Commerce, Data Base Management, Research, Corporate Branding and Design, in some cases, Contract Publishing, Telemarketing.

As part of the Omnicom Group in the US, we have been given every opportunity to follow their example and in some cases to align ourselves with specific companies within their Group, e.g. Porter Novelli.

Today, we have by far the strongest and most complete group of integrated marketing companies in Australia and New Zealand. The chart on the opposite page shows the extent of our recent diversification.

Our holding company became Clemenger Communications reflecting the fact that we are now a broadly based marketing communications company.

Organisation chart

OMNICOM Group				
100% **BBDO Worldwide**				
46.67% **Clemenger Communications**				

Advertising Agencies	Media Companies	Customer Relationship Marketing	Consulting Services	Specialised Services
Clemenger BBDO Melbourne Sydney Adelaide Brisbane Tasmania Wellington	**Optimum Media Direction** Sydney Melbourne Brisbane	**Clemenger Direct** Melbourne Sydney Brisbane	**Porter Novelli Australia** Melbourne Sydney Adelaide Brisbane Tasmania	**Emery Vincent Design** Melbourne Sydney
Colenso BBDO Auckland	**Total Advertising & Communications** Sydney	**Alan Direct** Auckland Wellington	**Porter Novelli NZ** Auckland Wellington	**M&I Communications** Melbourne Sydney
Clemenger Harvie Edge Melbourne	**Total Media** Auckland Wellington	**Mailshop** Auckland	**Government Relations Australia** Sydney	**Quantum Market Research** Melbourne Sydney
Advertising Works Auckland		**The Direct Partnership** Sydney	**Cultural Perspectives** Sydney	**Sales Success** Sydney Melbourne Auckland
Curtis Jones & Brown Sydney Melbourne		**Direct Response Australia** Melbourne	**PR Works** Sydney Melbourne	**Hardie Grant Magazines** Melbourne
		Vectus Telemarketing Melbourne Bendigo	**Brodeur** Sydney	

Financial Highlights

Billings $1,060,564,306 + 7.3%
Revenue $169,690,289 + 7.3%
Operating Profit Before Tax and Goodwill Amortisation $30,690,057 + 20.6%
Operating Profit Before Tax $26,593,132 + 10.4%
Profit After Tax $13,445,000 + 9.1%
Earnings per Share 15.0 cents + 7.1%
Dividend 7.5 cents per share + 7.1%
Share Value $1.94 per share + 8.5%

In billings, income and profit, it's been a record year, and that's a very pleasing result in such a difficult business environment. For the first time, the company's billings have passed the ONE BILLION DOLLAR mark. Billings increased 7.3% over the previous year to a record $1,060,564,306 on income of $169,690,289.

STILL AHEAD OF ~~THE~~ GAME

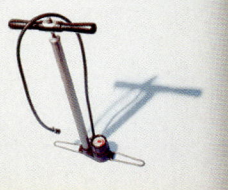

CENIT ARBEITET MIT HOCH- DRUCK

CAD/CAM

Innerhalb der Geschäftsbereiche hat sich besonders das Segment CAD/CAM hervorragend entwickelt. Der Umsatz konnte von 40,5 Mio. € auf 68,9 Mio. € gesteigert werden, was einem Wachstum von über 70 Prozent entspricht. Damit hat dieses Segment innerhalb der CENIT AG weiter zugenommen – 58 Prozent des Gesamtumsatzes entfallen hierauf (1999: 51 Prozent). Diese starke Zunahme resultiert einerseits aus erfolgreichen Akquisitionen, andererseits spiegelt sich darin ein hohes organisches Wachstum wider. Beispiele hierfür sind Großaufträge etwa vom europäischen Airbus-Konsortium EADS oder von SIG Corpoplast. Insgesamt konnte die CENIT AG damit ihre weltweite Marktstellung ausbauen. Entscheidend für den Ausbau des CAD/CAM-Geschäfts war nicht zuletzt, dass die neue Version CATIA V5 in vollem Umfang zur Verfügung stand. CENIT war erneut stärkster IBM/Dassault CATIA-Partner in Deutschland. Aufgrund der hohen Investitionen vor allem in die Internationalisierung des Geschäftsbereiches CAD/CAM von 4,8 Mio. € ließ sich in 2000 das hohe Ertragsniveau nicht halten (Investitionen 1999: 1,4 Mio. €). Das operative Ergebnis (EBIT) lag somit bei 1,4 Mio. € (1999: 3,6 Mio. €).

+70%

06/04/

CENIT erhält den Auftrag, die Postkorblösung IDT des irischen Softwareentwicklers Phoenix Technology Group Ltd. bei der LBS zu implementieren. Mit diesem System ist es der LBS künftig möglich, Anfragen schnell und kontrolliert zu bearbeiten. Alle wichtigen Informationen stehen den Sachbearbeitern jederzeit zur Verfügung. Durch diese so enorm reduzierten Bearbeitungszeiten wird die angestrebte Kundenzufriedenheit erheblich erhöht. In einem ersten Schritt werden 180 Arbeitsplätze eingebunden, später 620, mit der Option, auch die Call-Center des Unternehmens an die Posteingangssteuerung anzubinden.

16.04

Die CENIT AG Systemhaus setzt mit der Übernahme der französischen Spring Technologies S. A. ihre Globalisierungsstrategie erfolgreich fort und wird somit zu einem der wesentlichen Markttreiber im rasant wachsenden e-business Markt in Frankreich. Die Spring Technologies-Gruppe, mit Hauptsitz in Paris und Niederlassungen in den wichtigsten französischen Industriezentren wie Lyon, Toulouse, Nantes und Sochaux, ist in Frankreich überaus erfolgreich positioniert. Zu den Kunden der mehr als 150 IT- und Web-Spezialisten von Spring Technologies S. A., gehören namhafte Unternehmen wie Renault, Peugeot, Citroën und Aérospatiale. Der Aufbau von Marktplätzen für die Automobilzulieferindustrie, Web-basierende Lösungen für Workflow und Dokumenten-Management und das Know-how zum Aufbau und Betrieb von komplexesten e-commerce Infrastrukturen gehören zu den innovativen Geschäftsfeldern.

TiR Systems Ltd.

who

SSL: solid state lighting

HIGH BRIGHTNESS RED
LED DEVELOPED 1994

= or

WHITE

ANY COLOR IN THE SPECTRUM

GR**OW**

di
sc**C**v
S e
r

About Progressive

The Progressive Insurance organization began business in 1937. Progressive Casualty Insurance Company was founded in 1965 to be among the first specialty underwriters of nonstandard auto insurance. The Progressive Corporation, an insurance holding company formed in 1965, owns 68 subsidiaries and has one mutual insurance company affiliate. The companies provide personal automobile insurance and other specialty property-casualty insurance and related services sold primarily through independent insurance agents in the United States and Canada. The 1996 combined industry premiums, which include personal auto insurance in the U.S. and Ontario, Canada, as well as in services for commercial vehicles, were $109.4 billion, and Progressive's share was 2.4 percent.

evo/ve

RSA Annual Report

The Royal Society, for the encouragement of Arts, Manufactures and Commerce.

RSA Annual Report 2001

OPE
RAT
IONS
REVIEW

RSA Annual Report 2001

Typo-Imagekonzepte: Grad°an'gaben

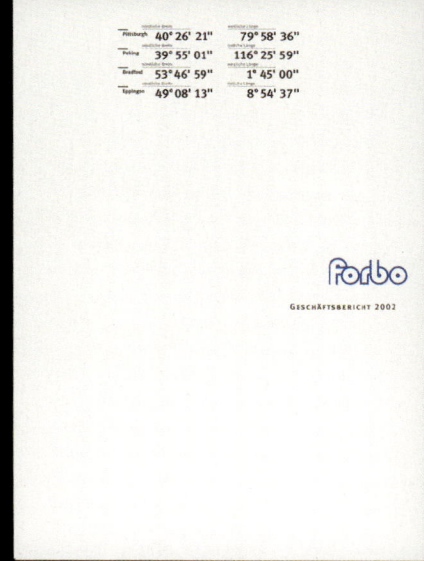

01 - - FORBO 2002 - - GOTTSCHALK + ASH INTERNATIONAL (CH)

02 - - LINDE 2002 - - KW43 (D)

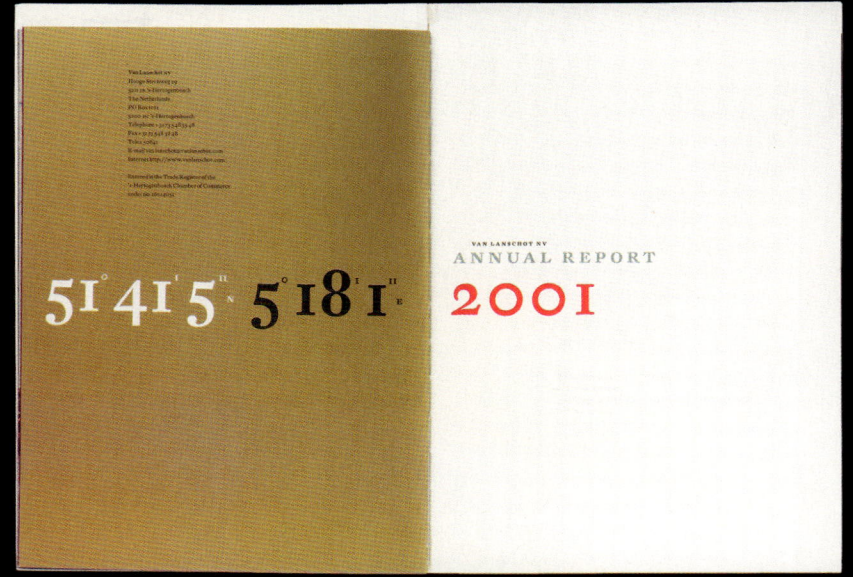

03 - - VAN LANSCHOT 2001 - - UNA (AMSTERDAM) DESIGNERS (NL)

40
YEARS OF SERVICE

ILLINOIS STATE TOLL HIGHWAY AUTHORITY 1993 ANNUAL REPORT

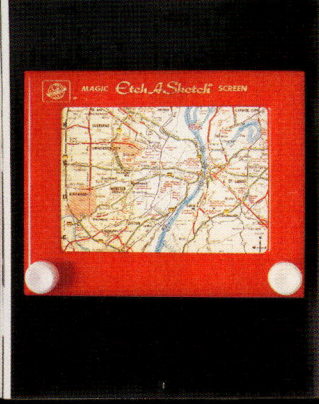

PLANNING

FROM THE DAY IT OPENED, THE TOLLWAY BEGAN
FULFILLING GROWING DEMAND FOR CONVENIENT
HIGHWAY TRANSPORTATION LINKING THE
COMMUNITIES OF NORTHEAST ILLINOIS.
IN 1993, THE AUTHORITY
CONTINUED TO PLAN FOR THE FUTURE.
WE RECEIVED APPROVAL FROM THE STATE
TO PURSUE FOUR NEW ROUTES THAT WOULD ADD
APPROXIMATELY MILES TO THE SYSTEM.

YIE LD

HIGH

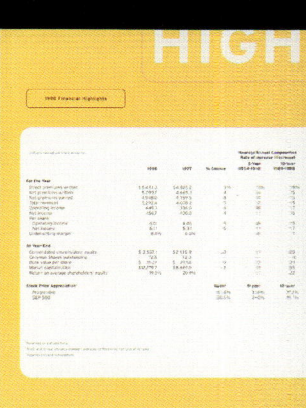

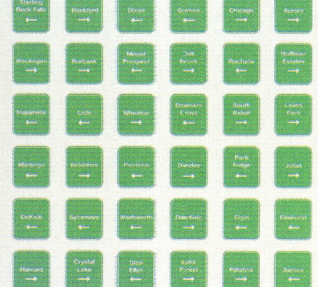

Where from Here?

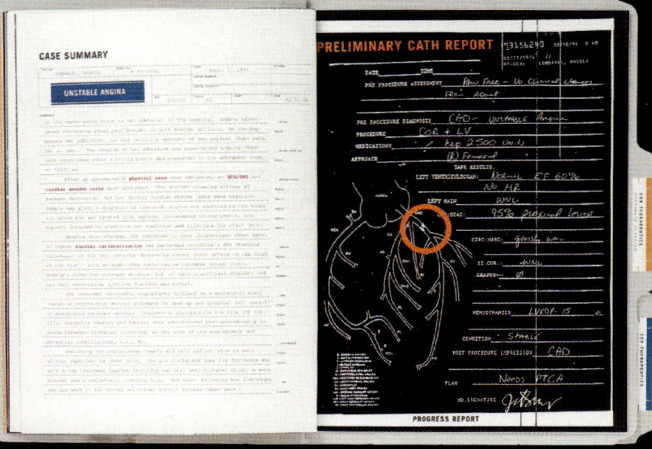

01 - -

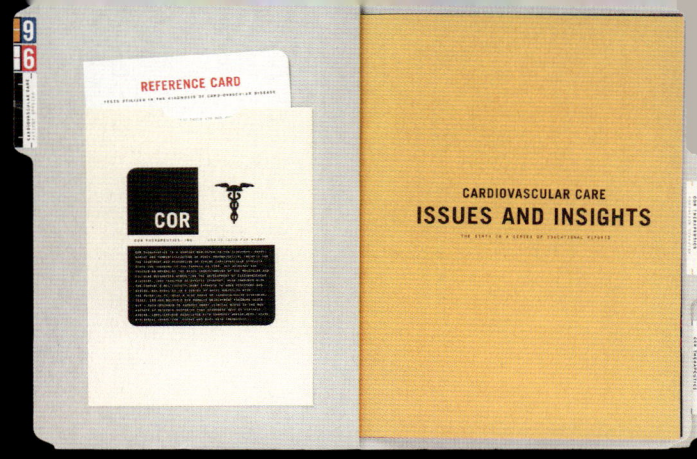

02 - -

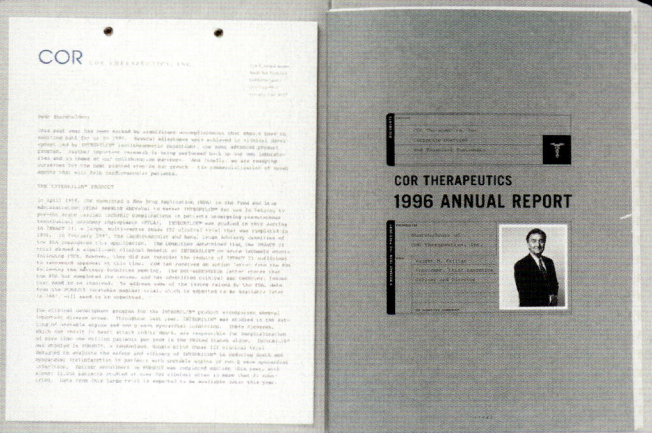

03 - -

04 - -

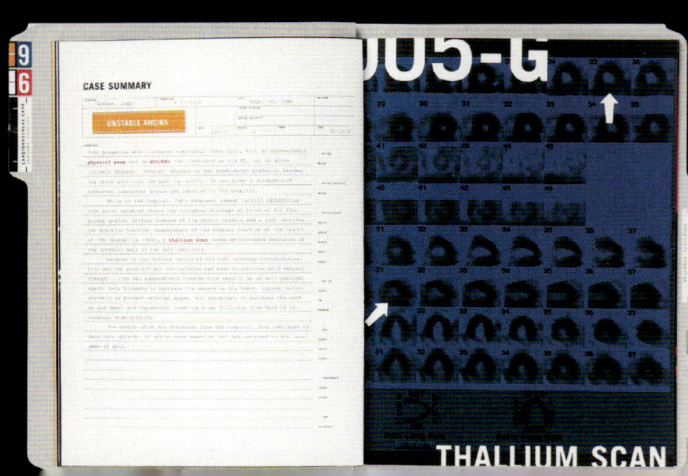

IMPORTANT

This document having been created by authority of the United States Securities and Exchange Commission, under the Rules and Regulations of that department, is hereby protected by the Criminal Laws applicable to tampering with, defacing, or destroying United States property. This coupon entitles the owner of this annual report access to the information included herein. Please provide the appropriate information in the blanks provided below. Once you have completed this form you may continue reading this report at your leisure.

Name
Street
City .... State
Country .... Zip Code

Signature of Owner .... Date
Signature of Owner .... Date

Urban Outfitters, Inc.

Annual Report

CELEBRATING **20** ANNIVERSARY
YEARS

Established in 1976
Philadelphia, Pennsylvania

Urban Outfitters, Inc. is a national merchandising company with two Retail Divisions - Urban Outfitters and Anthropologie and a Wholesale subsidiary. Urban Retail offers lifestyle merchandise to an upscale 18 to 30 year old target customer. There are currently twenty-five Urban retail stores in major metropolitan areas across the United States and Canada. Anthropologie is a newer retail concept aimed at an older suburban customer. There are currently eight stores in the Mid-Atlantic, Northeast, Chicago and Los Angeles areas. Wholesale designs, manufactures and sells women's and men's apparel under various labels. The wholesale line is sold throughout the United States, Europe and Canada to independent specialty stores and major department stores.

 1 9 9 7

IMPORTANT

This document having been created by authority of the United States Securities and Exchange Commission, under the Rules and Regulations of that department, is hereby protected by the Criminal Laws applicable to tampering with, defacing, or destroying United States property. This coupon entitles the owner of this annual report access to the information included herein. Please provide the appropriate information in the blanks provided below. Once you have completed this form you may continue reading this report at your leisure.

Name
Street
City .... State
Country .... Zip Code

Signature of Owner .... Date
Signature of Owner .... Date

Urban Outfitters, Inc.

Annual Report

CELEBRATING **20** ANNIVERSARY
YEARS

Established in 1976
Philadelphia, Pennsylvania

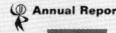

Urban Outfitters, Inc. is a national merchandising company with two Retail Divisions - Urban Outfitters and Anthropologie and a Wholesale subsidiary. Urban Retail offers lifestyle merchandise to an upscale 18 to 30 year old target customer. There are currently twenty-five Urban retail stores in major metropolitan areas across the United States and Canada. Anthropologie is a newer retail concept aimed at an older suburban customer. There are currently eight stores in the Mid-Atlantic, Northeast, Chicago and Los Angeles areas. Wholesale designs, manufactures and sells women's and men's apparel under various labels. The wholesale line is sold throughout the United States, Europe and Canada to independent specialty stores and major department stores.

 1 9 9 7

01 - -

02 - -

Kreditversicherungsgruppe

03 - - GERLING 2000 - - BERTSCH & BERTSCH (D)

Fortführung der Bildinhalte mit typografischen Mitteln.

VB
Bank & Öffentlichkeit ©°°°

Herausgeber: VVBS VEREINIGTE VOLKSBANKEN SAARBRÜCKEN - ST. INGBERT EG, KAISERSTRASSE 17-19, 66111 SAARBRÜCKEN | Redaktion: VVBS-MARKETINGABTEILUNG | Konzeption & Gestaltung: MAKSIMOVIC & PARTNERS | Fotografie: ANDY WAKEFORD, PATRICK BITTNER | Typografie: PATRICK BITTNER | Satz: SATZ & WEISS | Litho: ROCHUS SIEBERT | Druck: WESTPFÄLZISCHE VERLAGSDRUCKEREI GMBH, ST. INGBERT

DER AUFSICHTSRAT

Saarbrücken, im März 2000

Klaus J. Heller, Vorsitzender

Bericht des Aufsichtsrates Der Aufsichtsrat schließt sich dem Bericht des Vorstandes in allen Teilen an. Die nach Gesetz und Satzung gestellten Aufgaben wurden in den aus seiner Mitte gewählten Ausschüssen wahrgenommen. Der Aufsichtsrat hat den Jahresabschluss, den Lagebericht und den Vorschlag für die Verwendung des Jahresüberschusses geprüft und in Ordnung befunden. Der Vorschlag entspricht der Vorschrift der Satzung. Die gesetzliche Prüfung und die Prüfung des Jahresabschlusses wurden vom Saarländischen Genossenschaftsverband e.V., Saarbrücken, vorgenommen. Der uneingeschränkte Bestätigungsvermerk wurde erteilt. Außerdem hat der Prüfungsverband 1999 eine Depotprüfung durchgeführt, die keine Beanstandung ergab. Über das zusammengefasste Ergebnis der Prüfung wird in der Vertreterversammlung berichtet. Im Berichtsjahr hat sich der Aufsichtsrat über die Geschäftslage und Entwicklung, die Liquidität, die Ertragslage der Bank sowie über die wichtigsten Geschäftsvorgänge unterrichtet und gemeinsam mit dem Vorstand darüber eingehend beraten. Ferner hat sich der Aufsichtsrat

In 1999 vom Vorstand und den Mitgliedern des Kreditausschusses über die größeren Neukredite informieren lassen. Bei den Beratungen ergaben sich keine Beanstandungen. Die nach Gesetz und Satzung notwendigen Beschlüsse wurden gefasst und protokolliert. Weiterhin hat sich der Aufsichtsrat gemeinsam mit dem Vorstand mit grundsätzlichen Fragen der aktuellen und künftigen Geschäftspolitik und den Rahmenbedingungen ausführlich auseinandergesetzt. Aus dem Aufsichtsrat scheiden turnusgemäß die Herren Rolf Schneider, Diplom-Finanzwirt, Geschäftsführer-Firma Ersatzteam Automobile GmbH und Oskar Schneider, geschäftsführender Gesellschafter der Oskar Schneider GmbH aus. Die Wiederwahl von Herrn Rolf Schneider, die von der Verwaltung empfohlen wird, ist zulässig. Mit Erreichen der satzungsgemäßen Altersgrenze scheidet Herr Oskar Schneider mit Ablauf der Vertreterversammlung 2000 aus dem Aufsichtsgremium der Bank aus. Herr Schneider gehörte seit 1982 dem Aufsichtsrat an. Seine vielseitigen Kenntnisse und Erfahrungen sind der Tätigkeit des Aufsichtsrates und somit der Bank sehr zugute gekommen. Der Aufsichtsrat dankt Herrn Oskar Schneider für seine sachlich fundierte, von großem persönlichen Engagement getragene ehrenamtliche Mitarbeit im Interesse unserer Bank. Wir wünschen Herrn Oskar Schneider alles Gute, vor allem beste Gesundheit. Dem Vorstand der Bank sprechen wir für die erfolgreiche Geschäftsführung in 1999 und den Mitarbeitern für ihren Einsatz unseren Dank und unsere Anerkennung aus. ❖

c)
218

c)
219

As
things
get
opportunities
get
bigger

KONZERN-GEWINN-UND-VERLUSTRECHNUNG

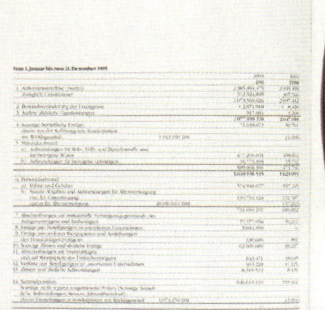

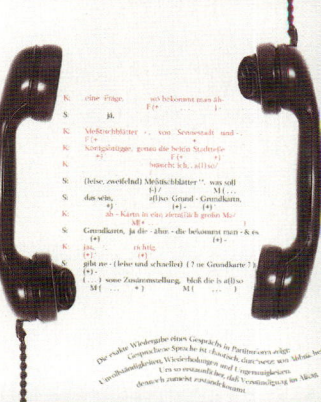

BUSINESS – k – 06.5*

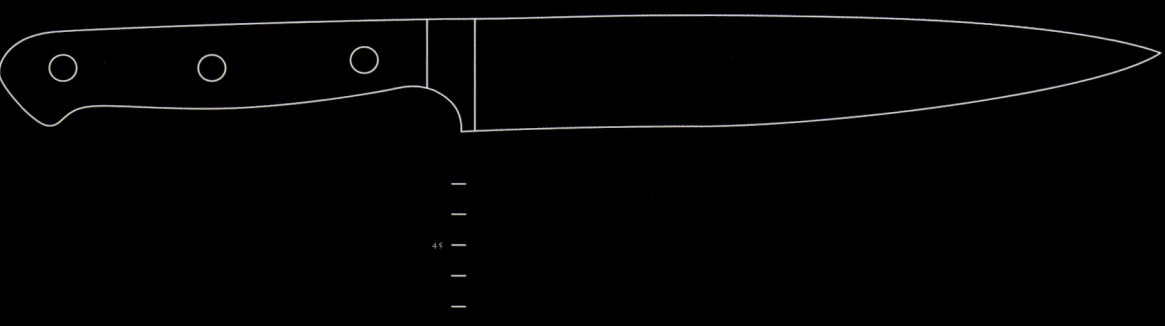

DENN SIE WISSEN, WAS SIE TUN

*ZEIG WAS DU HAST

EIN SO NAHE LIEGENDES THEMA wie die Zahlenwelt des Berichts ist die Unternehmenstätigkeit als Grundlage der Zahlen. Die meisten Reports finden hier ihre Story. Viele Unternehmen kämen überhaupt nicht auf den Gedanken, dass der Bericht etwas anderes zeigen könnte als die jeweilige Produkt- und Dienstleistungswelt. Nun sind Computer, Konservendosen und Kernspintomographen nicht immer sexy, genauso wenig wie Gebäudebrandversicherungen, Mautsysteme und Pipelinewartungsarbeiten. Trotzdem dient der Report vor allem der Partnervermittlung mit dem Ziel, sich mit den vorgestellten Produkten und Tätigkeiten einzulassen. Wer zeigen will, was er hat, darf kein Langweiler sein: Damit es nicht nur zu flüchtigen Beziehungen, sondern zu einer dauerhaften Liaison mit der Aktie kommt, liegt viel daran, wie gut der Bericht flirten kann. Erfolgreiche Liebhaber schwören dabei auf eine Mischung aus attraktivem Äußeren (Bsp. S. 225), verbaler Intelligenz (Bsp. S. 229) und Humor (Bsp. S. 226, 235). Dabei darf die Schönheit sowohl im Großen und Ganzen (Bsp. S. 232 f.) als auch im Detail stecken (Bsp. S. 222 ff.). Dass sich auch vorzeigbare ältere Herrschaften berechtigte Hoffnungen machen dürfen, beweisen die Reports auf S. 236 ff. – verfügen sie doch nicht nur über eine interessante Geschichte, sondern auch über Stil.

PETER M. TISHKOWKA // ERFINDER (1822-1895):
ERFAND 1867 DIE SCHREIBMASCHINE UND BAUTE HOLZMODELLE, DIE ER DEM KAISER VERKAUFTE.

PHILO REMINGTON // MARKTBEREITER (1816-1889):
ERKANNTE DAS POTENZIAL DER TECHNOLOGIE FÜR DEN MASSENMARKT UND BAUTE SCHREIBMASCHINEN AUS STAHL
IN GROSSSERIE.

SCHREIBMASCHINE //

| 1867 | 4 stk. // je 200 Gulden |
| 1924 | 340.000 stk. // je 75 US $ |

4MBO //
4M VERMARKTETE BEREITS VOR JAHREN SCHREIBMASCHINEN IM SUPERMARKT. IM JAHR
2000 VERKAUFTE 4MBO 320.000 AKTENVERNICHTER IN HANDELS- UND FACHMARKTKETTEN

HANDEL IM HANDEL
MARKTANTEILE DER HANDELS- UND FACHMARKTKETTEN

Handels- und Fachmarktketten (4MBO-Partner)

19%   58%

62%   23%   19%   19%
Fachgeschäfte   Warenhäuser

VLED-MIR KOSMA ZWORYKIN // ERFINDER (1889-1982):
ERFAND 1924 DEN ERSTEN BRAUCHBAREN ELEKTRONISCHEN BILDABTASTER, DIE IKONOSKOPRÖHRE.

LOEWE, BLAUPUNKT, TELEFUNKEN U.A. // MARKTBEREITER:
ERKANNTEN DAS POTENZIAL DER BIS 1939 ENTWICKELTEN FERNSEH-TECHNOLOGIE UND BAUTEN ANFANG DER FÜNFZIGER
JAHRE DIE ERSTEN GERÄTE FÜR DIE BREITE BEVÖLKERUNGSSCHICHT.

FERNSEHER //

| 1952 | 600 stk. // je 1.800 DM |
| 1955 | 100.000 stk. // je 698 DM |

4MBO //
WIRD IM JAHR 2001 FLACHBILDSCHIRME FÜR UNTER 1.000 DM VERMARKTEN.
1999 LAG DAS PREISNIVEAU IM DURCHSCHNITT NOCH ÜBER 2.000 DM.

DATENTECHNIK IM AUFWIND
WACHSTUM DES EUROPÄISCHEN PC-ENDKUNDENMARKTES (VERBRAUCHERZAHL)

142.000.000

197.000.000

Historische Produktbeispiele erläutern das Geschäftsmodell eines Niedrigpreis-High-Tech-Anbieters.

DEL MONTE: CREATIVE
SOLUTIONS FOR BUSY
LIFESTYLES

01 - -

HUNGRY?

02 - -

03 - -

04 - -

WOW

05 - -

GLASS

PLASTIC

06 - -

SPICED HALVES
FLAVORFUL
SELECT CUT
MIXED
SEASONED ZESTY
SLICED STEWED
DICED FLAVORED

07 - -

WHAT'S FOR DESSERT?

09 - -

10 - -

11 - -

12 - -

13 - -

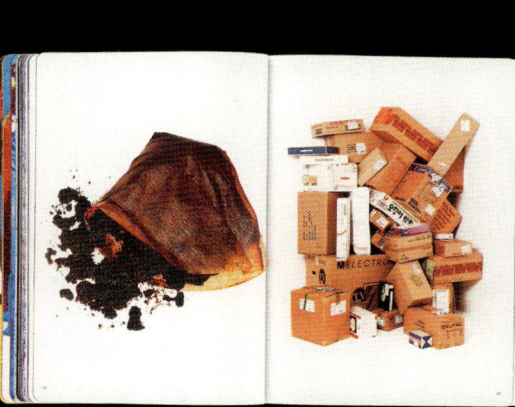

14 - -

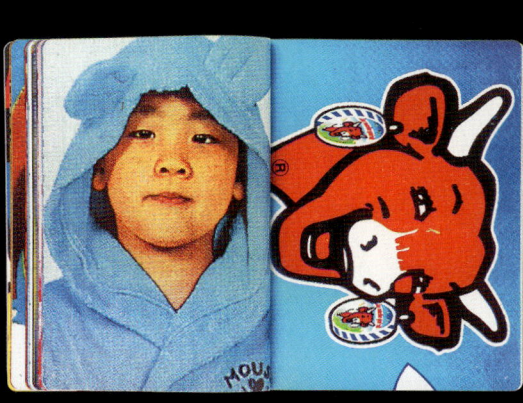

15 - -

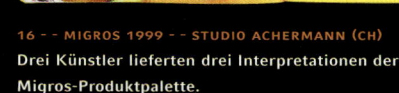

16 - - MIGROS 1999 - - STUDIO ACHERMANN (CH)

Drei Künstler lieferten drei Interpretationen der
Migros-Produktpalette.

TRADING

The Crafts Council Shops at the Victoria and Albert Museum and in our own Gallery sell a wide range of objects by makers selected by the Crafts Council, and have their own programme of changing displays throughout the year (listed on page 37-38). The Gallery Shop also has a large stock of specialist craft books and operates a mail order service as well as handling gallery exhibition sales.

Sales for both shops reached £507,179, an increase of 14%

Work from 15 recipients of Setting Up grants has been stocked

9 showcase displays presented in the shop at the Victoria & Albert Museum and 6 in the Gallery Shop

The Christmas display at the Shop at the Victoria & Albert Museum sold 246 objects, a record

Selling exhibition of British Ceramics and Glass was organised for the Works Gallery, Philadelphia

EXHIBITIONS & THE COLLECTION

The objectives of this section are to provide a programme of exhibitions and displays of national importance in the crafts with related publications and events. These exhibitions are for display in the Council's own gallery, to tour within Britain, and, when appropriate, abroad. The section also advises exhibition organisers nationally and aims to ensure that good exhibitions mounted by other organisations are seen around the country. The section manages the Council's National Collection of Crafts, administering loans and purchases and organising regular small-scale touring displays drawn from the collection. Details of exhibitions and of objects purchased, are given on pages 36-38

The third Jerwood Foundation Prize for Applied Arts was awarded for textiles and won by Caroline Broadhead. The work of the finalists was exhibited in the gallery

47,592 visitors saw the Council's exhibitions in London and 173,957 visited its touring exhibitions around the country

Six new exhibitions were organised, including one from the Collection, "It's Transparent!", an exhibition of glass

"Bernard Leach – Potter and Artist" became the third most popular exhibition ever to be shown at the Crafts Council, and attracted a higher proportion of older visitors than usual

The catalogue to the exhibition "Bernard Leach – Potter and Artist" set a new sales record

Visits to 69 tour venues, museums and galleries were made, establishing and reinforcing contacts and relationships with venues throughout the country

The number of touring venues increased to 29 from 17 last year

From one exhibition to Triennale '97 Munich, two out of seven makers won awarded prizes

New acquisitions from the Collection could be seen on display in the showcases in the newly opened Lecture Hall

25 pieces were purchased for the Collection from 17 makers

05 - -

Die beste Idee braucht
die beste Qualität.
Ausgewählte Materialien,
sorgfältige Verarbeitung
und legendäre Passform
– erst dann wird aus
einem kreativen Einfall
ESCADA.

LINGERIE

Als ganz besonders reizvolles
Accessoire präsentiert sich
die neue Lingerie Kollektion.
Natürlich ist sie très ESCADA.
Mit Jacquards und exklusiver
Spitze, mit Swarovski Kristallen
und Samtdevorées sowie ex-
klusiven Drucken. Wo ESCADA
bis jetzt aufhörte, fängt das
ESCADA Feeling erst richtig an.

Der Bericht zeigt die Vorteile des Internethandels anhand deplatzierter Cancom-Produkte in klassischen Handelsumgebungen.
Damit nicht genug: Der Titel nimmt das Thema »Handeln im Netz« ganz wörtlich.

01 - -

02 - -

BEI NOVODROM KAUFT MAN NICHT IN __ DER PLASTIKTÜTE __ SONDERN IM INTERNET

03 - -

CANCOM SETZT NICHT AUF DIE RIESEN-HAUSHALTSPACKUNG __ ZUM JUBILÄUMSPREIS __ SONDERN AUF SERVICE

04 - -

CANCOM GIBT ES WEDER MIT SENF, KETCHUP NOCHMAYONNAISE __ SONDERN MIT BERATUNG

FF-ECOMMERCE SORGT DAFÜR, DASS DIE FIRMA __ NICHT GELIEFERT IST __ SONDERN DIE WARE

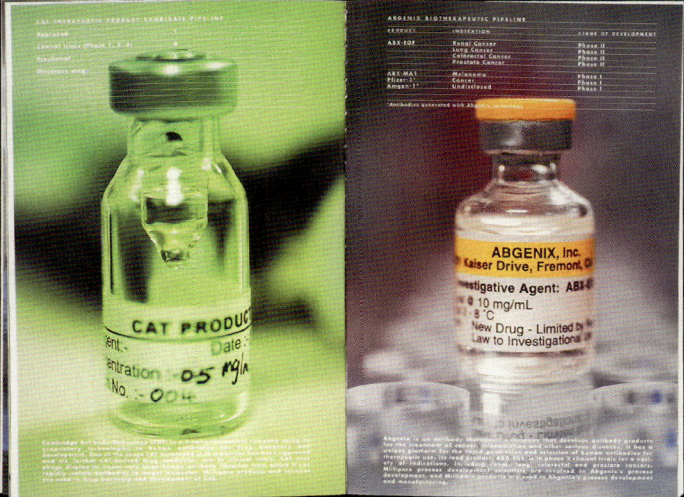
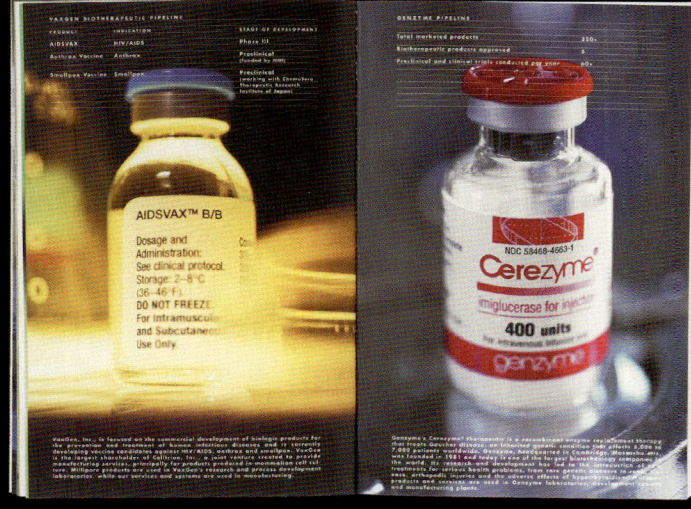

07 - - MILLIPORE 2002 - - WEYMOUTH DESIGN (USA)

08 - - MILLIPORE 2002 - - WEYMOUTH DESIGN (USA)

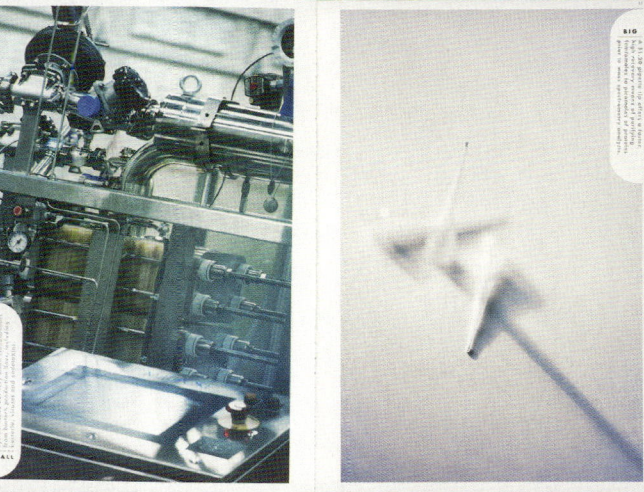
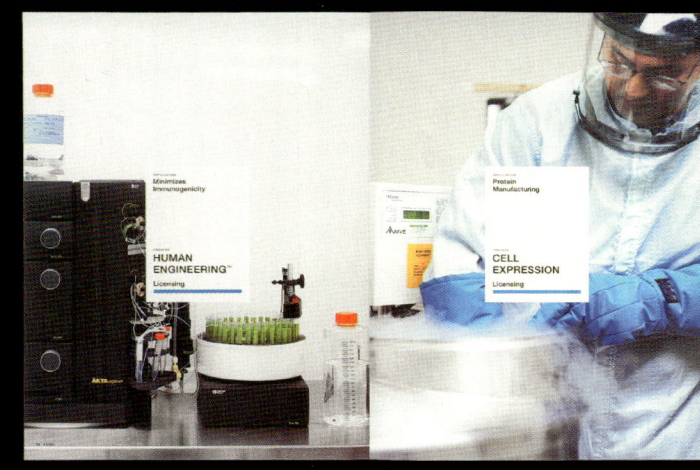

09 - - MILLIPORE 2001 - - WEYMOUTH DESIGN (USA)

10 - - XOMA 2001 - - HOWRY DESIGN ASSOCIATES (USA)

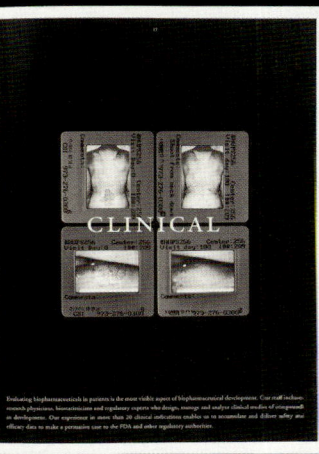

11 - - XOMA 2002 - - HOWRY DESIGN ASSOCIATES (USA)

12 - - XOMA 2002 - - HOWRY DESIGN ASSOCIATES (USA)

SUPER IM MARKT

4MBO INTERNATIONAL ELECTRONIC AG

Griffiger Bericht:
Die Kunden des Supermarkt-Zulieferers spielen die tragende Rolle im 4MBO-Report 2002.

PLUSpunkt
MULTIMEDIALE AUSSTATTUNGSHIGHLIGHTS IM VOLKS-PC.

EXTRAklasse
ÜBER 100 PROZENT WACHSTUM IM MARKT FÜR DIGITALE KAMERAS.

06 - -

SPAReffekt
GROSSE STÜCKZAHLEN ZUM KLEINEN PREIS:
ERFOLG IM NON-FOOD-BEREICH.

NORMAlität
IMMER KÜRZERE PRODUKTLEBENSZYKLEN
BESCHLEUNIGEN DIE NACHFRAGE NACH INNOVATIONEN.

07 - -

4MBO AG // PLOCHINGEN

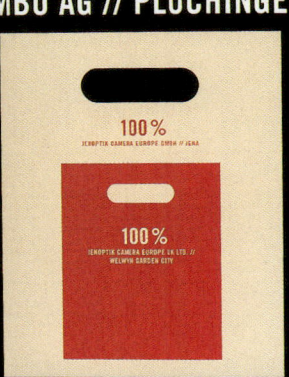

100 %
JENOPTIK CAMERA EUROPE GMBH // JENA

100 %
JENOPTIK CAMERA EUROPE UK LTD. //
WELWYN GARDEN CITY

LAGEBERICHT DES 4MBO-KONZERNS

// GESCHÄFTSJAHR 2002

Leading the convergence wave
Samsung design philosophy is a central reason
why the company is well-positioned to lead the new
Digital Convergence Revolution. Clearly, the company's
technological expertise and global reach are also
important factors, as is the commitment and the
passion of our people. But perhaps most significant is
Samsung's commitment to design simplicity that aims
to provide "Digital Freedom" for everyone. Samsung
believes that the digital revolution now unfolding
should not benefit only the few it should benefit all.
In a true democratic spirit, Samsung is leading a
"DigitAll" movement that is not simply aimed at those
people already steeped in technology. Instead, we
see this as a new frontier that is open to all consumers,
from all generations, in all walks of life, performing all
kinds of practical everyday functions.

LCD TV With a 40" LCD screen, the largest LCD screen
TV in the world, this TV delivers perfect pictures thanks to
high brightness and contrast ratio, as well as Ultra
SpectraⓇ sound. It brings the experience of the silver
screen to a living room.

23

as the latest industry growth cycle unfolds,
new products and continued specialization
drove Esterline's record year and set the
stage for continued strength in fiscal 1998

keys   ¹ strong OEM markets   ² capacity expansion   ³ strategic acquisitions

a e r o s p a c e
INDUSTRY

products
cable harnesses
clamps
control grips
control switches + indicators
fire barrier seals
grommets
line supports
specialty coatings
temperature + pressure sensors

plots + subject ⁰⁰ 1

*Esterline companies account
for more than 6,000 different
parts and components on most
commercial aircraft*

»Fernbahnhof Flughafen Düsseldorf«

»Rheinquerung Ilverich, Meerbusch bei Düsseldorf«

»ICE Neubaustrecke Köln - Rhein / Main, Wandersmanntunnel«

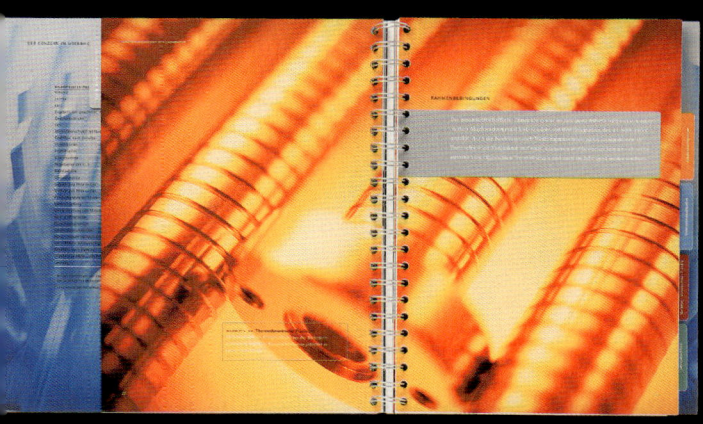

WELTGEWANDT ZIELORIENTIERT ANTRIEBSSTARK

ERFINDERISCH STREBSAM SCHARFSINNIG

01 - -

02 - -

03 - - MACQUARIE INFRASTRUCTURE 2001 - - EMERY VINCENT DESIGN (AUS)

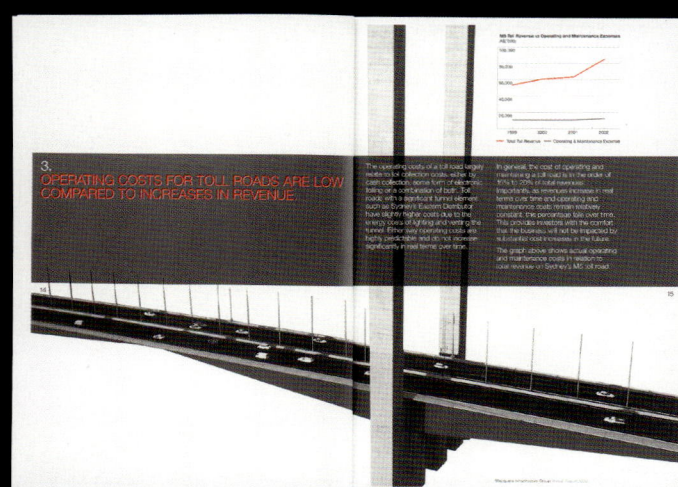

04 - -

05 - -

06 - - MACQUARIE INFRASTRUCTURE 2002 - - EMERY VINCENT DESIGN (AUS)

Und es geht doch: So schön können Mautsysteme sein, wenn sie funktionieren.

2
REVIEW OF OPERATING COMPANY ACTIVITY

Wanjungpower station Welparai Leighton Asia

3
FINANCIAL REPORT

ABK Lea Johan coal mine, East Kalimantan, Indonesia Leighton Asia

HIGHLIGHTS
OUR STRATEGY OF DIVERSIFICATION BY PRODUCTS, GEOGRAPHY AND DELIVERY SYSTEMS CONTINUES TO YIELD SUCCESS

– OPERATING PROFIT BEFORE TAX UP 15% TO $227 MILLION
– OPERATING PROFIT AFTER TAX UP 8% TO $169 MILLION
– EXCELLENT RETURN ON AVERAGE SHAREHOLDERS FUNDS OF 22%
– DIVIDEND UP BY 8% TO 42 CENTS PER SHARE
– BALANCE SHEET REMAINS SOUND WITH $524 MILLION OF NET CASH
– TOTAL SHAREHOLDER RETURN OF 789% OVER LAST 10 YEARS
– OVER $1 BILLION OF NEW WORK WON SINCE YEAR END
– RECORD WORK IN HAND TO DELIVER INCREASED REVENUE
– UNDERLYING PERFORMANCE OF OPERATIONS REMAINS STRONG

Amcor wiredustling facility South Australia Leighton Contractors

RESOURCES INFRASTRUCTURE

Australia has been endowed with vast reserves of minerals and energy resources that have been fundamental to the development of the nation. Historically these natural resources have been dug up and shipped overseas for value added processing and then imported back as manufactured goods.

Today however, the economic landscape in Australia has changed and we expect to see significant growth in the provision of resources-related infrastructure. Australia has a competitive exchange rate, which makes its exports internationally competitive and a reformed taxation system, which is more attractive to business. In addition, cheap energy supply is making downstream minerals processing economically viable.

This positive environment is leading to a surge in capital spending. New minerals and energy projects are being developed or are under consideration and a number include substantial value adding to refine and process resources.

One of the best examples is the North West Shelf liquefied natural gas project which, with the recent signing of a $25 billion contract to supply China, makes it one of the largest gas suppliers in the world. The North West Shelf partners are currently building a fourth 'train', or processing plant, at a cost of $1.6 billion and expect that a fifth train may be required in the future. Over the years, the Leighton Group has carried out millions of dollars worth of work on the North West Shelf and both Thiess and John Holland are currently undertaking civil works on the fourth train.

The development of Australia's oil and gas reserves, and production of cheap energy, should lead to the development of other industries. The Plenty River Corporation is proposing to develop a $1 billion world

scale ammonia/urea production facility and, if the project proceeds, Thiess will be a joint engineering, procurement and construction (EPC) contractor for the project.

Mineral processing technology, developed in Australia by the CSIRO, has led to the development of a new industry to produce magnesium. Magnesium is one-third lighter than aluminium and has the capacity to revolutionise the production of motor vehicles by reducing fuel consumption. Australian Magnesium Corporation is developing the largest magnesium smelter in the world at Rockhampton in Queensland, and has recently appointed Leighton Contractors for the role of EPC contractor on this $1 billion development.

Traditionally the development of large scale resources infrastructure projects has been the preserve of a few international contractors. However, Group companies are using their extensive project management expertise and track record in the resources sector to secure lead roles in these projects.

Thiess is designing and constructing new calciners at QAL's Gladstone alumina refinery in Queensland while John Holland undertook much of the construction and pre-commissioning of the Townsville Zinc Refinery in Queensland. Thiess has developed a significant amount of coal processing infrastructure in recent years and has a joint venture arrangement with Sedgman, a coal handling and preparation plant specialist, to boost their presence in this market. John Holland have also made a strategic return to the resources market, constructing coal-mining infrastructure at two BHP Billiton mines.

Looking forward, Australia is well placed to prosper from its resources, especially as it develops its processing capabilities. Further investment in the development of Australia's resources also stands to benefit the Group, as it furthers its penetration of the resources sector.

South Wallon Creek coal mine train loading facility Queensland John Holland

Artist's impression of Australian Magnesium Corporation's Norwich magnesium plant Leighton Contractors

QAL Gladstone stationary calciner plant Queensland Thiess

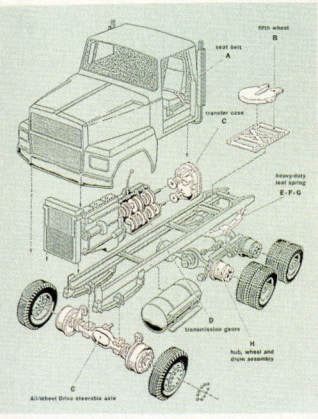

fifth wheel — B
seat belt — A
transfer case — C
heavy-duty leaf spring — E-F-G
transmission gears — D
hub, wheel and drum assembly — H
All-wheel Drive steerable axle

Automotive Products Several member companies manufacture products for the transportation industry. Among them are (A) AM-SAFE, INC., (B) FONTAINE FIFTH WHEEL, CO., (C) MARMON-HERRINGTON CO., (D) PERFECTION HY-TEST CO., (E) TRIANGLE AUTO SPRING CO., (F) CANADIAN SPRING OPERATIONS LTD., (G) DETROIT STEEL PRODUCTS CO., INC. and (H) WEBB WHEEL PRODUCTS, INC.

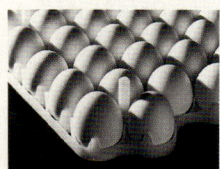
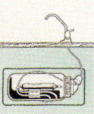

ECOWATER SYSTEMS, INC. Water Conditioning The world's largest manufacturer of residential water treatment systems, EcoWater Systems has manufactured water softeners since 1925. The reverse osmosis drinking water system (pictured here) fits conveniently under the sink and provides great-tasting, high-quality water.

JAMESWAY INCUBATOR COMPANY LTD. Incubators and Hatchers Jamesway manufactures incubators and hatching equipment for hatcheries around the world. Chicken, duck or turkey eggs are placed in an incubator for 18 days, then transferred to a hatcher for three days, where the animals emerge from their eggs. A Jamesway system can hold up to 105,000 eggs at one time.

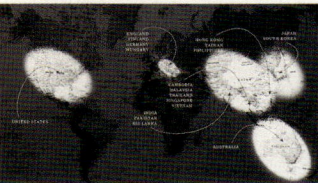

GETZ BROS. & CO., INC. International Marketing The nation's largest non-commodity export marketing and distribution company, Getz Bros. operates in more than 20 countries on four continents. The company markets agricultural products, biomedical products, industrial/technical products, consumer goods and commercial interiors through a variety of distribution channels.

01

ALBION INDUSTRIES, INC., COLSON CASTER CORP., SHEPHERD PRODUCTS U.S INC. Casters Three member companies manufacture casters and wheels. Albion (picture C) manufactures a diverse line of industrial casters and wheels. Colson (picture B) manufactures 55,000 different casters, wheels and rubber bumpers for institutional, industrial, and commercial equipment. Shepherd (picture A) manufactures casters for home and office furniture, office chairs, appliance and more.

PROCOR SULPHUR SERVICES INC. Sulphur Processing Headquartered in sulphur-rich Alberta, Canada, Procor Sulphur Services specializes in building and operating facilities that handle all types of elemental sulphur — solid and liquid. Stable if undisturbed, sulphur can combine into a highly corrosive dust that is hazardous to all who handle it. Procor's OX Granulation Process enlarges sulphur particles, then dries them until hard so they don't readily burn to dust.

32.064
S
16
2-8-6

SULPHUR: A yellow, odorless, nonmetallic element that in nature may occur free or in metallic compounds. It is chemically active, burns with a blue flame and resembles oxygen in its chemical properties. Atomic weight, 32.064; symbol, S; atomic number, 16; electron structure, 2-8-6.

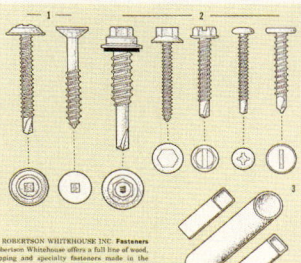
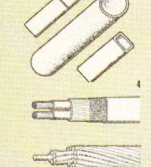

1   2   3   4

(1) **ROBERTSON WHITEHOUSE INC. Fasteners** Robertson Whitehouse offers a full line of wood, tapping and specialty fasteners made in the square recess drive and Lo-Root thread form.

(2) **ATLAS BOLT & SCREW COMPANY Fasteners** Atlas manufactures a wide range of steel, stainless steel and aluminum fasteners for metal buildings, rigid board roof insulation, automotive products, appliance and electrical equipment.

(3) **MARMON/KEYSTONE CORP. Pipe and Tube** Founded in 1907, Marmon/Keystone is the largest specialty tubular products distributor in the United States and Canada. Through its 23 locations, the company distributes more than 9,000 different sizes and grades of pipe and tube made from carbon steel, aluminum, stainless steel, nickel alloy and chrome bar.

(4) **CERRO WIRE & CABLE CO. Building Wire** Cerro Wire & Cable manufactures the full line of wire and is the leader in the construction of residential, commercial and industrial buildings. Copper conductor is solid or stranded, insulated and then constructed to meet building requirements.

02

WELLS LAMONT Gloves The world's leading manufacturer of work gloves. Wells Lamont has been making quality hand protection since 1907. The White Mule brand name (pictured here) is one of Wells Lamont's most popular and rugged styles. It requires nine different sewing operations and about 30 different pieces of leather to make one pair of White Mules. Wells Lamont also manufactures gloves for gardening, skiing, sports, casual winter wear and produces several new items for the medical profession that offer protection to patients and healthcare professionals.

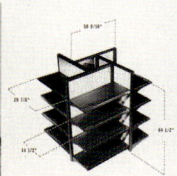

KANGOL LIMITED Headwear The largest quality hat manufacturer for men and women in Europe. Kangol's headwear is known — and worn — throughout the world. Kangol products, including the 'ladies' crusher hat pictured here, are sold through better department stores and menswear and ladieswear shops.

L.A. DARLING COMPANY Store Fixtures L.A. Darling is one of the leading designers and manufacturers of metal, wood and wire store fixtures for general merchandise discount, specialty and department stores in the U.S. and internationally. The four-sided metal shelf system (above) is used as a freestanding unit in discount stores.

(1)   (2)   (3)   (4)

TRANS UNION CORPORATION The Role of Credit Bureaus North America's leading credit information services company, Trans Union maintains the largest database of consumer credit information in the U.S., Puerto Rico, the U.S. Virgin Islands and Canada. Trans Union is also expanding outside North America.

(1) An individual applies for credit from a credit grantor who forwards the application to a credit bureau. (2) The credit bureau enters the information into a database that has an individual's credit history, which is gathered from banks, stores, financial companies and the public domain. (3) This information is compiled in the form of a credit report that is updated regularly. (4) Credit grantors use this information to help them make proper credit granting decisions.

WD-40 BRANDS
2000 Form ...
Growing a Successful Company.
An Owner's Manual

Save this 2000 Annual Report for Future Reference.

WD-40 Company

Once a successful brand has been identified, a plan must be put in place to incorporate it into the existing brand family. An important consideration is how the new brand will relate to the existing brands. Are their applications similar? Do they complement one another? What about the methods and channels of their distribution? There are many other factors to consider as well. Successful acquisition is more of a science than art—it demands careful analysis.

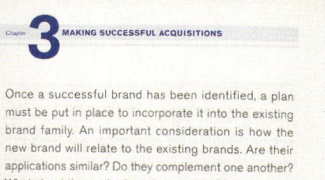

A Core brand
B Complementary product
C Acquisition process
D Acquisition criteria
E Maximizing untapped potential

E WD-40 Company's newest acquisition, Solvol, is a valuable addition to the brand family.

Each brand must complement the other, creating a whole that is greater than the sum of its parts. The brands in the family must be more alike than different, yet different enough to maintain a distinct value proposition.

A Awareness
B Loyalty
C Reach
D Versatility

Chapter **2** COMPONENTS OF A SUCCESSFUL BRAND

There are many components of a successful brand, but four that are essential. These four components—awareness, loyalty, reach, and versatility—must be present to ensure a brand's long-term success in the marketplace. Only brands that have these components achieve widespread acceptance and popularity and stand the test of time. They are the cornerstones of brand dominance and ubiquity.

WD-40 Brands On The Go

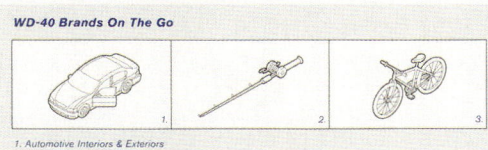

1. Automotive Interiors & Exteriors
2. Fishing Rods & Reels
3. Bicycles & Other Recreational Items

Wherever and whenever people are on the go, chances are they take WD-40 products along with them. WD-40, 3-IN-ONE and Lava have a multitude of uses on boats, trailers, motorcycles, and trucks—for lubrication, cleaning, and protection against the elements, indoors and out.

01 - -

02 - -

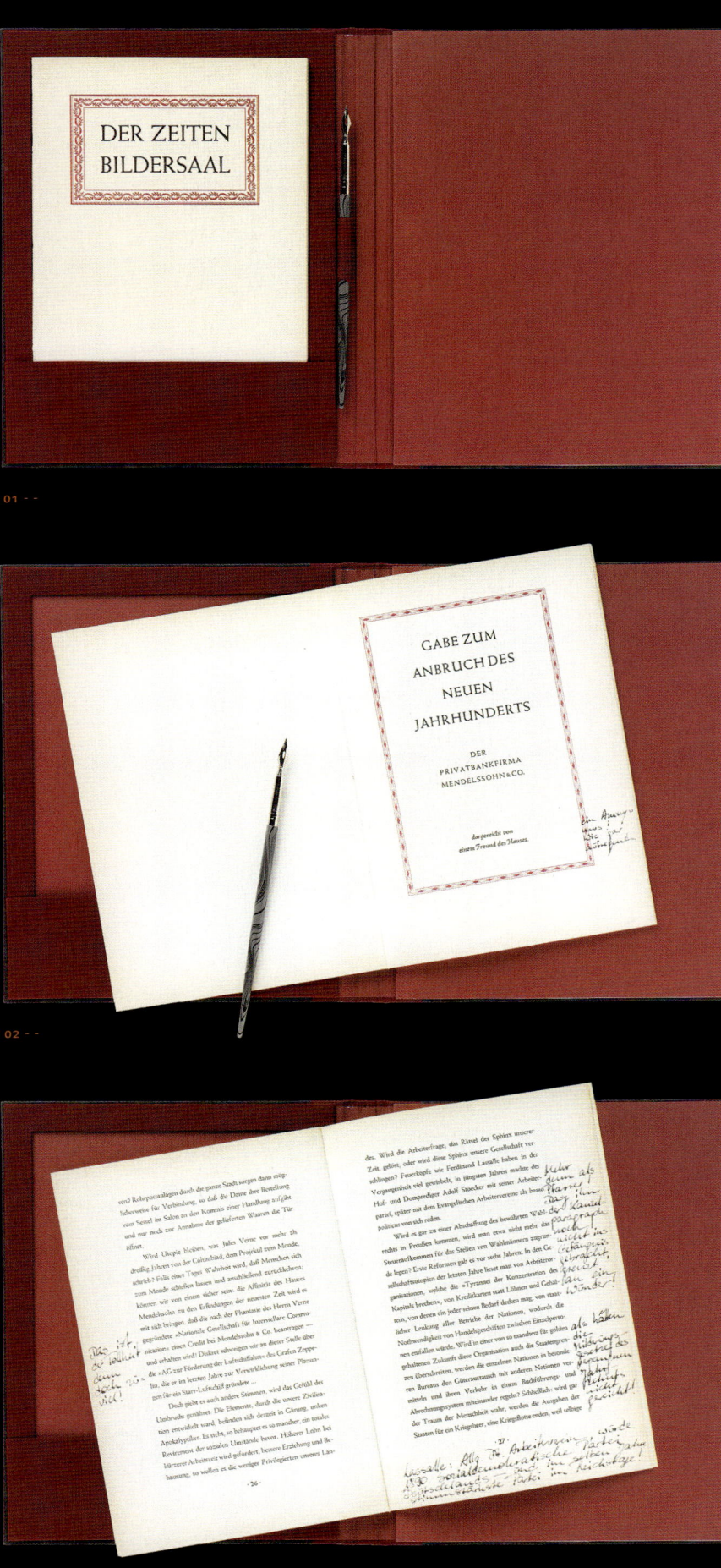

Im Umschlag des Berichts ist eine Broschüre mit handschriftlichen Randbemerkungen eingebettet
– den Federhalter gibt es gleich dazu.

Land Colony

THE STORY OF LINCOLN BEGINS WITH A TOUCH OF IRONY. WE LIVE IN A CITY THAT SHARES THE NAME OF ONE OF OUR NATION'S MOST NOBLE LEADERS. YET,

THE NAME LINCOLN WAS NOT BESTOWED IN 1867 TO HONOR HIM OR US. AT THE TIME, WE HAD BEFORE US TWO CANDIDATES TO BE THE CAPITAL OF NEBRASKA, OMAHA AND LANCASTER. OMAHA HAD ALREADY MADE

A NAME FOR ITSELF. LANCASTER WAS A VILLAGE OF THIRTY PEOPLE BY A SALT FLAT. TWO YEARS AFTER HIS ASSASSINATION, PRESIDENT LINCOLN (A REPUBLICAN) WAS NOT POPULAR WITH NEBRASKA DEMOCRATS, THE MAJORITY OF WHOM DEEMED THE STATE CAPITAL SHOULD BE SOUTH OF THE PLATTE RIVER.

SENATOR Patrick from Douglas County

---

toward none and charity for all." How ironic.

But what of the word itself, separate from the man. The name Lincoln is ancient and honorable, the name of an English county which retained the name from early Roman settlements in the region. So the word *Lincoln* was a place before it was a person. The ancestry of the word includes the term "*Lind-colonia*" translated as Land-Colony.

And that is what the village of Lancaster has become—a land colony. We are a place, but a place with a name that has drawn honor unto itself.

I AM FOR *those* means *which will* GIVE *the greatest* GOOD *to the greatest* NUMBER.

—Speech to Germans Cincinnati, 1861

IN the intervening 125 years, we've done rather well. Lincoln shows up on every list of our nation's most livable cities. We are pleased, almost rhapsodic, when we think of our city. And why? Well, it has to be the people, not the gifts of nature. (Though there are those for whom crystal blue skies, safety of home and family and a somewhat slower pace of life mean a great deal.) Denver is what it is because of nearby mountains, Chicago has the lake, San Francisco the bay, and sunbelt cities the climate. If, indeed, the biggest resource of our Land-Colony is our people, we must nurture them—every one. That was easier with thirty souls gathered by the salt flats than our present 200,000. No one knows for sure what the future holds for us, but we know that we are no longer a large village. We are an American city with all the lovely advantages and sticky problems that accompany it.

GROWTH brings guaranteed improvements. The symphony sounds better, restaurants pop up in various styles, the school curriculum is wider and deeper, volume and competition is good for shoppers

Although Abraham Lincoln never set foot in Nebraska, and although we avoided being "Capital City" only by a humorous fluke, we must consider the challenge endemic in our name.

and in a hundred ways, the menu of our life is enhanced. Yet, the list of disadvantages swells as well. Everything used to be only a few minutes away. Now it's further, and when you get there, the parking is full. There seems to be some magic size in U.S. cities where you must have crime statistics, urban stress and the annoyance of density. The urban sociologists speak of a condition called "*sympathy fatigue*." For example, no one in Chicago reads all the obituaries and personal disasters in the papers. What happens to others

ABRAHAM LINCOLN SIGNED LEGISLATION IN 1862 WHICH CHARTERED THE UNION PACIFIC RAILROAD COMPANY TO BUILD A RAILROAD TO THE PACIFIC OCEAN.

A $8,000 GRANT FROM THE LINCOLN FOUNDATION WENT TO THE LOWER PLATTE SOUTH NATURAL RESOURCES DISTRICT FOR THE DEVELOPMENT OF THE MOPAC-EAST RECREATION TRAIL.

01 - -

02 - -

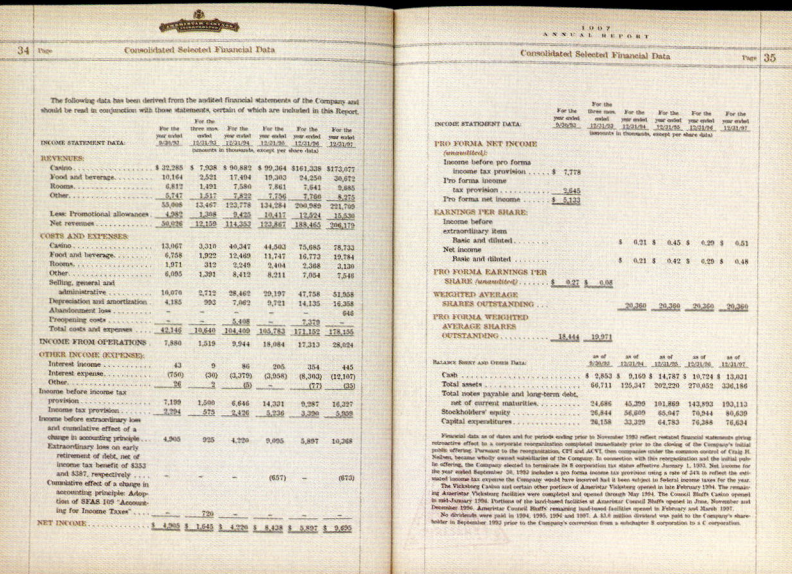

AMISTAR CASINOS 1997 - - ELEVEN INC. (USA)

Aufgedruckter Gilb, ein Umschlag in Felloptik und Samt-Haptik beschwören die gute alte Zeit.

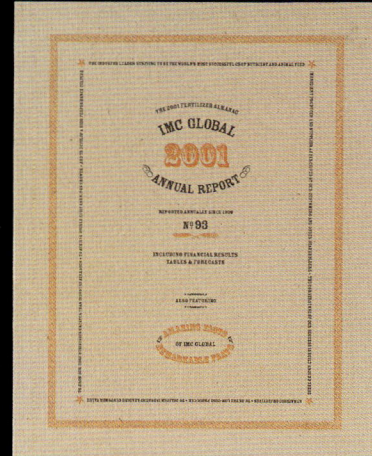

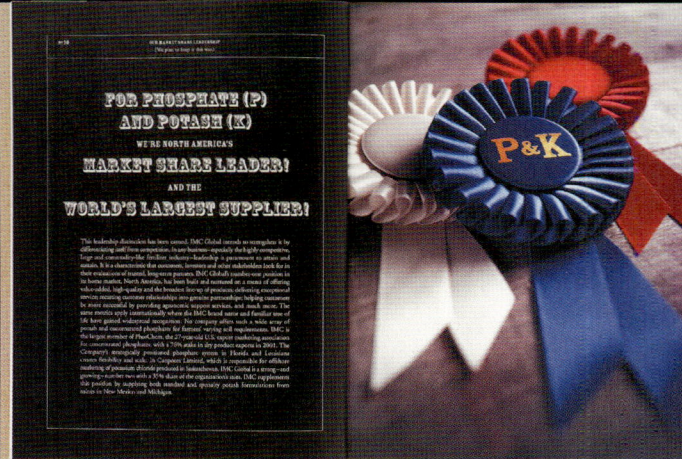

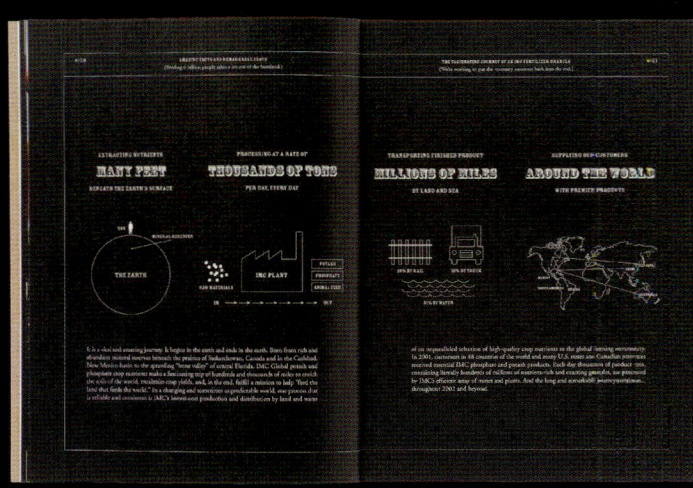

04 - -

05 - -

06 - -

07 - -

08 - -

Amazing facts and remarkable feats – reported annually since 1909:

FFF : //////// / //// /////
_ _ TOLLE TYPEN

PEOPLE – k – 06.6*

FACE TO FACE

* PERSÖNLICHE ANSICHTEN

MANAGER, MITARBEITER, MARKTPARTNER: Menschen stehen hinter den Zahlen und Daten eines Reports. In vielen Berichten stehen sie auch davor und dazwischen. Und das steht den Reports nicht schlecht. Schließlich führt kein sinnlich wahrnehmbares Objekt in uns zu so viel Hirntätigkeit wie der Blick in ein menschliches Gesicht – und das Bauchgefühl gibt es gratis obendrein. Gesichter stehen für Sympathie und Authentizität, bieten Identifikationsfläche und lassen tief blicken: zum Beispiel auf die Unternehmenskultur.

Abbildungen von Menschen im Report lassen das Bild eines Konzerns entstehen, das die faktische Sicht in hohem Maße emotional ergänzt oder sogar überlagert. Sensibilität beim Handling (Bsp. S. 256) ist dabei angesagt, denn die Themenwahl gibt ganz nebenbei auch Antworten auf ungestellte Fragen: Welche Menschen sind einem Unternehmen am wichtigsten? Die Führungskräfte (Bsp. S. 250)? Die Belegschaft (Bsp. S. 242.01–04, 244, 246, 248 B)? Die Kunden (Bsp. S. 242.05–06, 248 A, 251 ff.)?

Was schätzt das Unternehmen bei einem Menschen besonders: Die Persönlichkeit (Bsp. S. 241 f.)? Die Vision (Bsp. S. 254)? Die Tätigkeit (Bsp. S. 246)? Dass ein Porträt auch entstehen kann, wenn niemand Modell steht, zeigen S. 257 f.: in zwei Umwelt-Berichten der wörtlichen Art.

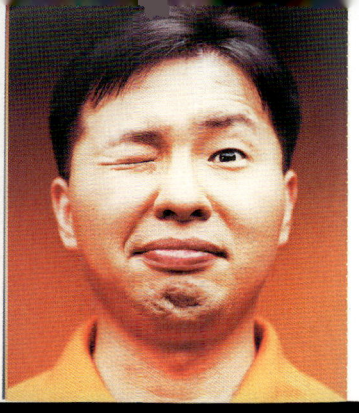

As Samsung establishes itself as a true leader in the new digital world, we recognize that **Leadership begins at home.** Chairman Lee anticipated back in the early 1990s that, to emerge as a global leader in the fast-moving digital era of the 21st century, Samsung would have to change, evolve, and re-invent itself for the new era.

In the late 1990s, as the Korean economy became mired in an economic crisis, Samsung was already far ahead of other major Korean companies in dealing with restructuring, thanks to Chairman Lee's early initiative. The company's strong national presence, plus its foresight into the future environment, enabled Samsung to not only survive, but to take the lead in serving as a model of financial recovery within Korea.

WHY?

01 - -

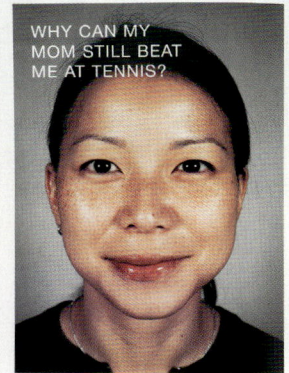

WHY CAN MY
MOM STILL BEAT
ME AT TENNIS?

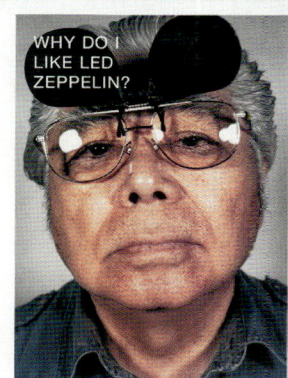

WHY DO I
LIKE LED
ZEPPELIN?

02 - -

05 - -

Leading From **Within**

" Before you can change the world around you, you must look within and change yourself."

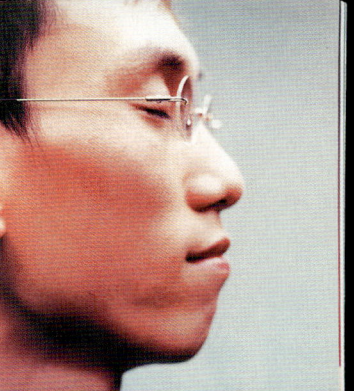

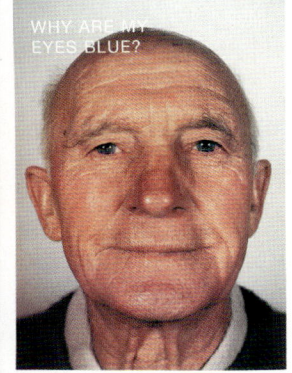

WHY ARE MY
EYES BLUE?

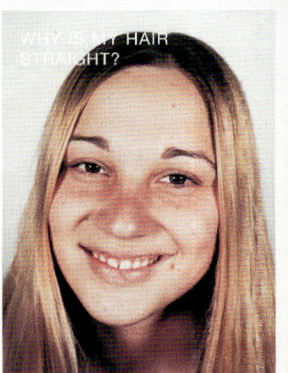

WHY IS MY HAIR
STRAIGHT?

WACHSTUM DURCH VERANTWORTUNG

LUCIE PETIT

01 >>

WACHSTUM DURCH VERANTWORTUNG

ROY MÜLLER

02 - - BERLINWASSER 2000 - - STRICHPUNKT (D)

03 >>

04 - - CONSORS 2000 - - SCHOLZ & FRIENDS (D)

ICH LIEBE DEN TIGER !!!!

05 >>

06 - - NICI 2000 - - BERNSTEIN & BURKEL (D)

i dream

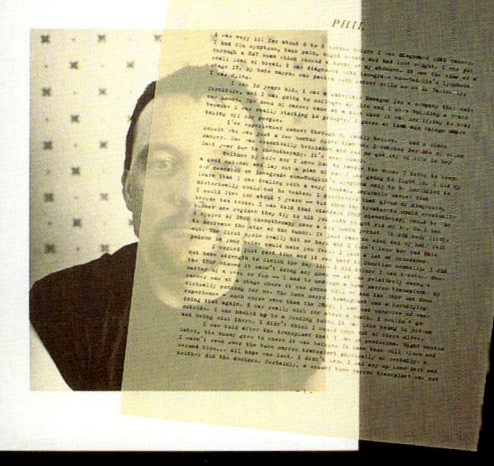

30

31

Brain power. Automation experts. Process development engineers. Applications specialists. Service engineers. More than 800 strong worldwide. Working with customers. Every day. Every hour.

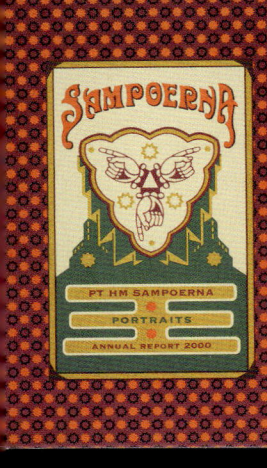

Production Supervisor

Astutik

"We never stop innovating, we instantly improve our production process."

20	Designation :	Loading/Unloading Worker, Clove Warehouse Sukorejo Plant
	Years in Service :	2
	Budiono	

Forklift Driver

Suwondi

"Health and Safety Program is becoming our way of life in the plant."

1	Designation :	Cutter TPO - Sukorejo 1
	Years in Service :	1
	Yusfida Lailla	

TPO Supervisor

"Our partnership with Sampoerna has created thousands of jobs and supported our whole community."

Fast so persönlich wie der Mensch selbst: Der Eintrag im Rolodex macht den Geschäftsbericht zur »Visitenkarte des Unternehmens«.

TODD DAGRES
BATTERY VENTURES
20 WILLIAM ST SUITE 200
WELLESLEY. MASS
781-577-1000
It's a well-run organization.

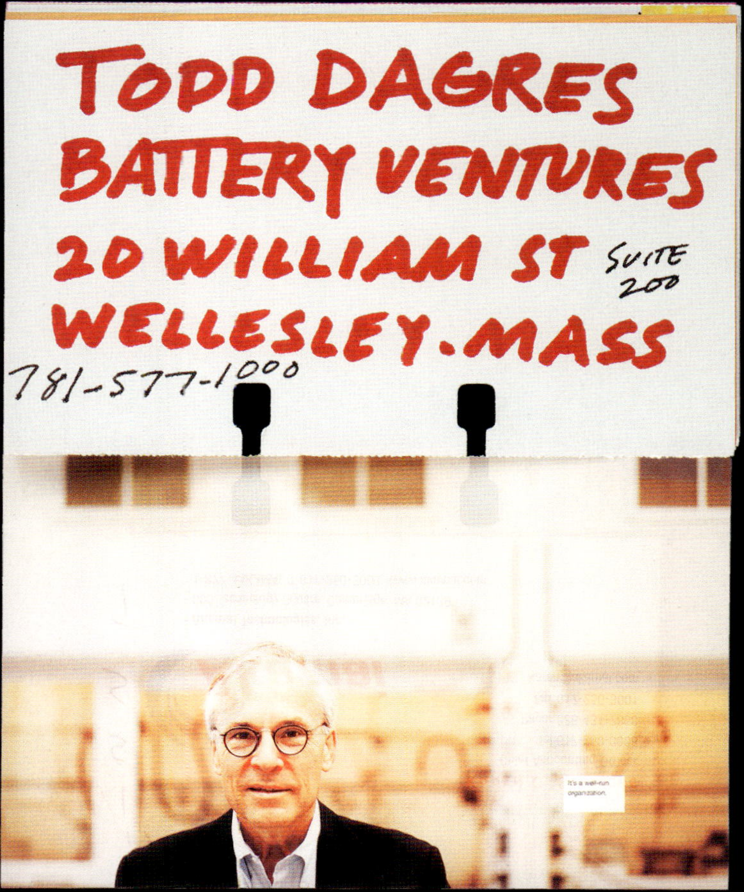

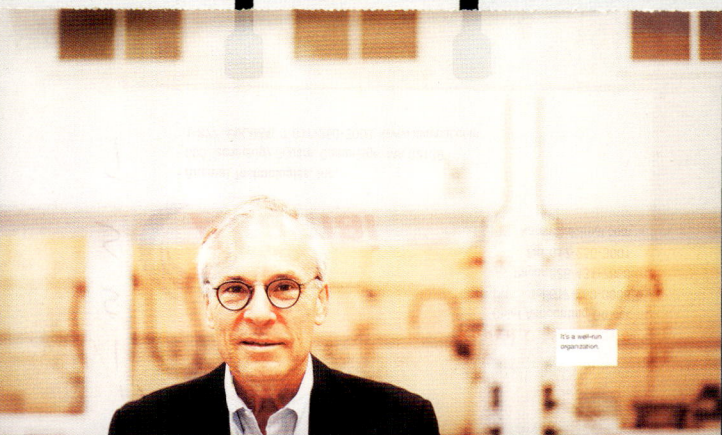

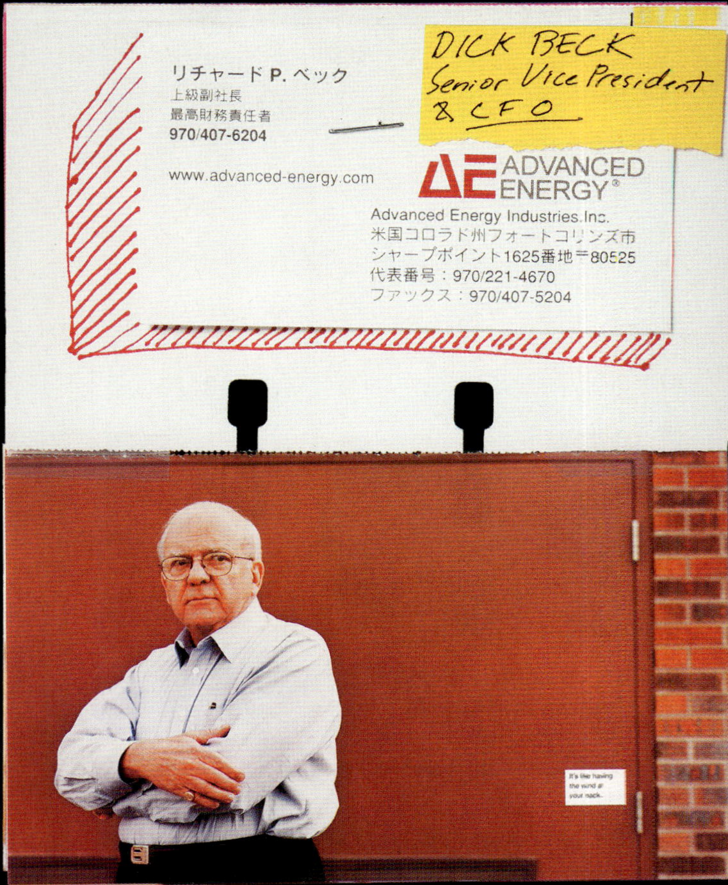
DICK BECK
Senior Vice President
& CFO
リチャードP. ベック
上級副社長
最高財務責任者
970/407-6204
www.advanced-energy.com
ADVANCED ENERGY®
Advanced Energy Industries.Inc.
米国コロラド州フォートコリンズ市
シャープポイント1625番地〒80525
代表番号：970/221-4670
ファックス：970/407-5204

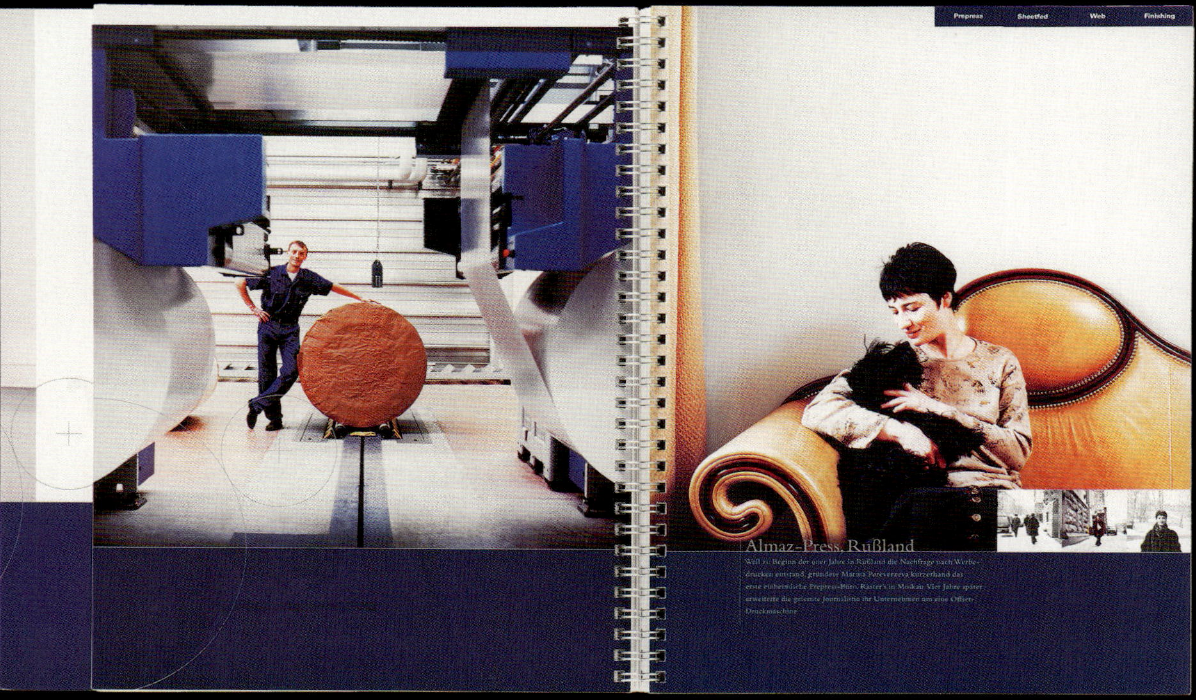

Prepress
Sheetfed
Web
Finishing
Almaz-Press, Rußland
Weil zu Beginn der 90er Jahre in Rußland die Nachfrage nach Werbedrucken entstand, gründete Marina Pereverzeva kurzerhand das erste einheimische Prepress-Büro, Raster's in Moskau. Vier Jahre später erweiterte die gelernte Journalistin ihr Unternehmen um eine Offset-Druckmaschine.

01 - - HEIDELBERGER DRUCKMASCHINEN 1998/99 - - 3ST KOMMUNIKATION (D)

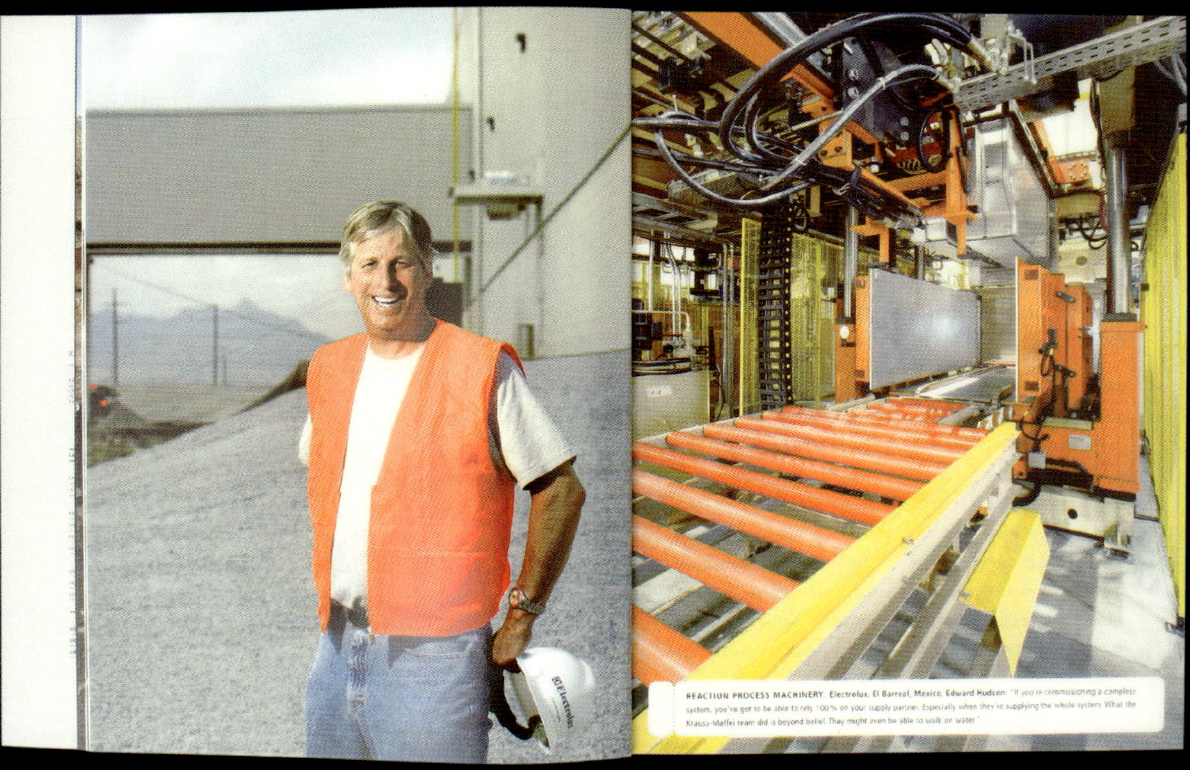

Electrolux
REACTION PROCESS MACHINERY. Electrolux, El Barreal, Mexico, Edward Hudson: "If you're commissioning a complete system, you've got to be able to rely 100 % on your supply partner. Especially when they're supplying the whole system. What the Krauss-Maffei team did is beyond belief. They might even be able to walk on water."

02 - - KRAUSSMAFFEI 2003/04 - - STRICHPUNKT (D)

15

Wohin wir laufen
Ein Essay von Claudius Seidl

Marion Jones

Lagebericht

Mitarbeiter

Erfolge beim Personal-Management

Die LBBW – In der Welt zu Hause:
Stuttgart

Umfangreiche Kunstsammlungen, spektakuläre Architektur, erfolgreiche
Ausstellungen: die Staatsgalerie Stuttgart in der Konrad-Adenauer-Straße.

Die LBBW – In der Welt zu Hause:
New York

Immer neue Wolkenkratzer der Stadt mit ihren Hotspots, exklusiven Restaurants,
angesagten Shops, dem klassischen Jazz im Lincoln Center, dem Fünf-Sterne-Hotel
Mandarin Oriental – und einem architektonischen Blick über den Central Park:
das Time Warner Center am Columbus Circle.

Die LBBW – In der Welt zu Hause:
Amsterdam

Ein heimeliger Winkel im Herzen der historischen Altstadt, der in jedem
passagieren Segler das Fernweh weckt: Kauf Amsterdam an der Geldersekade.

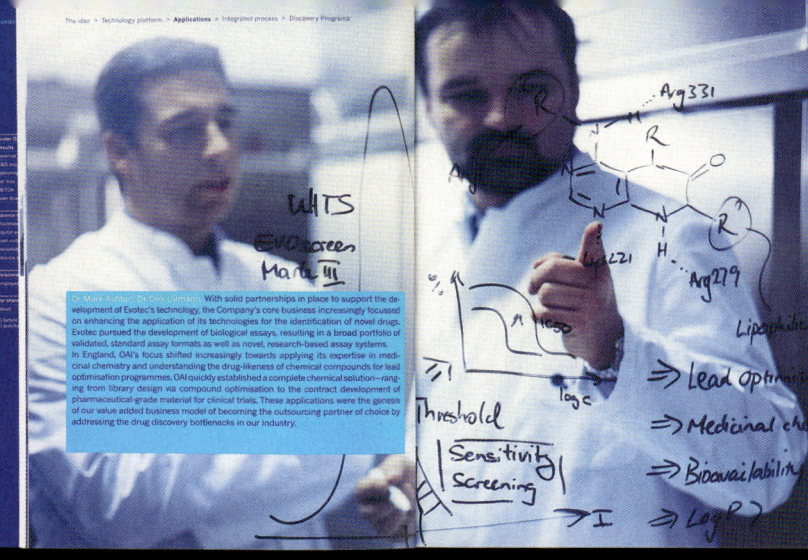

WHTS
EVOscreen
Mark III

Dr Mark Ashton, Dr Dirk Ullmann With solid partnerships in place to support the development of Evotec's technology, the Company's core business increasingly focused on enhancing the application of its technologies for the identification of novel drugs. Evotec pursued the development of biological assays, resulting in a broad portfolio of validated, standard assay formats as well as novel, research-based assay systems. In England, OAI's focus shifted increasingly towards applying its expertise in medicinal chemistry and understanding the drug-likeness of chemical compounds for lead optimisation programmes. OAI quickly established a complete chemical solution—ranging from library design via compound optimisation to the contract development of pharmaceutical-grade material for clinical trials. These applications were the genesis of our value added business model of becoming the outsourcing partner of choice by addressing the drug discovery bottlenecks in our industry.

Arg331
Arg221
Arg279
Lipophilic
⇒ Lead optimisa
⇒ Medicinal ch
⇒ Bioavailability
⇒ LogP
Threshold
Sensitivity
Screening
⟶ I

01 - -

OAI
Libraries
chemical
non-chiral
drug like structure

Dr Edwin Moses, Dr Karsten Henco Evotec BioSystems was founded in '93 in Hamburg, Germany, to commercialise novel technologies (FCS) for the detection of compound / protein interactions at the molecular level. Initially, Evotec sought to apply FCS and methods of directed evolution to optimise the functional properties of biomolecules. However, it was quickly recognised that FCS was ideally suited for screening large numbers of molecules to identify new drug candidates. The scientific horizon at the time promised a flood of new targets from the Human Genome Project and a wealth of novel compounds from advances in combinatorial chemistry. These emerging opportunities formed the starting point for the development of our successful EVOscreen® platforms. The initial application of FCS for directed evolution is pursued today within Direvo, an independent affiliate of Evotec. In England, Oxford Asymmetry Int. (OAI) was founded in '92 to perform high performance chemistry with an emphasis on stereo-specific chemistry to provide chiral compounds to its customers. As the needs of OAI's growing customer base began to shift, OAI expanded its scope to include a new subject of even greater value, the synthesis of high quality compound libraries with drug like properties.

02 - -

Targets Disc Partnering
Progr
E OAI med.
Lea
Drug
IN
POO
Access
ID

Dr Jörn Aldag, Dr John Graham We are committed to continuously enhancing our current service offerings to provide superior solutions based on our integrated process of drug discovery and development. With our many years of acquired experience, we are capable of supporting our partners also in innovative, outcome-based deal structures, and we are poised to 'take the lead' in anticipating and exceeding their outsourcing needs. We are now ready to take on a portion of the initial risk in developing drug candidates in selected discovery programmes, based on our customer's or a third-party's targets before transferring the property rights to a partner for late-stage development. Furthermore, within our subsidiary Evotec Neurosciences (ENS) we have successfully discovered our own drug targets in the field of neurodegenerative diseases. In all instances, we benefit from the excellence of our proven platforms, resulting in favourable risk return ratios and growth from long-term customer relationships.

Auch wenn die Herren aus ihrer Sicht über Spiegelschriftliches diskutieren: Der Evotec-Report
vermittelt emotionale Authentizität gleich im Dreierpack – Gesichter, Gesten und Gedanken.

04 - -

05 - -

06 - - GARTNER 2001 - - CAHAN & ASSOCIATES (USA)

Akteure müssen nicht immer groß im Bild sein, um eine Company zu bewegen.

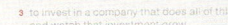

03 - -

06 - -

04 - -

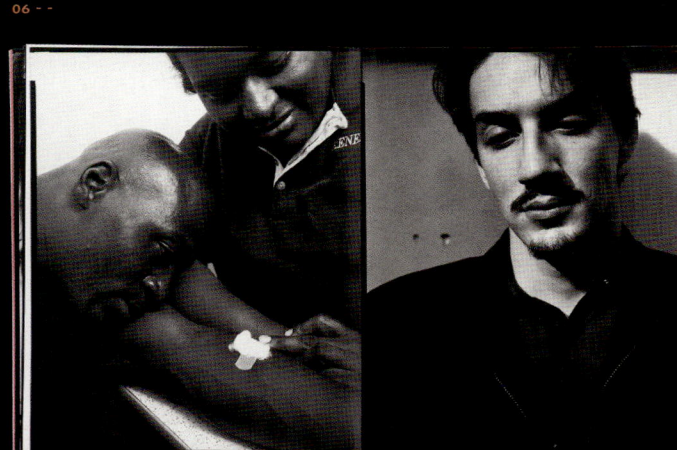

07 - -

05 - - HUGO BOSS 2001 - - PETER SCHMIDT STUDIOS (D)

08 - - THE GEORGE GUND FOUNDATION 2000 - - NESNADNY & SCHWARTZ (USA)

above

and beyond

High Expectations

Day and Night

Expanding Horizons

Financial Review 2001

(B) ↓

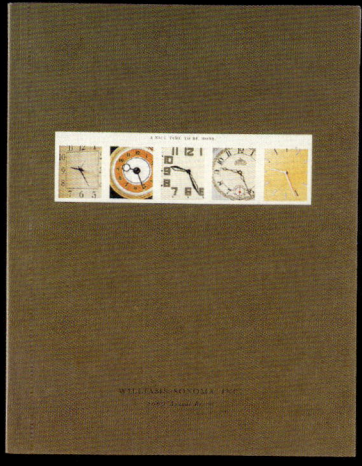

07 - -

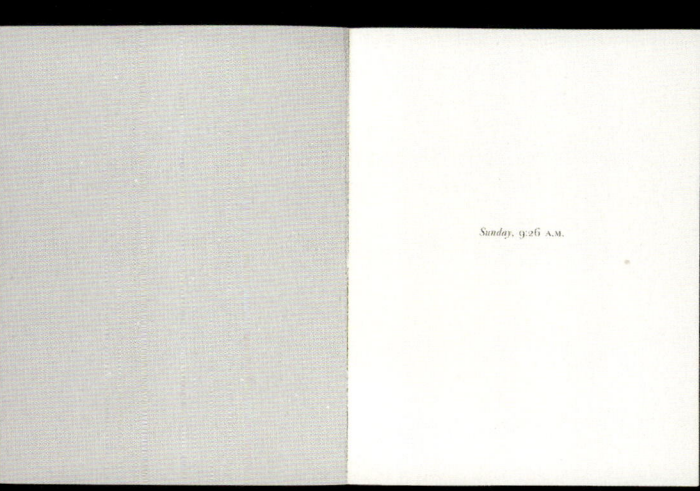

08 - -

09 - -

10 - -

Eine Uhrzeit, fünfmal Lebensart:
Sunday, 09:26 AM.

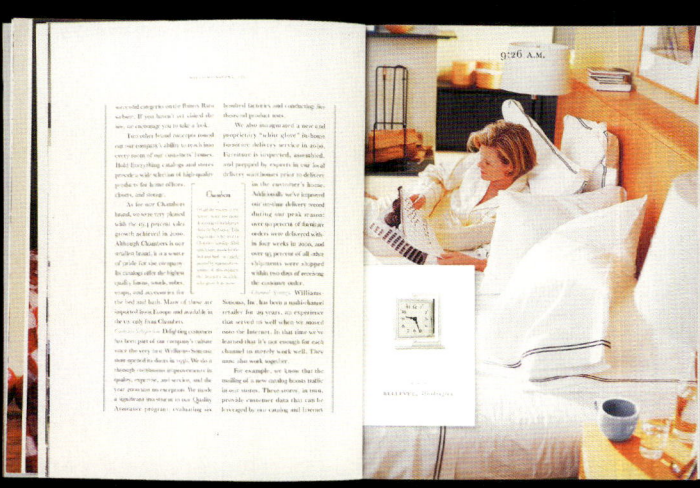

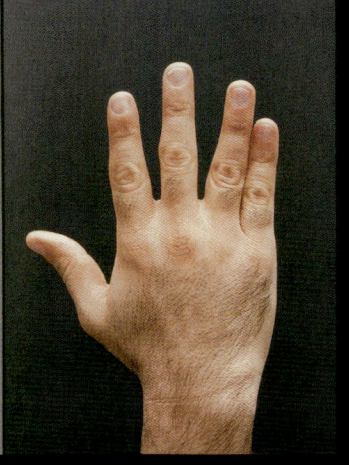

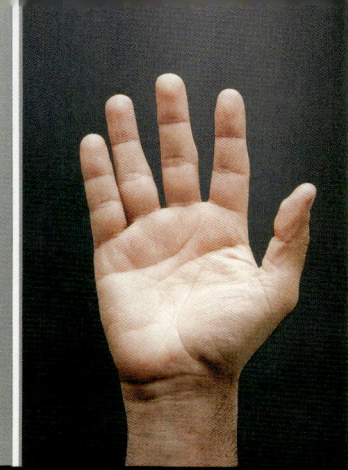

> „Es war toll, wie entschlossen alle nach dem ersten Schreck zusammengearbeitet haben. Das gab uns das gute Gefühl, dass wir es gemeinsam schaffen können."

01 - -

02 - -

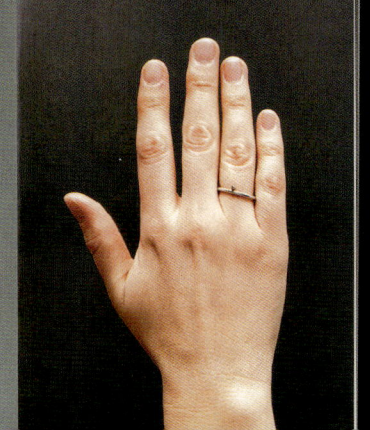

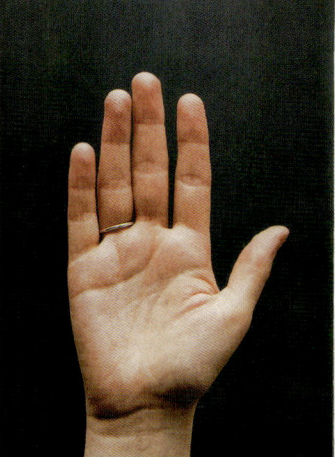

> „Obwohl Europa zusammenwächst, haben wir weiterhin viele unterschiedliche Kulturen. Und genau das macht unsere Arbeit spannend."

Erst ziehe ich den Stress aus, dann Lärm und die Hektik. Und wenn die Wärme durch meinen Körper fließt, fange ich an, mich vollkommen zu entspannen. Das ist eine Meditation. Wenn die Poren sich öffnen, spüre ich richtig, wie auch mein Geist sich öffnet. Für neue Gedanken. Für positive Energie. Oder einfach für das Wesentliche im Leben: einatmen, ausatmen, einatmen.

Wenn ich mal zu Hause bin, steuere ich direkt auf mein Bett zu. Und da bleibe ich dann auch. Von meinem Bett aus ist alles in Griffnähe: Telefon, Zeitung, Bücher, Fernbedienung. Im Dämmerzustand von oder nach dem Tiefschlaf habe ich oft die besten Ideen. Dann springe ich auf und suche zwischen Bett und Zettel. Aber ein Computer kommt mir trotzdem nicht ins Bett. Gute Nacht!

Sooft ich kann, gehe ich tanzen. In Hammerbrook gibt's einen alten Ballettsaal in einer ehemaligen Fabrik. Mit sehr hohen Räumen und abblätterndem Putz. Wenn die Abendsonne durch die Fenster fällt, ist das eine ganz besondere Stimmung. Einerseits der Genuss nach körperlicher Arbeit und andererseits die Schönheit der Musik. Da fühle ich mich richtig frei.

Bei meiner Mami ist es am schönsten. Meine Mami hat Erdbeersträucher im Garten. Die sind herrlich. Aus den Erdbeeren macht sie die beste Marmelade der Welt. Nach einem lauthaften, völlig zerstrittenen Familienzirkus stelle mir vor, und jedes Mal wenn ich zu Besuch komme, gibt's ein Glas. Aber Erdbeeren klauen darf man nur eine oder zwei. Sonst ist Schluss mit Liebe.

Menschen definieren sich nicht nur durch ihre Gesichter, sondern auch durch ihr Umfeld.

W
m u
I n
W
D A
v o
d e
b e
S t
P a
I n
I h
d i
S o
w
d a
e i
ü l

Die LBBW aus Sicht von Erwin Teufel, Ministerpräsident des
Landes Baden-Württemberg und Vorsitzender der Gewährträger-
versammlung der Landesbank Baden-Württemberg

Die LBBW aus Sicht von Johannes Rohn,
Mainau e.V., Leinfelden

Die LBBW aus Sicht von Molly Campbell, Chief Financial Officer
des Port of Los Angeles, USA

Die Bank aus Sicht ihrer Kunden: und zwar von deren Schreibtisch aus. Das gilt für den Minister-
präsidenten genauso wie für den Pensionär und in Leinfelden-Echterdingen genauso wie in Los Angeles.

Basel II – Chance
für den Mittelstand

Von Basel I zu Basel II

Schwächen des Baseler Akkords von 1988

Die neue Eigenkapitalregelung

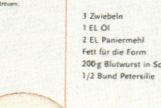

Himmel und Erde

Zubereitung

Geschälte Kartoffeln in kochendem Salzwasser ca. 25 Minuten garen. Inzwischen Äpfel schälen, das Kerngehäuse herausschneiden, Äpfel in Würfel schneiden, Apfelsaft, Zitronensaft, Vanillin-Zucker und Apfelstücke vermengen und ca. 10 Minuten köcheln lassen. Zwiebeln schälen und in Ringe schneiden. Öl in einer Pfanne erhitzen, Zwiebelringe darin goldgelb braten. Milch und die Hälfte der Butter erhitzen. Kartoffeln abgießen, Milch zufügen und mit dem Kartoffelstampfer zerkleinern. Mit Salz und Muskat abschmecken. Restliches Fett schmelzen und Apfelkompott in eine gefettete Auflaufform geben, Blutwurst darauf legen und Paniermehl und Zwiebelringe darüber verteilen, im vorgeheizten Backofen (E-Herd: 200°C/Gasherd: Stufe 3) ca. 15 Minuten backen. Petersilie hacken und darüber streuen.

Franz Niggemeier kennt manche Firmen bereits von der Existenzgründung an. Darauf ist er stolz – wie auch auf sein Hobby. Den passionierten Jäger zieht es immer wieder in die Natur.

Zutaten für 4 Personen:

1 kg Kartoffeln
Salz
1/4l Milch
50g Butter
geriebene Muskatnuss

1 kg Äpfel
1/4l Apfelsaft
Saft von 1 Zitrone
2 Päckchen Vanillin-Zucker

2 Zwiebeln
1 EL Öl
2 EL Paniermehl
Fett für die Form
200g Blutwurst in Scheiben
1/2 Bund Petersilie

Neue Chancen
und Herausforderungen

Unsere Mitarbeiterinnen und Mitarbeiter – bereit für die Herausforderungen der Zukunft

Moderne Führung bedeutet für uns, zeitgemäße Instrumente und Werkzeuge einzusetzen – Werkzeuge, die uns helfen, das zu finden, wonach wir suchen.

Die veränderten Strukturen in der Bankenlandschaft sowie die technische Entwicklung im Bereich der medialen Vertriebswege stellen hohe Anforderungen an unsere Mitarbeiterinnen und Mitarbeiter. Der gestiegene Bedarf an qualifizierten Fachkräften in den verschiedenen bankspezifischen Bereichen erfordert eine zielgerichtete Personalentwicklung als Schwerpunkt der Personalarbeit. Die Rekrutierung neuer Mitarbeiter gestaltet sich dabei zunehmend schwieriger und erfordert neue Wege, wobei das Internet auch für unser Haus an Bedeutung gewinnt. Gut ausgebildete Bewerber stehen dem Arbeitsmarkt nur in geringem Umfang zur Verfügung. Durch eine systematische Nachwuchsförderung aus eigenen Reihen und eine zielorientierte Qualifizierung der Mitarbeiter können wir den gestiegenen Bedarf an qualifizierten Fachkräften sicherstellen. Dabei entscheiden die Fähigkeiten und Potenziale unserer Mitarbeiter über Erfolg und Misserfolg, über Entwicklungsrichtung und -geschwindigkeit unseres Hauses.

Aktive Mitarbeiterförderung heißt dabei, stets nach solchen Potenzialen zu suchen, nach Fähigkeiten und Qualitäten, die morgen gebraucht werden. Diese Anforderungen der Zukunft werden damit zu den Beurteilungsfaktoren der Gegenwart. Gefragt sind heute neben der Fachkompetenz und der erbrachten Arbeitsleistung soziale Kompetenzen wie Teamfähigkeit, Loyalität und Kommunikationsstärke, gleichermaßen wie Offenheit, Freundlichkeit und Serviceorientierung. Wir erwarten von unseren Mitarbeitern geistige Beweglichkeit, eine positive Einstellung zu Veränderungen und die Bereitschaft, in Veränderungen Chancen und keine Bedrohung zu sehen.

Unsere Personalarbeit erkennt diese Entwicklungsprozesse und vermittelt eine Kultur der Veränderungen. Diese Neuorientierung gestalten wir aktiv und machen sie unseren Mitarbeitern erlebbar.

Ausbildung

Ein wichtiger Baustein bildet die Berufsausbildung von jungen Bankkaufleuten. Im Jahr 2001 erhöhten wir dem Bedarf folgend das Ausbildungskontingent und stellten 20 Ausbildungsplätze neu zur Verfügung. Insgesamt bildet die Bank zurzeit 58 Bankkaufleute aus. Darüber hinaus bilden wir seit 2001 auch einen Informatikkaufmann und eine Kauffrau in der Grundstücks- und Wohnungswirtschaft aus. Unser auf Praxis und Theorie aufbauendes betriebliches Ausbildungssystem deckt alle ausbildungsrelevanten Inhalte ab und vermittelt den auszubildenden Kunden-, Vertriebs- und Serviceorientierung sowie Kommunikations- und Teamfähigkeit. Allen Absolventen bieten wir nach einem erfolgreichen, überzeugenden Abschluss der Berufsausbildung interessante Entwicklungsperspektiven in den verschiedenen Bereichen unserer Bank.

Neue Wege bei der Mitarbeiterrekrutierung

FFF : ///////// / //// /////
_ _ TRAUMHAFTE THEMEN

FREESTYLE – k – 06.7 *

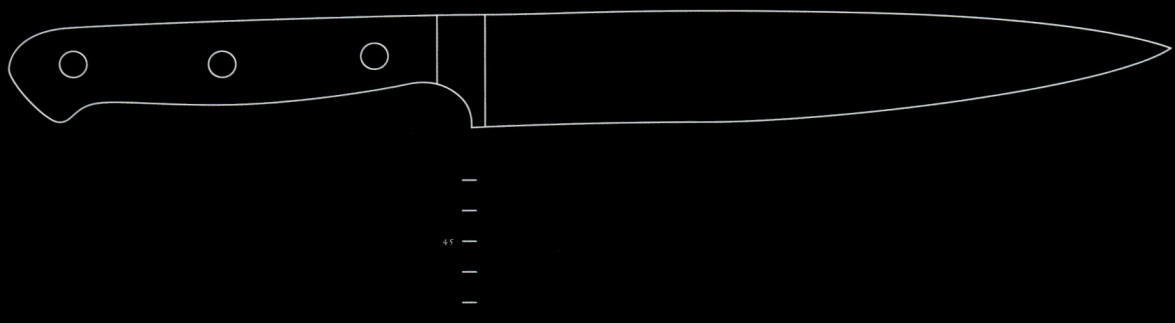

WAS SONST NOCH GEHT

*INDIVIDUELLE UND ILLUSTRATIVE KONZEPTE

NICHT ALLES LÄSST SICH KATEGORISIEREN. Kategorisch befürworten lässt sich dagegen alles, wo eine stringente Idee zu einer stringenten Umsetzung führt. Die Wirkung eines Reports ist am stärksten, je klarer er ein Thema verfolgt, je deutlicher sich eine Botschaft durch alle Äußerungsformen des Berichts zieht. Beispiele dafür zeigen die folgenden Seiten: Eigenständige Lösungen, die in dieser Form nur Sinn für die dahinter stehende Firma machen: Zum Beispiel ein Bericht über die fatalen Folgen von Netzwerkfehlern, der den Beweis dazu gleich selbst antritt, wenn man ihn von hinten aufschlägt *(Bsp. nebenstehend)*. Oder Berichte, die mehr erzählen als berichten und den Leser direkt ansprechen (Bsp. S. 262 ff.). Reports in Form eines Magazins, die vielfältig über ihre Company Auskunft geben (Bsp. S. 267), und Firmen, die den Leser zusammen mit einem Fotografen auf eine Welt-Zeitzonenreise zu ihren Standorten schicken (Bsp. S. 266).

Ein illustres, weil relativ selten eingesetztes Mittel der Individualisierung ist die Illustration: Ob pur oder verspielt, von Hand oder am Computer erstellt, lädt sie statt der üblichen, schnell dechiffrierbaren fotografischen Informationen dazu ein, sich ein eigenes Bild eines Unternehmens zu machen (Bsp. S. 268–273).

Marimba stellt die Frage nach der Sinnhaftigkeit von effektivem Systems Management – und gibt die überzeugende

01 - -

02 - -

Connecting .... the .... dots

03 - -

here.

there.

04 - -

Storage ..... Networking

05 - -

near.

far.

06 - -

Software

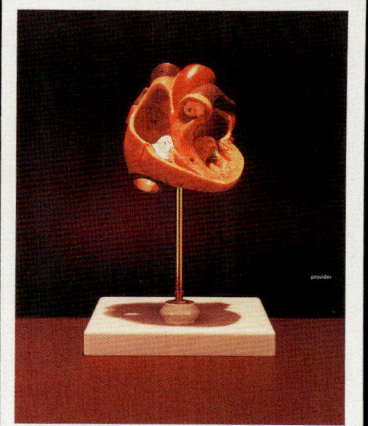

provider

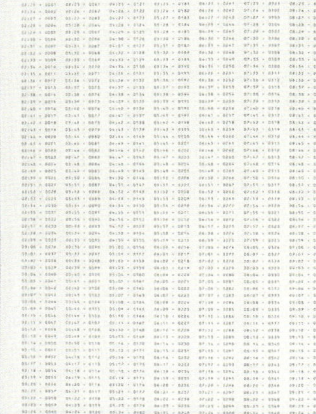

[columns of numeric data]

EVERY MINUTE
ANOTHER
AMERICAN DIES
OF CORONARY
ARTERY DISEASE

Coronary artery disease is the nation's leading cause of death, claiming an estimated half a million lives in the United States each year — more than one patient per minute on average. According to the American Heart Association, an estimated 7 million Americans currently suffer from a painful symptom of heart disease known as angina. Approximately 14 million Americans are now fighting heart disease, and in the time it takes to read this Annual Report, some will lose the battle.

00:05

CARLOS M. RODRIGUEZ

00:04

EMILY JANE BROUGHTON

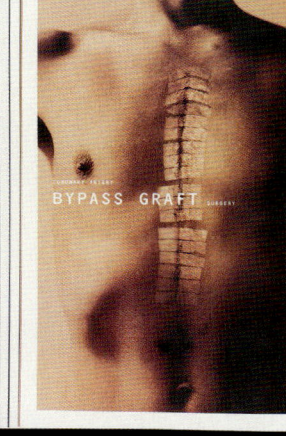

CORONARY BYPASS
BYPASS GRAFT SURGERY

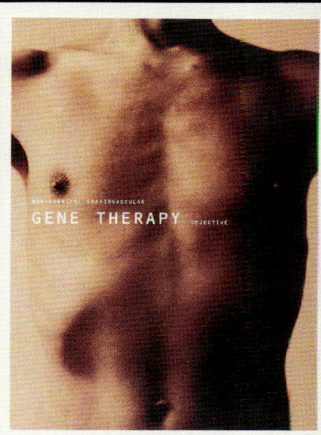

NON-SURGICAL CARDIOVASCULAR
GENE THERAPY INJECTIVE

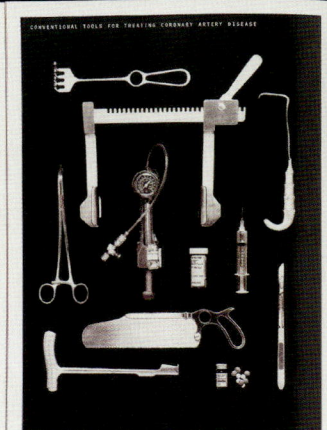

CONVENTIONAL TOOLS FOR TREATING CORONARY ARTERY DISEASE

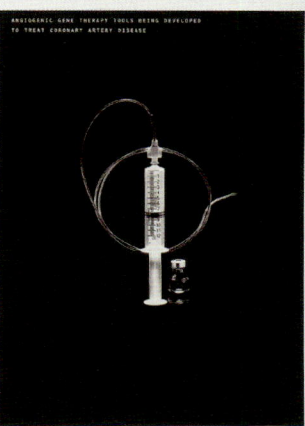

ANGIOGENIC GENE THERAPY TOOLS BEING DEVELOPED
TO TREAT CORONARY ARTERY DISEASE

Überzeugender Verweis auf überzeugende Methoden: Jeder Leser kann der nächste

(A) ↓

Ein großformatiger Bericht (Überformat DIN A3), der sich selbst erklärt.

THIS IS NOT A METAL BUILDING.

01 - -

MADE OF METAL? SURE. BUT THAT'S WHERE THE LIKENESS ENDS. THE PRIOR IMAGES REPRESENT AN OUTDATED NOTION OF THE METAL BUILDING.

AT ROBERTSON-CECO WE CREATE HIGHLY COMPLEX, FULLY CUSTOMIZED STRUCTURES FOR AN EVER-EXPANDING RANGE OF PURPOSES — FROM PUBLIC SCHOOLS TO SPORTS ARENAS.

THEY'RE REFERRED TO AS *PRE-ENGINEERED METAL BUILDINGS.*

IN TRUTH, THERE'S LITTLE THAT'S *PRE-ENGINEERED* ABOUT ROBERTSON-CECO STRUCTURES. WE CREATE CUSTOM-ENGINEERED BUILDINGS.

OH, THEY *ARE* MADE OF METAL.

'AND GLASS AND STONE AND BRICK AND ROCK AND CONCRETE AND WOOD AND DRYWALL AND PLASTER AND STUCCO AND OTHER MATERIALS.

THIS IS ROBERTSON-CECO CORPORATION…

02 - -

NEITHER IS THIS.

03 - -

THIS IS WHERE IT BEGINS.

THIS IS CUSTOMER SERVICE.

04 - -

NOPE.

NOW, THIS IS A METAL BUILDING.

the little blue pill doesn't work for him.

VIVUS 02

it's not for women.

it's not for anyone with heart trouble.

it doesn't work for him either.

(and 6 million other men on nitrates.)

the truth is, the little blue pill simply doesn't work for everyone.

no, no, yes, no, no.

needless to say, the largely unsatisfied market is huge.

it's not for people taking nitrates.

other indications preclude its use.

and many people simply don't respond.

yes. yes. yes. yes. yes. yes.

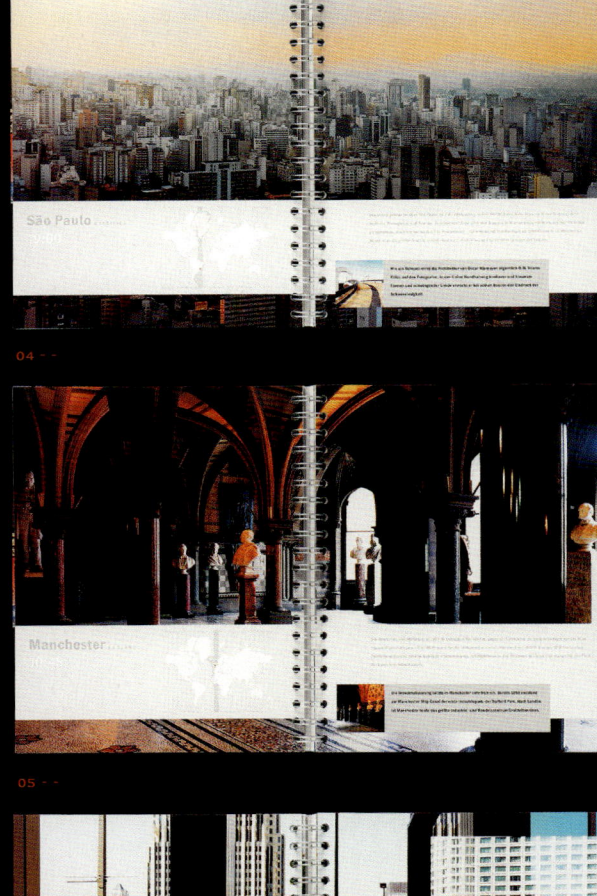

07 - - INTELLECTUAL PROPERTY OFFICE OF SINGAPORE 2004/05 - - EPIGRAM (SGP)

08 - -

09 - - AMERISTAR CASINOS 2004 - - ELEVEN INC. (USA)

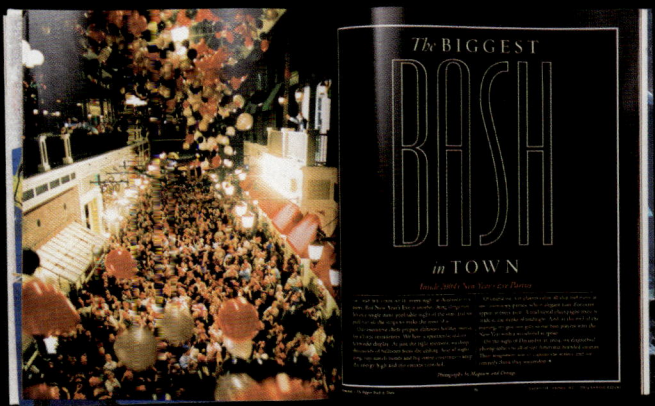

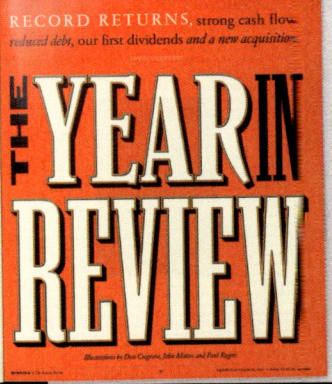

10 - -   11 - -

FINANCIAL information

INDEPENDENT AUDITORS' REPORT

To the Directors and Stockholders of Fossil, Inc.:

We have audited the accompanying consolidated balance sheets of Fossil, Inc. and subsidiaries as of January 2, 1999 and January 3, 1998 and the related consolidated statements of income and comprehensive income, stockholders' equity and cash flows for each of the three years in the period ended January 2, 1999. These financial statements are the responsibility of the Company's management. Our responsibility is to express an opinion on these financial statements based on our audits.

We conducted our audits in accordance with generally accepted auditing standards. Those standards require that we plan and perform the audit to obtain reasonable assurance about whether the financial statements are free of material misstatement. An audit includes examining, on a test basis, evidence supporting the amounts and disclosures in the financial statements. An audit also includes assessing the accounting principles used and significant estimates made by management, as well as evaluating the overall financial statement presentation. We believe that our audits provide a reasonable basis for our opinion.

In our opinion, such consolidated financial statements present fairly, in all material respects, the financial position of Fossil, Inc. and subsidiaries at January 2, 1999 and January 3, 1998, and the results of their operations and their cash flows for each of the three years in the period ended January 2, 1999, in conformity with generally accepted accounting principles.

Deloitte & Touche LLP
Dallas, Texas
February 18, 1999

REPORT OF MANAGEMENT

The accompanying consolidated financial statements and other information contained in this Annual Report have been prepared by management. The financial statements have been prepared in accordance with generally accepted accounting principles and include amounts that are based upon our best estimates and judgements.

To help ensure that financial information is reliable and that assets are safeguarded, management maintains a system of internal controls and procedures which it believes is effective in accomplishing these objectives. These controls and procedures are designed to provide reasonable assurance, at appropriate costs, that transactions are executed and recorded in accordance with management's authorization.

The consolidated financial statements and related notes thereto have been audited by Deloitte & Touche LLP, independent auditors. The accompanying auditors' report expresses an independent professional opinion on the fairness of presentation of management's financial statements.

The Audit Committee of the Board of Directors is composed of the Company's outside directors, and is responsible for selecting the independent auditing firm to be retained for the coming year. The Audit Committee meets periodically with the independent auditors, as well as with management, to review internal accounting controls and financial reporting matters. The independent auditors also meet privately on occasion with the Audit Committee, to discuss the scope and results of their audits and any recommendations regarding the system of internal accounting controls.

Tom Kartsotis
Chairman of the Board and
Chief Executive Officer

Randy S. Kercho
Executive Vice President and
Chief Financial Officer

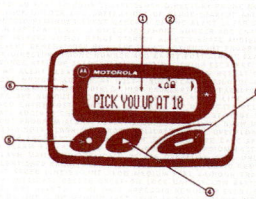

CLEAR SET RUBOUT PROGRAM ALARM REPEAT SPEED LINE-BY-LINE SLOW MEDIUM FAST 24-HOUR TRAVEL CLOCK DIRECTORY PHO
MBER ADD ENTRY POST-A-NOTE FLASH MAILDROP DUPLICATE DELETE OVERFLOW LOCK UNLOCK LOW BATTERY OUT-OF-RANGE START
ERT VIBRATE AUDIBLE CHIRP ESCALERT SAVE BACKLIGHT STANDBY TIME DATE ARPEGGIO REMINDER EVENT GENERAL OFF NO ALERT CLE
T RUBOUT PROGRAM ALARM REPEAT SPEED LINE-BY-LINE SLOW MEDIUM FAST 24-HOUR TRAVEL CLOCK DIRECTORY PHONE NUMBER A
TRY PO T-A-NOTE FLASH MAILDROP DUPLICATE DELETE OVERFLOW LOCK UNLOCK LOW BATTERY OUT-OF-RANGE STARTUP ALERT VIBRA
DIBLE CHIRP ESCALERT SAVE BACKLIGHT STANDBY TIME DATE ARPEGGIO REMINDER EVENT GENERAL OFF NO ALERT CLEAR SET RUBO
OGRAM ALARM REPEAT SPEED LINE-BY-LINE SLOW MEDIUM FAST 24-HOUR TRAVEL CLOCK DIRECTORY PHONE NUMBER ADD ENTRY POST
TE FLASH MAILDROP DUPLICATE DELETE OVERFLOW LOCK UNLOCK LOW BATTERY OUT-OF-RANGE STARTUP ALERT VIBRATE AUDIBLE CHI
CALERT SAVE BACKLIGHT STANDBY TIME DATE ARPEGGIO REMINDER EVENT GENERAL OFF NO ALERT CLEAR SET RUBOUT PROGRAM ALA
PEAT SPEED LINE-BY-LINE SLOW MEDIUM FAST 24-HOUR TRAVEL CLOCK DIRECTORY PHONE NUMBER ADD ENTRY POST-A-NOTE FLASH MA
OP DUP ICATE DELETE OVERFLOW LOCK UNLOCK LOW BATTERY OUT-OF-RANGE STARTUP ALERT VIBRATE AUDIBLE CHIRP ESCALERT SA
CKLIGHT STANDBY TIME DATE ARPEGGIO REMINDER EVENT GENERAL OFF NO ALERT CLEAR SET RUBOUT PROGRAM ALARM REPEAT SPE
NE-BY-LI E SLOW MEDIUM FAST 24-HOUR TRAVEL CLOCK DIRECTORY PHONE NUMBER ADD ENTRY POST-A-NOTE FLASH MAILDROP DUPLICA
LETE OVERFLOW LOCK UNLOCK LOW BATTERY OUT-OF-RANGE STARTUP ALERT VIBRATE AUDIBLE CHIRP ESCALERT SAVE BACKLIGHT STAR

DIRECTORY PHONE NUMBER ADD ENTRY POST-A-NOTE FLASH MAILDROP DUPLICATE DELETE OVERFLO
CK UNLOCK LOW BATTERY OUT-OF-RANGE
CLEAR SET RUBOUT PROGRAM ALARM REPEAT SPEED LINE-BY-LINE SLOW MEDIUM FA
HOUR TRA EL CLOCK DIRECTORY PHONE NUMBER A

Motorola Considering today's intense competition and shrinking market windows, consumer electronics must be designed quickly. Or else. At the heart of this rapid effort is Motorola's Semiconductor Products Sector—the world's leading supplier of microcontrollers that power consumer products. In 1996, Motorola partnered with Cadence to transform their design process, radically reducing the design schedule on a critical chip from a period of several months to seven days or less. Thanks to that swiftly produced component, products like the new Motorola Memo Jazz™ FLX pager get to market with dramatically increased momentum.

C.N.E.S. CNES (Centre National d'Etudes Spatiales)—France's national space agency—is specifically focused on expanding the use of semiconductors on outer space. Until employing Cadence's advanced services on the "Ocanna Project," the agency was having trouble getting chips manufactured at their choice of commercial foundries. Now, thanks to the success of that project—markedly improving the chip designs' abilities to be handed-off and fabricated.—CNES satellites like the SPOT 3 circle the earth with the help of custom semiconductors manufactured by SGS-Thomson.

PICK YOU UP AT 10

You are HERE.

SiFF Technology SiFF Technology designs and manufactures chipsets—such as the SiRcular™—for global positioning systems (GPS) and wireless communication. GPS systems are playing increasingly vital roles in the transportation, recreation, and communications marketplaces. By adopting Cadence's Signal Processing Workstation™ and Hardware Design System,™ SiRF cut the chipset's simulation and evaluation time by two-thirds and eliminated redesign altogether. That, together with firm savings from Cadence's automatic test vector generation, accounted fully (nearly ninety by six month)

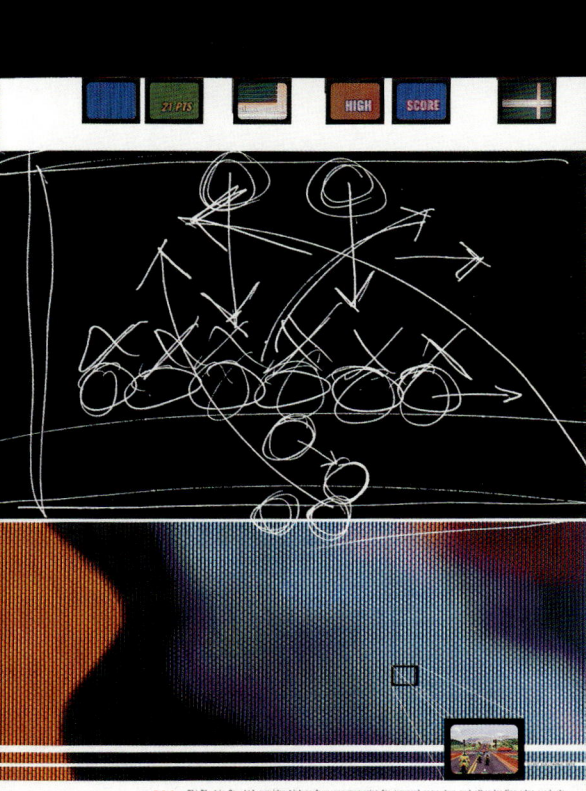

21 PTS   HIGH   SCORE

Oki Oki Electric Co., Ltd. provides high-performance memories for personal computers and other leading-edge products. In a 1996 large-scale services agreement, Oki engaged Cadence in Japan to transform its dynamic random access memory (DRAM) design process and improve productivity by at least 50%. The new process, specifically targeted to get designs out the door faster, will enable Oki to maintain a leadership position in the rapidly segmenting and competitive DRAM marketplace. Oki's 256Mb DRAM device will dramatically boost the performance of next-generation games, multimedia machines, and other electronic products in your immediate future.

01

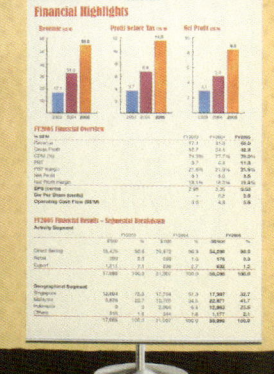
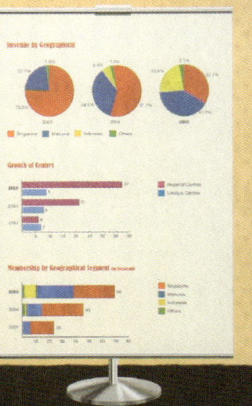

02

3

04

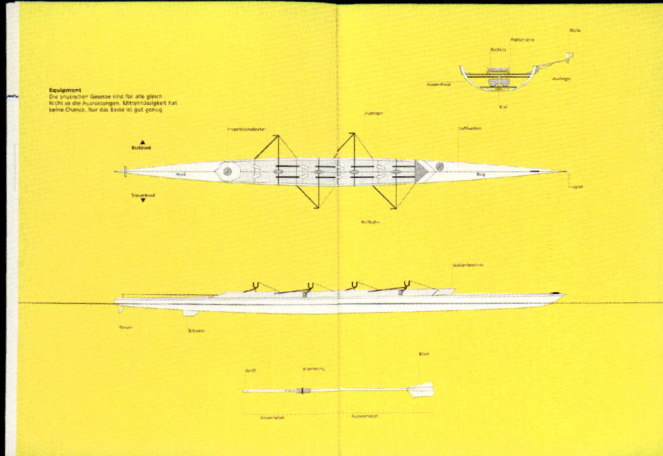

Do it yourself auch im Baumarkt-Geschäftsbericht: leere Räume als Illustration
und die passenden Produkte auf Selbstklebefolie zum individuellen Einbau.

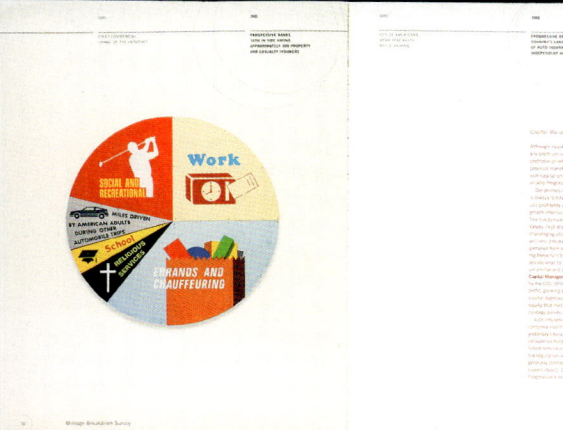

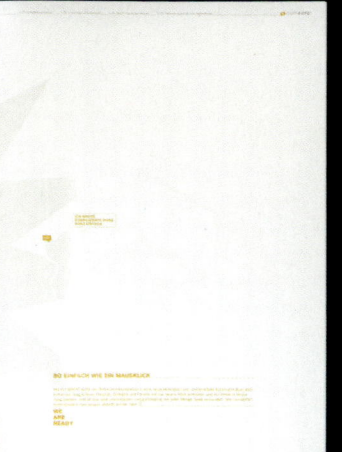

WIR HABEN GEZEIGT,
WIE AUS VISIONEN
ERFOLGSGESCHICHTEN
WERDEN

HEUTE
STARTEN WIR MIT
EINEM UNTERNEHMEN,
DAS KNOW-HOW,
FINANZKRAFT UND
MARKTPOSITIONIERUNG
IN EINZIGARTIGER WEISE
VERBINDET

MORGEN
REVOLUTIONIEREN WIR DIE
ONLINE-KOMMUNIKATION

BE PART OF IT

THE EMPIRES OF THE FUTURE ARE EMPIRES OF MIND.

WINSTON CHURCHILL

07 - - CIVIL AVIATION AUTHORITY OF SINGAPORE 2001/02 - - EPIGRAM (SGP)
Der Anspruch an jeden guten Geschäftsbericht: »Reaching new heights«

LESS DPI>

DIE ONLINE-VERSION : //////// / //// /////

fff
2. _ get a tasty screen

fff
1. _ ... spice up your interactive message:
more than pdf

WWW>

07.0
INTERAKTION /
ONLINE

DER ONLINE-REPORT*

(mehr als ein Anhängsel)

* FFF GOES WWW

05

10

INTERAKTION / ONLINE

>

15

Für die einen ist es der Untergang des Abendlandes, für die anderen die einzig

wahre Form, einen Burger zu ordern: der Drive-through-Schalter.

Manch ambitionierter Diner-Inhaber investiert ein Vermögen in seine atmo-

20 *sphärisch einwandfreie, gediegene Inneneinrichtung, nur um nach kurzer Zeit*

festzustellen, dass er einen Großteil seines Umsatzes in einer schäbigen, steril

gekachelten Ecke zwischen den Mülltonnen an der Gebäuderückseite macht.

25 *Wer seinen Hunger schnell und effektiv stillen möchte, wartet nur ungern auf*

eine zwar freundliche, aber permanent überlastete Bedienung, auch wenn die

den Burger auf Porzellan serviert. Dann schon lieber ein übersichtliches Menü,

eine kurze Order, und schon ist das Gewünschte verzehrbereit in der Tüte.

30

INFORMATION JUST IN TIME

Amerika ist mal wieder schneller. Den Online-Reports wird dort von vorneherein

35 *eine ähnlich große Bedeutung zugemessen wie der Printversion:*

Sie erreicht andere, wichtige Zielgruppen, und das on demand und just in time.

Aber auch für Europa gilt: Bei vielen, vor allem großen Konzernen übersteigen

40 *allein die Downloads der Geschäftsberichte im Internet die Anzahl der ge-*

druckten Exemplare deutlich – das »Blättern« in der Online-Version noch gar

nicht mitgerechnet.

Als intensiv genutztes Recherchetool für Analysten, Presse und andere Multi-

45 *plikatoren ist eine Webversion mittlerweile unverzichtbar geworden. Deshalb gilt*

es, die adäquate Form zu finden: Ein reines pdf der Printversion kommt der-

zeit noch viel zu oft in die Tüte – und negiert die Möglichkeiten des Mediums

50 *und die Ansprüche seiner Nutzer. Was möglich ist, was sinnvoll ist, was ein*

Online-Report in welcher Form besser und was er schlechter leisten kann als sein

gedrucktes Pendant, steht in diesem Kapitel.

55

THE FUTURE ALWAYS COMES TOO FAST AND IN THE WRONG ORDER.
ALVIN TOFFLER

60

65

70

- k - 07.0 *

FFF : ///////// / //// /////
_ _ ONLINE-OUTLINES UND ONSCREEN-OPTIONEN

NUR DRIN SEIN IST ZU WENIG

* GEDRUCKT HUI, ONLINE PFUI

Sucht man im Internet nach dem Geschäftsbericht eines Unternehmens, wird oft deutlich, dass es einen erheblichen Wertigkeitsunterschied zur Schwesterpublikation auf Papier gibt: Der Report im Web läuft unter ferner liefen. Ist der gedruckte Geschäftsbericht der unangefochtene Star und geborene Erstkontakter der Unternehmenskommunikation, findet sich die Onlineversion versteckt im Webauftritt meist erst in der vierten oder fünften Ebene (ein üblicher (Irr)Pfad: Homepage > Investor Relations > Publikationen > Berichte > Geschäftsbericht 200x).

Warum das so ist, ist schneller beantwortet: Wer in den gedruckten Bericht schaut, möchte sich ein verlässliches Bild (»schwarz auf weiß«) über die Grundlagen eines Konzerns machen, er erwartet keine Neuigkeiten. Wer das Internet nutzt, will dagegen topaktuelle Informationen. Der Jahresbericht ist hier nur ein kleiner Teil gleichzeitig verfügbarer Backup-Tools, von denen sich viele deutlich medienge-rechter aufbereiten lassen als Tabellen und Bilanzen. Die Musik, die aus dem Printreport ein Image-medium macht, spielt im Web im Produktbereich oder der »Wir über uns«-Sektion der Homepage. Gute Investor-Relations-Seiten fokussieren vor allem auf News, den Aktienkurs und die Betreuung der Aktionäre, weniger auf den Geschäftsbericht. Dennoch erreicht der oft konsequent auf den nackten Pflichtteil heruntergestrippte Report weit mehr Menschen als der gedruckte Bericht.

* ANALYSE STATT ABLAGE

Die reinen Geschäftsberichte im Web zu betrachten, wird schnell langweilig, denn sie nutzen die größten Vorteile des Internets – Aktualität und Interaktion – so gut wie überhaupt nicht. Und können es auch gar nicht, da sie per Definition rückwärtsgerichtet und weitgehend unveränderlich sind.

fff .) -----   *

— Andere Perspektiven bietet der übergeordnete Investor-Relations-Webauftritt. Auf dessen Inhalt und
— Convenience-Faktor kommt es an, wenn man Aktionäre, die einen Großteil ihres Informationsbedürfnis-
— ses via Internet befriedigen, erreichen möchte.

— Die gängigsten Internet-Angebotselemente sind dabei nicht immer die am intensivsten genutzten.
— Eine Untersuchung[1] von 110 IR-Websites börsennotierter deutscher Unternehmen kam zu folgendem
— Ergebnis: Nahezu jedes Unternehmen bietet auf seiner Homepage Pressemitteilungen, den kompletten
— Geschäftsbericht, die Kursentwicklung der Aktie sowie eine Bestellfunktion für den gedruckten Report
— an. Zwischen 80 % und 95 % der Websites enthalten darüber hinaus Bestellfunktionen für andere
— Printmedien, die Bilanz, Stellenangebote, die HV-Rede des Vorstands, das Angebot eines E-Mail-
— Newsletters, Angaben zur Unternehmensstruktur, Analystenpräsentationen, Handouts für institutio-
— nelle Investoren sowie Angebots- und Produktinformationen.
— Von den 100 befragten Analysten, Investoren und Finanzjournalisten nutzen jedoch deutlich weni-
— ger als die Hälfte die HV-Rede und Bestellformulare oder wollen den gesamten Bericht einsehen.
— Dagegen lesen 85 % der Finanzjournalisten und immerhin 53 % der Investoren vorbereitete Auszüge
— aus dem Geschäftsbericht, die aber nur auf etwa der Hälfte aller Websites zur Verfügung stehen.
— Ihre Hauptinteressen liegen daneben auf Pressemitteilungen, der Kursentwicklung, der Unternehmens-
— struktur und der Bilanz. Wenn umfangreiche Materialien schon im Print auf wenig Detailinteresse
— stoßen, so ist dieser Trend im Internet also noch ausgeprägter. Schnell zugängliche, kurze und über-
— sichtlich aufbereitete Informationsangebote machen das Rennen.

— Eine durch das Wirtschaftsmagazin »Capital« durchgeführte IR-Website-Bewertungstützt sich auf vier
— Hauptkategorien[2]:
— STORY
— Sind Quartals- und Geschäftsberichte abrufbar? Stehen Kennzahlen wie Umsatz, Gewinn, Ebit, Ebitda
— und KGV aktuell zur Verfügung? Sind Kurs- und Chartdarstellung der Aktie übersichtlich gelöst?
— SERVICE
— Wie komfortabel ist die IR-Seite von der Homepage aus erreichbar?
— Gibt es eine Downloadsektion in gängigen Datenformaten?
— DESIGN
— Ist das grafische Konzept des Internetauftritts stringent durchgehalten?
— Ist die Gestaltung übersichtlich?
— PERFORMANCE
— Wie schnell wird die Seite geladen?
— Stimmen die »Links«? Läuft die Webpage mit den gängigen Internet-Browsern?

— Folgerichtig wird der durchschnittlichen Antwortzeit der IR-Abteilung auf E-Mail-Anfragen mehr
— Gewicht zugemessen als der Aufarbeitung des Reports (sie lag übrigens bei den DAX-Werten
— zwischen drei Minuten und 15 Tagen).

* MEHR ALS NUR PDF: INTUITION UND INTERAKTION

— Für den Web-Report spricht vor allem die kostengünstige, weltweite Verbreitung. Doch auch hier
— ist mehr drin: statt Fotos kleine Imagefilme, statt der schriftlichen Anrede der O-Ton des Vorstands-
— vorsitzenden und statt einer Benchmark für den Aktienkurs eine breite Auswahl an Vergleichsindizes.

Quelle > 1.) Handelsblatt, Investor-Relations-Monitor, Nov. 2002 // 2.) Capital 21/2003

FFF : ///////// / //// /////

— Derlei lässt sich sogar in eine einfach gestrickte pdf-Datei integrieren, die gemeinhin als Standard gilt,
— bläht ihren Umfang aber erheblich auf.

— Einen optimalen Service bieten Firmen, die den Online-Report in unterschiedlichen Versionen zur
— Verfügung stellen:
— // in mehreren kleinen pdf-Dateien mit den einzelnen Kapiteln für User, die nur Teile interessieren
— // als kleine pdf-Datei zum Gesamt-Download
— // als pdf-Datei in höherer Bild-Auflösung zum optimalen Ausdruck, dafür aber mit größerer
— Datenmenge
— // Tabellen als Excel-Files zum Download für Analysten, die diese so in ihre Systeme einpflegen
— können
— // als HTML-Version mit klickbarem Inhaltsverzeichnis, Suche-Funktion und eigenständig
— programmiertem Seitenaufbau, inklusive Verlinkungen (z. B. zu ergänzenden Charts aus der
— Präsentation zur Bilanzpressekonferenz oder zum aktuellen Aktienkurs) und einer Gestaltung,
— die den Onscreen-Lesegewohnheiten gerecht wird (größere und formal reduzierte, pixeltaugliche
— Schrifttype, Diagramme in Formaten, die bei Standardauflösung ohne Scrollbalken im Browser-
— fenster auskommen, Bilddaten in screentauglichen Formaten und Platzierungen etc.).
— Ein so aufbereiteter Geschäftsbericht spiegelt die Gewohnheiten von Internetnutzern besser als die
— bloße Abbildung der Printdaten und ist damit Teil einer wirksamen Öffentlichkeitsarbeit.

— Die Abbildung kompletter IR-Websites würde den Rahmen dieses Buchs sprengen (und macht
— darüber hinaus in einem Printprodukt ohnehin wenig Sinn). Stattdessen zeigen wir im Wesentlichen
— anhand von Websites in Korrespondenz zu an anderer Stelle des Buchs gezeigten Geschäftsberichten,
— wie über unterschiedliche Medien hinweg ein konsistenter Auftritt erreicht werden kann.

— * ONSCREEN STATT ONLINE?

— Einige Unternehmen denken zur Senkung ihrer Printkosten und zur nutzerfreundlicheren Darstel-
— lung ihres Berichts darüber nach, Teile des Reports, z. B. den Imageteil, auf eine CD auszulagern
— und beizulegen oder sogar den gesamten Report als CD-ROM zu versenden.
— Davon ist jedoch in der Regel abzuraten, seit der aktueller informierende Internetzugang zum
— Standard auch in Privathaushalten wurde und mit der zunehmenden Verfügbarkeit größerer Datenüber-
— tragungsbandbreiten die Vorteile einer CD nicht mehr ins Gewicht fallen – erst recht nicht bei profes-
— sionellen Analysten, die meist über schnelle Internetzugänge verfügen. Auf der anderen Seite reagieren
— ältere oder technisch unbewanderte Anleger verärgert, weil sich bei einem Geschäftsbericht mit beilie-
— gender CD-ROM das Gefühl einschleicht, ohne Computerzugang von wichtigen Informationen ausge-
— schlossen zu werden.
— Selbst der PC-Hersteller hp (HewlettPackard), der jahrelang seinen Geschäftsbericht als CD-ROM
— nebst dünnem Booklet herausgab, setzt inzwischen wieder auf eine klassische Printversion plus
— einen optimierten Online-Auftritt.

Individuell am Thema des Reports orientiert, ohne Bezug zum sonstigen Web- oder Markenauftritt:
NIKE gibt dem Online-Report viel Freiraum (siehe auch S. 83, 207).

01 - - NIKE 2000 - - WWW.NIKE.COM

02 - - NIKE 2003 - - WWW.NIKE.COM

03 - - NIKE 2004 - - WWW.NIKE.COM

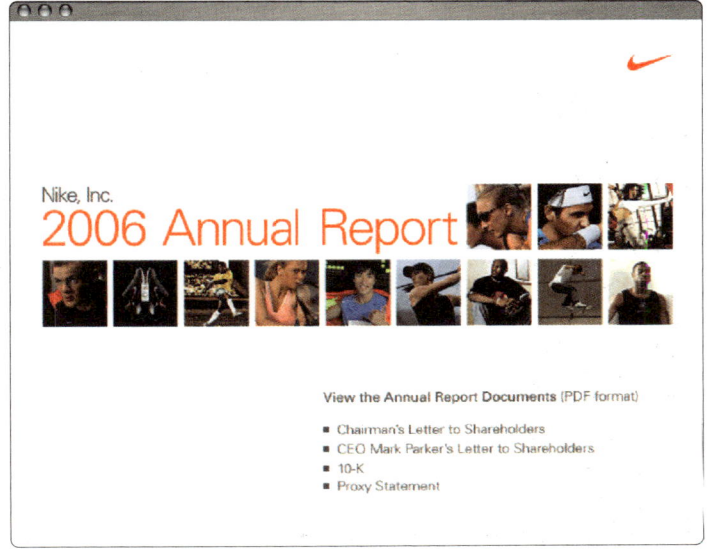

04 - - NIKE 2006 - - WWW.NIKE.COM

(A) ↓

Komplettübernahme der Printoptik (siehe S. 239) plus Schnellnavigation:

schöne Typografie als Bildgrafik in screentauglicher Lesegröße umgesetzt – auf Kosten von Ladezeiten und Textrecherchefunktionen.

01 - -

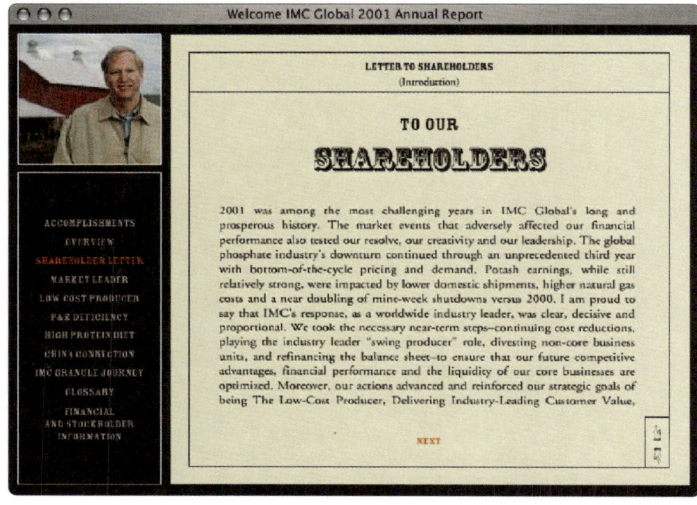

02 - -

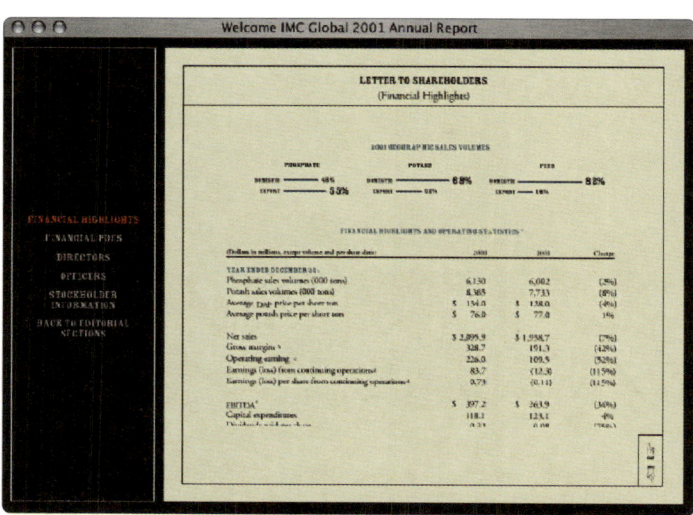

03 - -

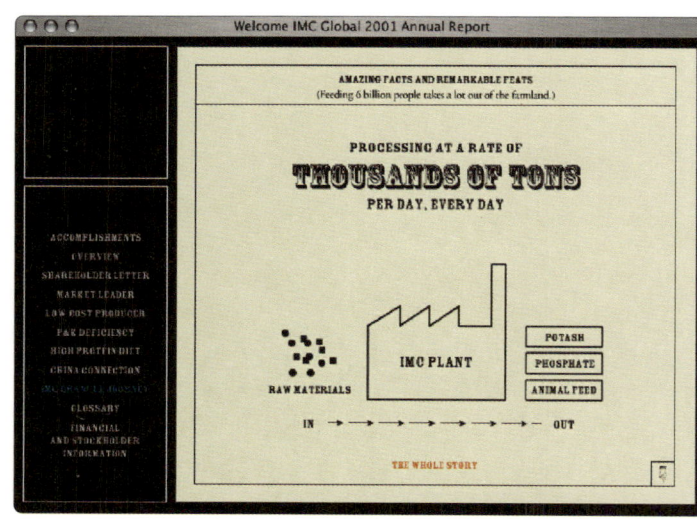

(A) ↓

Statisch und Foto-orientiert im Print (siehe S. 262), animiert und rein grafisch
aufbereitet im Web: funktional-ästhetische Crossmedia-Kommunikation.

(B) ↓

05 - -

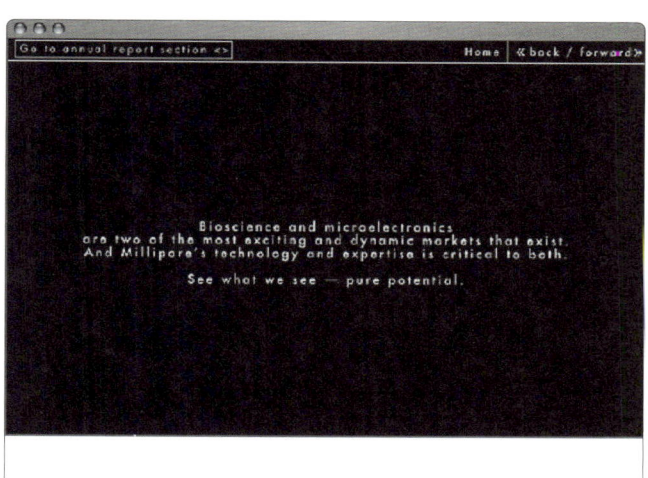

08 - -

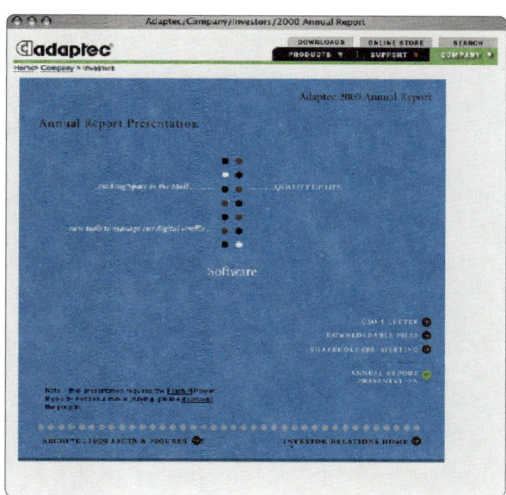

06 - -

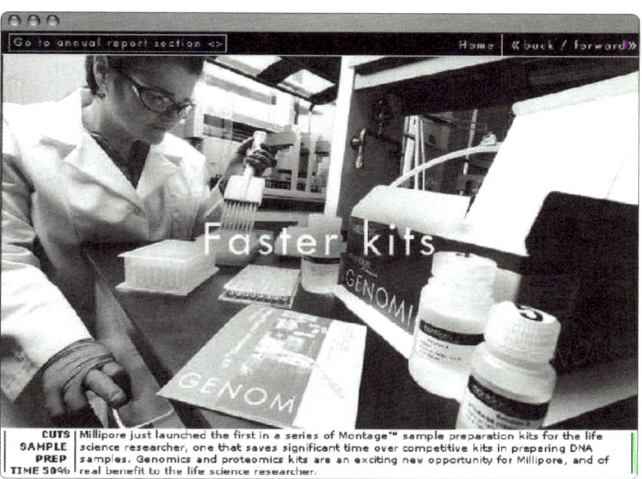

09 - -

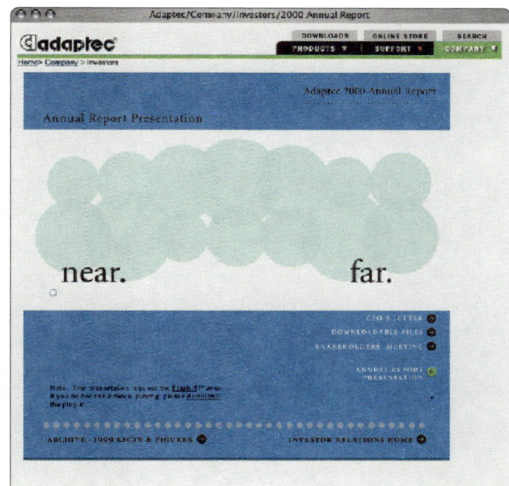

FINANCIAL HIGHLIGHTS		
For the year (in thousands, except per share data)	00	99
Net sales	$953,771	$771,188
Net income	$119,194	$ 64,328
Average diluted shares outstanding	47,039	45,274
Net income per share	$ 2.53	$ 1.42
Dividends per share	$ 0.44	$ 0.44
For the year ended (in thousands, except per share data)	00	99
Working capital	$230,836	$113,584
Capital expenditures	$ 52,218	$ 31,271
Total assets	$874,925	$792,733
Shareholders' equity	$305,368	$176,851
Book value per share	$ 6.58	$ 3.91

(A)   ↓

Back to the Basics: Farbe und Illustrationen wie im Print-Report (S. 177),
aber Rückgriff auf Systemtypografie zu Gunsten schnellerer Ladezeiten.

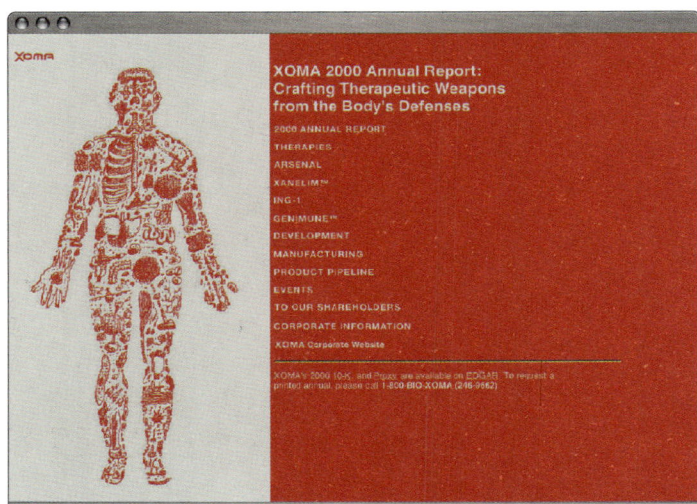

01 - -

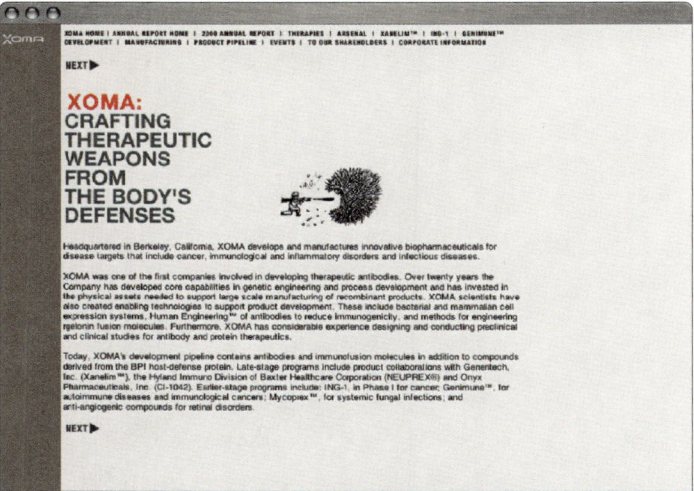

02 - -

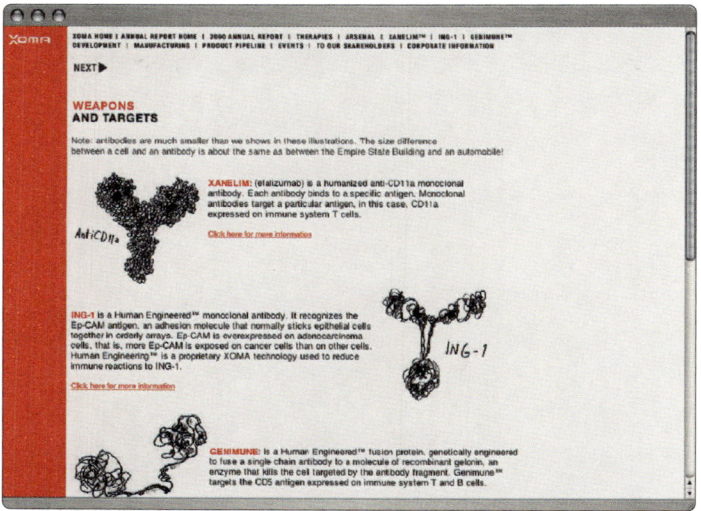

(B)   ↓

DaimlerChrysler stellt einen exemplarisch strukturierten Report zur Verfügung: Die Gestaltung ist auch im Web konzerntypisch. Der Schwerpunkt des Online-Reports liegt auf schnell zugänglicher Informat on für unterschiedliche Nutzergruppen. Der obere horizontale Frame bietet Suchfunktionen für den Gesamttext sowie Verlaufsinformationen, der linke Frame dient der übersichtlichen Indizierung über mehrere Hierarchie-Ebenen und bietet zusätzlich eine Schnellsuchefunktion. Der Hauptframe beinhaltet kurze Introtexte jeweils mit Verlinkung zum vollständigen Kapital, weboptimierte Bildgrößen und teilweise animierte Sequenzen aus dem Imageteil des Printreports. Die vorgeschaltete IR-Website bietet darüber hinaus verschiedene Download-Optionen (pdf, HTML, Texte, Tabellen) an. Besonders praktisch: Der interaktive Kennzahlenvergleich, der im Achtjahresüberblick beliebige Kennzahlen aus Bilanz, GuV und anderen Bereichen grafisch zueinander in Relation setzt.

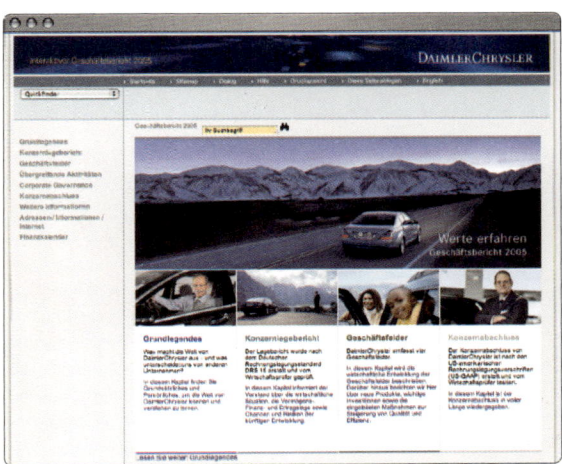

04 - -

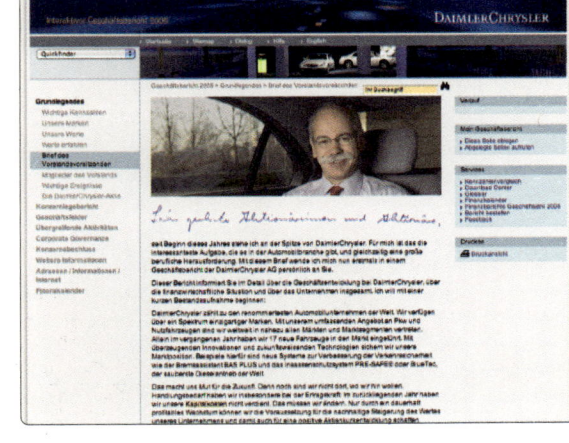

06 - -

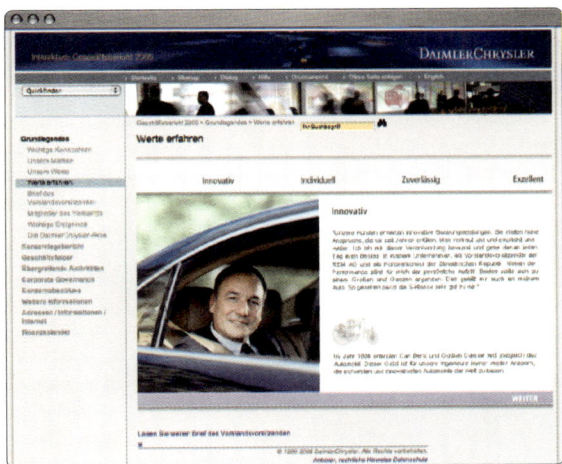

05 - -

AD(D)-ONS

fff
2. _ blatt für blatt: konferenz-support

fff
1. _ kommt oben drauf: die hauptversammlung

fff
3. _ nachgewürzt: die quartalsberichte

fff
4. _ es ist angerichtet: wettbewerbe

WIEVIEL>

kapitel:

08.0
WEITERES /
WETTBEWERBE

WEITERES / WETTBEWERBE

>

Die meisten Burgerküchen servieren nicht nur Fleischbrötchen. Im Verbund mit Pommes Frites und Cola wird daraus ein attraktives Menü. Denn Köche wie Kunden wissen: Ein Hamburger macht nur selten alleine satt. Was wirklich zählt auf der Nährwerttabelle, sind die Beilagen. Und der Nachtisch.

Dabei profitieren beide Seiten: Der Koch macht mehr Umsatz auf vertrautem Terrain, der Kunde spart gegenüber den Einzelpreisen. Für ein paar Cent mehr gibt es sogar ein extragroßes Getränk.

Schwer zu schlucken hat dagegen so mancher Hackbrater an den hohen Anforderungen der Testesser aus der Feinschmecker-Fraktion. Wenn die allerdings zufrieden sind, gibt es zum Dessert noch Ruhm und Ehre dazu. Und das ist die beste Voraussetzung für gut besetzte Tische.

DA GEHT NOCH WAS

Finanzmarktkommunikation fängt mit dem Geschäftsbericht an, geht aber viel weiter. Nur rund 20% des Investor-Relations-Etats eines Unternehmens verschlingt der Report. Der wird dann auf der Bilanzpressekonferenz serviert, auf Analystenmeetings und Roadshows mit Charts und Factbooks unterfüttert, auf der Hauptversammlung nebst warmen Worten und Würstchen verteilt und alle drei Monate mit einem weiteren Gang in Form von Quartalsberichten versehen. Damit diese und die Beilagen optimal mit dem Hauptgericht harmonieren, macht es für eine Aktiengesellschaft durchaus Sinn, Stammgast in einer guten Berichteküche zu werden – vorausgesetzt, ihr Service stimmt.

Den zu beurteilen, fällt oft so schwer, wie bei einem alten Bordeaux eine Korknote zu erkennen, wenn man jährlich nur eine Flasche trinkt. Deshalb gibt es Wettbewerbe mit erfahrenen Jurys, die die Berichte auf Leib und Magen testen: Junkfood oder Sterneküche?

Dieses Kapitel beschreibt die Menüfolgen, die Kosten, die wichtigsten Testesser und ihre Bewertungskriterien für den Hauptgang.

*** EINE DER BESTEN KÜCHEN: EINE REISE WERT
** EINE HERVORRAGENDE KÜCHE: VERDIENT EINEN UMWEG
* EINE SEHR GUTE KÜCHE: VERDIENT IHRE BESONDERE BEACHTUNG
LE GUIDE ROUGE MICHELIN

- k - 08.1 *

FFF : ////////// / //// /////
_ _ QUARTALSQUAL UND MEHR

EIN REPORT KOMMT SELTEN ALLEIN

* QUARTALS- UND NACHHALTIGKEITSBERICHTE

Mit dem Geschäftsbericht alleine ist es nicht getan, denn die Investorenkommunikation lebt von Kontinuität in der Ansprache. Die Börse von neuen Nachrichten. Und Agenturen leben von beidem.

QUARTALSBERICHTE — Da trifft es sich gut, dass die Deutsche Börse (im Prime Standard) wie auch die New York Stock Exchange die bei ihnen gelisteten Unternehmen verpflichten, jedes Vierteljahr die wichtigsten Kennzahlen und einen kurzen Lagebericht zu veröffentlichen. Die meisten Unternehmen stellen eine entsprechende pdf-Datei im Internet zur Verfügung. Einige Konzerne nutzen die Gelegenheit zur aktiven Kontaktaufnahme mit ihren Aktionären jedoch bewusst, indem sie gedruckte Quartalsberichte versenden. In beiden Fällen sollte bereits in der Konzeptionsphase des Geschäftsberichts daran gedacht werden, ein skalierbares System zu entwickeln, dessen »roter Faden« auch nach drei, sechs und neun Monaten noch lang genug für eine (meist etwa 20-seitige) Publikation ist, bevor der neue Bericht neue Maßstäbe setzt. Gängige Methoden sind die Fortführung des Bildkonzepts aus dem Jahresbericht oder Variationen des Titelthemas. Die tabellarischen Darstellungen sollten sich aus Gründen der Vergleichbarkeit ohnehin am Jahresbericht orientieren.

KURZBERICHT — Viele große Unternehmen mit hohem Free-Float-Anteilen (Aktienbesitz von Kleinaktionären) erstellen einen Kurzbericht, der anstelle des umfangreichen Reports an das Gros der Aktionäre versandt wird und die wichtigsten Fakten sowie eine reduzierte Imagekomponente enthält.

WEITERE BERICHTE — Weitere Mitglieder der Berichtsfamilie großer Konzerne sind der Nachhaltigkeitsbericht* und der Corporate Social Responsibility Report, die in Umfang und konzeptioneller Ausrichtung durchaus an einen Geschäftsbericht herankommen können. Es liegt nahe, allen Publikationen zur Verstärkung der Imagewirkung ein Oberthema und ggf. ein einheitliches Auftreten zu geben.

*Der Nachhaltigkeitsbericht (früher auch: Umweltbericht) beinhaltet Aussagen, die im Rahmen eines von vielen Betrieben für ihre Produktionsstätten durchgeführten Öko-Audits veröffentlicht werden müssen.

01 - - HEIDELBERGER DRJCKMASCHINEN 1998/99 - -
3ST KOMMUNIKATION (D)

02 - - VAN LANSCHOT HJB 2001 - - UNA (AMSTERDAM) DESIGNERS (NL)

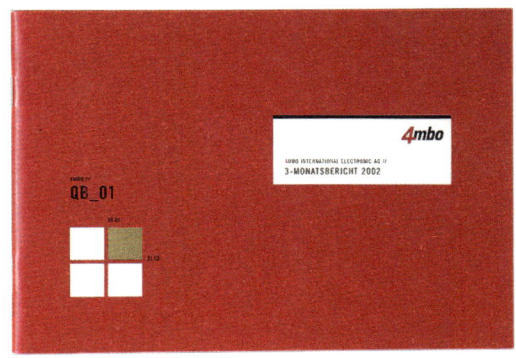

03 - - 4MBO QB1_2002 - - STRICHPUNKT (D)

(A) ↓

04 - -

05 - -

06 - - DAIMLERCHRYSLER 2003 - - DESIGN HOCH DREI (D)

FFF : ///////// / //// /////

* BILANZPRESSEKONFERENZ, POWERPOINT UND ANDERE KRAFTAKTE

Wer glaubt, nach getaner Arbeit am Geschäftsbericht könnte er seine Einkäufe wieder im Lebens-
mittelladen statt in der Tankstelle erledigen, oder bereits fieberhaft überlegt, wie seine besten Freunde
doch gleich hießen, sollte die Grillpartys noch etwas verschieben: Jetzt geht es erst richtig los.
Denn während der Geschäftsbericht gedruckt und gebunden wird, verbringen die Betreuer auf
Firmen- und Agenturseite ihre Nächte an der Druckmaschine und ihre Tage damit, die Inhalte des
Reports auf den Umfang einer Powerpoint-Präsentation einzudampfen. Das liegt an der bevorstehen-
den Bilanzpressekonferenz, zu deren Termin dann auch der Web-Report online geht.

-- BILANZ-
PRESSEKONFERENZ

Da es gerade bei der Bilanzpressekonferenz – ob im großen Rahmen vor 400 Journalisten oder
klein, aber fein in einem Konferenzraum mit 10 Interessierten – darum geht, ein professionelles Bild
des Unternehmens zu zeichnen, sollte von der Location über Rednerpulte bis zu Beamerpräsentationen
alles stimmen – und alles auf den Geschäftsbericht abgestimmt sein, der oft zu diesem Termin nur
als Vorabauflage vorliegt, hin und wieder erst in der Nacht zuvor digital gedruckt.

Der Pferdefuß liegt dabei in der weitgehenden Inkompatibilität der gängigen Layoutprogramme
zur Berichterstellung wie QuarkXPress und Indesign, zumal auf Mac-Basis, zu den gängigen
Präsentationsprogrammen wie Powerpoint, natürlich auf PC-Basis. Ein Chart sieht bei gleichem
Aufbau selten gleich aus, und wer zwecks Änderungsmöglichkeiten in letzter Minute darauf angewie-
sen ist, direkt in Powerpoint Diagramme zu gestalten, sollte sich darauf einstellen, dass dieses
Programm mitdenkt. Nichts Schlimmeres kann dem professionellen Gestalter passieren. Denn der ist
es gewohnt, Schriftgrößen, Aufzählungszeichen, Balkenbreiten, Legendenfarben und vieles andere
selbst und nach exakten Maßen zu definieren. Das hat Microsoft aber längst für ihn übernommen,
dafür aber variabel (zum Beispiel der Zeilenabstand: klein? mittel? groß?). Was Microsoft nicht weiter
interessiert, ist die entsprechend unterschiedliche Bildschirmdarstellung einer ppt-Datei auf unterschiedlichen Rechnern. Deshalb: Unbedingt Präsentationen auf dem System erstellen oder zumindest
testen, von dem aus tatsächlich präsentiert wird. Ansonsten wird der Zeilenfall schnell zum Zeilen-
ausfall, und das mit dem Vorstand des Auftraggebers live vor der versammelten Wirtschaftspresse.
Ein echtes Fest. Für die Agentur und / oder die Inhouse-Verantwortlichen präziser: ein Schlachtfest.

Meist am gleichen Tag wie die Bilanzpressekonferenz finden Analystenmeetings statt. Für kleinere
AGs gilt oft, dass die Bilanzpressekonferenz in einer größeren Stadt nahe am Sitz des Unternehmens

-- ANALYSTENKONFERENZ

durchgeführt wird, die Analystenkonferenz dagegen in Frankfurt, am Sitz der Banker und der Börse.
In der Regel wird dort um einiges detaillierter berichtet. Für beide Anlässe sollten die gezeigten
Dateien auch als Handout und um Presseerklärungen ergänzt zur Verfügung stehen. Das bedeutet
viel Gestaltungs-, Abstimmungs- und Koordinationsaufwand und sollte zum Dienstleistungsspektrum
einer guten Report-Agentur gehören.

* HAUPTVERSAMMLUNG UND ROADSHOWS

Nach diesen beiden Events kurz nach Fertigstellung des Reports wirft ein paar Wochen später die
jährliche Aktionärs-Großveranstaltung ihre Schatten unter die Augen: Die Hauptversammlung (HV)
steht an. Zu ihr muss schriftlich und fristgerecht mit Tagesordnung und Begründungen zu einzelnen
Punkten eingeladen werden: der erste Job. Die Veranstaltung selbst wird minutiös geplant, denn während in den USA Hauptversammlungen in Hotelzimmern stattfinden, sind in Deutschland oft die
Stadthallen zu klein: Zur DaimlerChrysler-HV 2006 kamen 9.000 Besucher, um warme Würstchen und
heiße Rededuelle zu goutieren. Die gestalterische und konzeptionelle Begleitung beginnt entsprechend oft Monate vorher – hierauf im Detail einzugehen, würde den Rahmen dieses Buches sprengen.

fff .) -----

$*$

Das Umfeld macht den Burger erst zum Menü

FFF : //////// / //// /////

fff
2. _ finanzanzeigen

fff
3. _ bilanzpressekonferenz

fff
4. _ analystenkonferenz

fff
1. _ hauptversammlung

fff
5. _ zwischenberichte

— Damit aber nicht genug an Betätigungsfeldern in der Finanzmarktkommunikation: So genannte
— Factbooks gehören zum guten Ton, zunehmend in einer Online-Version. Dabei handelt es sich um
— umfangreiche Daten- und Faktensammlungen mit spezifischen Kennzahlen, die für Analysten interes-
— sant sind. Genauso wie für die Kleinaktionäre großer Aktiengesellschaften die Investoren-Newsletter,
— die eher allgemeinverständlich der fortlaufenden Kommunikation mit den Shareholdern dienen.
— Der Akquise oder Information institutioneller Anlieger dienen Roadshows des Managements und der
— Besuch von großen Analystenveranstaltungen, abgesehen von der ständigen Pflege der IR-Website
— *(siehe Kap. 7).*
— Das Menü komplettiert sich durch Pflichtanzeigen im »Bundesanzeiger« und Zeitschriften wie der
— »FAZ«, Investorenkampagnen, die Begleitung von Kapitalerhöhungen oder Börsengängen und die Be-
— werbung oder Bekämpfung feindlicher Übernahmen (im Zuge der mannesmann-Übernahme durch
— vodafone wurde ein hoher zweistelliger Euro-Millionenbetrag in Tageszeitungsanzeigen gesteckt – von
— beiden Seiten!). Kurz: Wer in der Finanzmarktkommunikation Fuß gefasst hat, weiß: Ausgeschlafen
— wird erst nächstes Jahr. Und dann kommt der nächste Geschäftsbericht.

- k - 08.2 *

WAS KOSTET EIN GESCHÄFTSBERICHT?

* KEINE GEHEIMNISSE

Der Geschäftsbericht ist eines der seltenen Medien, in denen mit viel Fachwissen und Geduld ihr Erstellungspreis nachzulesen ist: Das Bilanzrecht verpflichtet die Unternehmen, unter der Rubrik »Sonstige Rückstellungen« die Summe anzugeben, die sie für die Kosten des Jahresabschlusses veranschlagen. Diese setzt sich aus den Kosten für die Bilanzerstellung und -Prüfung sowie für deren Veröffentlichung zusammen. Die Tarife der Wirtschaftsprüfer und Steuerberater sind für den Fachmann dank Gebührenordnungen grob kalkulierbar, was übrig bleibt, ist für den Bericht gedacht. Und damit auch meistens fix budgetiert, denn kein Unternehmen legt Wert auf große Abweichungen der prognostizierten von den tatsächlichen Zahlen im Geschäftsbericht – zumal, wenn es um ihn selbst geht.

* PREISPOLITIK UND POLITISCHER PREIS

Der fertige Bericht soll dazu dienen, das Zukunftspotential des Unternehmens deutlich zu machen und Vertrauen zu schaffen. Deshalb sollte er auch hochwertig erstellt werden. Das wiederum veranlasst die Vertreter der Schutzgemeinschaften der Kleinaktionäre, mit schöner Regelmäßigkeit auf den Hauptversammlungen den Bericht als Beleg für unnötige Geldverschwendung im Konzern zu geißeln (»hätten Sie das lieber in die Dividende investiert«) und den Vorstand zu nötigen, die dafür ausgegebene Summe zu rechtfertigen. Hat er damit Probleme, wird es enger für den nächsten Report. Im Gegenzug ist das Lob eines Hauptversammlungsredners für einen gelungenen Bericht auch gut für die Budgetierung im kommenden Jahr. Deutlich wichtiger dürfte aber sein, wie Analysten, Investoren und Journalisten auf einen Bericht reagieren, denn sie sorgen für den eigentlichen »return on investment«: Dabei ist festzustellen, dass der Prozentsatz des IR-Budgets, der für den Bericht ausgegeben wird,

fff .) - - - - -   *

Kosten eines Geschäftsberichts[1]

AGs insgesamt	191.000 €
DAX	334.000 €
MDAX	195.000 €
TecDAX	179.000 €
SDAX	119.000 €

— mit rund 20 % seit Jahren weitgehend identisch ist mit dem Beachtungsanteil des Reports im
— Verhältnis zu anderen IR-Maßnahmen durch Analysten und Investoren. Geht es nach der wichtigsten
— Zielgruppe des Reports, lohnen sich die Investitionen also.

* WAS KOSTET WIE VIEL FÜR WEN?

— Viele Kostenfaktoren, die in einem Geschäftsbericht eine Rolle spielen, können nicht fix abgegrenzt
— werden. Die dadurch entstehenden Spielräume nutzen Unternehmen in die eine wie die andere
— Richtung, wenn es darum geht, die konkreten Kosten für einen Bericht zu ermitteln. Im einen Fall ist
— der Bericht Bestandteil eines ausgearbeiteten Kommunikationskonzeptes, im anderen Fall ist er ein
— singuläres Objekt, für das komplett neu gedacht wird. Es ist durchaus üblich, Fotoproduktionen und
— Textbausteine des Geschäftsberichts auch für eine Imagebroschüre zu verwenden oder vorhandene
— Produktfotos auch im Report abzubilden. Ob die Kosten dafür dem Marketing- oder dem IR-Budget
— zugeschlagen werden, bleibt Sache des Unternehmens. Weil viele externe Dienstleister auch für andere
— Projekte des Unternehmens engagiert sind oder über Mehrjahresverträge abrechnen, ist auch hier eine
— Fixierung schwierig. Weil der »politische« Preis für einen Bericht je nach Unternehmen schwankt
— (in einem Fall möchte man Kürzungen der Werbeausgaben dokumentieren, im anderen Fall eine straffe
— Budgetierung der IR-Aktivitäten), kommt eine unabhängige Untersuchung am ehesten zu objektivier-
— baren Ergebnissen. Das »Handelsblatt« hat dazu mehr als 100 IR-Verantwortliche aus allen Börsen-
— segmenten befragt. Das Fazit des »Investor-Relations-Monitor«:
— *Ein Geschäftsbericht kostet im Durchschnitt über 190.000 €.*[1]
— Das ist viel Geld, und genauso vielfältig sind die Kostenfaktoren: Abgesehen von den (nicht veran-
— schlagten) Wirtschaftsprüfungs- und unternehmensinternen Kosten sowie dem Versand sind das unter
— anderem Beratung, Abstimmung, Recherchen, Konzept, Layout, Fotografie und Bildrechte, Text, Satz
— und Fremdsprachensatz, Autorenkorrekturen, Übersetzung, Lektorat, Reproduktion, Produktions-
— überwachung, Andrucke, Papier, Druck, Weiterverarbeitung, Veredelung, Programmierung der Online-
— Version, Vorabversionen für Gremien, ggf. Digitaldruck-Vorabversion zur Bilanzpressekonferenz,
— Material- und Reisekosten.

* DIE FIXPREISFALLE IST EINE FALLE FÜR ALLE

— Eine solide Kalkulation sollte die oben genannten Positionen berücksichtigen. Der Weg zum fertigen
— Report ist dabei von vielen Variablen geprägt – von der internen oder externen Texterstellung bis hin
— zur Seitenzahl: Diese ist in den seltensten Fällen von vornherein definierbar. Sind etwa im Anhang
— umfangreichere Erklärungen nötig als ursprünglich gedacht, werden die Wirtschaftsprüfer darauf be-
— stehen und weder Unternehmen noch Agentur können daran etwas ändern. Ein fix gesetztes Gesamt-
— budget sollte daher nur für einen definierten Umfang gelten und flexibel genug sein, wenn es zu
— Unvorhergesehenem kommt. Das gilt umgekehrt auch für ein Angebot der Agentur: Ein fairer Dienst-
— leister sollte von seinem Kunden nicht erwarten, dass er selbstverständlich einen Überblick über alle
— möglicherweise anfallenden Kosten hat, sondern ausdrücklich auf variable oder mögliche Zusatzkosten
— im Angebot hinweisen. So kommt es bei nahezu jedem Geschäftsbericht zu einer Vielzahl von Autoren-
— korrekturen. Werden diese nicht als Schätzwert veranschlagt, ist ein Angebotspreis oft vom Endpreis
— meilenweit entfernt. Nicht jeder Kunde weiß das. Ist der Angebotspreis einmal budgetiert, wird es
— schwierig: Die Agentur verweist am Ende darauf, dass z. B. die Kosten für Korrekturen und Zusatz-
— seiten nicht im Angebot enthalten waren und will nachberechnen. Der Kunde fällt aus allen Wolken und
— will nicht mehr bezahlen, als er im Angebot unter »Gesamtsumme« gelesen hatte. Gegenseitige Fair-
— ness und ein projektbegleitendes, transparentes Kostenmanagement sind deshalb unabdingbare
— Voraussetzungen für eine gute Zusammenarbeit auch in diesem Bereich.

Quelle > 1.) Handelsblatt, Investor-Relations-Monitor, Nov. 2002. Das Preisniveau blieb bis September 2006 nach Agenturumfragen weitgehend unverändert.

- k - 08.3 *

FFF : //////// / //// /////
_ _ WOLLEN. KÖNNEN. MÜSSEN. DÜRFEN

WETTBEWERBE: DAS OLAF-PRINZIP
(OPTIMAL LESBAR, ABER FÜLLIG)

Wie die meisten Kommunikations- und Werbemedien, entziehen sich auch Geschäftsberichte einer objektivierbaren Bewertung. Sie sind nicht mit Produkten oder Dienstleistungen vergleichbar, deren Erfolg am Markt sich durch Umsatzzahlen messen lässt. Deshalb kann es für die Einschätzung der Qualität eines Geschäftsberichts durch den Auftraggeber unverhältnismäßig wichtig sein, was ein neurotischer Kleinaktionär auf der Hauptversammlung dazu zu sagen hat oder ob die Frau des ersten Kunden, dem der Vorstandssprecher den Bericht stolz in die Hand drückt, die Bilder schön findet oder nicht. Das ist im Einzelfall desaströs oder erheiternd – eine solide Grundlage zur Bewertung ist es weder für Auftraggeber noch für Auftragnehmer.

* NICHT ALLES IST GOLD, WAS GLÄNZT

In diese Lücke springen Wettbewerbe – und nicht immer ist das Ergebnis deswegen seriöser. So manche Awards machen sich die Tatsache zu Nutze, dass allen Seiten am ehesten mit einer möglichst wohlklingenden Auszeichnung gedient ist: Die Agentur ist glücklich, die Company ist stolz, und die Einsende- und Veröffentlichungsgebühren sprudeln munter. Gerade in den USA sind zahlreiche »wichtigste Wettbewerbe der Welt« beheimatet, deren Unabhängigkeit sich insbesondere dadurch äußert, dass hinter dem Namen der durchführenden »Organisation« ein kleines »Inc.« prangt und 25 % der eingereichten Arbeiten ausgezeichnet werden. Dabei liest sich die Liste der Award-begleitenden Statuetten, Urkunden und Medaillen länger als die der Jury-Kriterien. Auch in Deutschland gibt es Publikationen, die im Titel den Anschein erwecken, auf Basis eines jurierten Wettbewerbs entstanden zu sein. Dort gehört schlicht zu »den Besten«, wer bereit ist, die Veröffentlichungskosten zu bezahlen.

fff .) - - - - -   ✳

FFF : ///////// / //// /////

> quartalsqual, hv-hype, ruhm und rundherum

* »MANAGER MAGAZIN«, BILANZ UND TREND: DIE TRENDSETTER

Derlei gilt aber nicht für alle Wettbewerbe. Und schon gar nicht für einen: Jedes Jahr im September wird in den deutschen Vorstandsetagen ein Termin geblockt – meist vergeblich. Dann werden die Investor-Relations-Manager nervös und in den Geschäftsberichtsagenturen herrscht gespannte Ruhe, denn dieser Tag entscheidet über Erfolg und Misserfolg, über Wohl und Wehe und oft genug über den Agenturumsatz in der kommenden »Saison«: Das »manager magazin« lädt seit 1995 zur Gala mit den Siegern des Wettbewerbs »Die besten Geschäftsberichte«. Ähnliches bietet das Magazin »Bilanz« dem Schweizer Publikum, das Magazin »trend« in Österreich sowie in der tschechischen Republik der CzechTop-100-Wettbewerb.

Das Besondere am »manager magazin«-Wettbewerb: Drei voneinander unabhängige Jurys erstellen Expertisen in den Kategorien Inhalt, Optik und Sprache. Dazu kommt das rechnerisch ermittelte Kriterium der Berichtseffizienz (Seitenmenge im Verhältnis zum Inhalt). Schließlich kann eine Endjury, die den Bericht als »Gesamtkunstwerk« wertet, nochmals bis zu acht Prozentpunkte auf- oder abschlagen. Es gibt weder Einsendeformulare mit der Möglichkeit, sich zum vorliegenden Werk zu äußern, noch werden Gebühren verlangt. Geprüft werden rund 200 Berichte der größten deutschen und europäischen Aktiengesellschaften sowie der Börsenneulinge. Die Kriterien sind sehr umfangreich, sehr differenziert, sehr inhaltsorientiert und sehr klar formuliert. Außerdem sind sie über die Website des manager magazin jederzeit öffentlich zugänglich.

* OPTIK MIT EINFLUSS

Die Optik und das freie inhaltliche Konzept spielen dabei seit 2006 mit 18% Einfluss auf das Gesamtergebnis eine nicht unerhebliche Rolle und tragen damit dem Umstand Rechnung, dass der Bericht auch als Imageträger verstanden werden will. Viele Unternehmen orientieren sich bewusst an den Quasi-Industriestandards des »manager magazin«-Wettbewerbs. Diese werden seit 2004 in Bezug auf die Optik vom Corporate Communication Institute (CCI) der FH Münster um Prof. Gisela Grosse beurteilt. Im Newsletter des CCI finden sich detaillierte Angaben und Statistiken zur aktuellen Entwicklung der Report-Szene – die Lektüre ist für professionelle Berichtemacher unverzichtbar. Viele Kernpunkte des Kriterienkataloges gehen nach wie vor auf den langjährigen Juryvorsitzenden und emeritierten Professor der FH Mainz, Olaf Leu, zurück, einen der großen deutschen Typografen. Wie kein Zweiter hat er sich mit den spezifischen Problemen eines Mediums beschäftigt, das eine große Menge von Informationen verständlich und lesbar transportieren soll. Aber nicht nur Unternehmen orientieren sich daran: Viele Inhaber erfolgreicher deutscher Geschäftsberichtsschmieden haben ihr Handwerk bei Olaf Leu gelernt. Die differenzierten Bewertungen und Gutachten der Jury sind außerdem nicht ohne Einfluss auf andere Agenturen geblieben. Dazu kam ein Trendsetting-Effekt durch die Siegerberichte des Wettbewerbs, der Seinesgleichen sucht: Zunächst im immer opulenteren Umfang der bewerteten Werke bis hin zu Konvoluten von deutlich über 200 Seiten, die die Kriterienliste minutiös abarbeiteten, bevor das Kriterium Berichtseffizienz eingeführt wurde. Aber auch in der Optik: So prägten die Geschäftsberichte der Heidelberger Druckmaschinen AG (bis 2006 insgesamt fünf Mal auf dem ersten Platz im MDAX) die Typografie, Tabellensprache, Struktur und buchbinderische Verarbeitung einer ganzen Generation von späteren Berichten anderer Konzerne. Der Fotostil, den ThyssenKrupp (Gesamtsieger 2002 und 2003) inszeniert, findet sich in zahlreichen anderen Reports mal ähnlich gut, mal schlechter interpretiert wieder.

* LIEBER NACHGEDACHT ODER NACHGEMACHT?

Die Folge öffentlich zugänglicher Bewertungskriterien eines marktbeherrschenden Wettbewerbs kann durchaus zweischneidig betrachtet werden. Während viele den unzweifelhaft großen Einfluss

* (A)

Die wichtigsten deutschsprachigen Wettbewerbe

// red dot award des Designzentrums Nordrhein-Westfalen (www.red-dot.com), der von der Einsendezahl her größte deutsche Designwettbewerb.

/// ADC-Wettbewerb des Art Directors Club Deutschland (www.adc.de): Eine eigene Kategorie ist den Geschäftsberichten gewidmet. Bewertet wird vor allem die Idee.

// Der Deutsche PR-Preis kümmert sich vor allem um die Textqualität eines Berichts.

// Der DDC-Wettbewerb bewertet Geschäftsberichte auch im Rahmen vernetzter Kommunikation mit anderen Medien.

FFF : ///////// / //// /////

des Contests als den alles entscheidenden Qualitätsfaktor für die deutsche Geschäftsberichtsszene betrachten, sehen andere den »manager magazin«-Wettbewerb als den großen Gleichmacher der Szene. Olaf Leu dazu: *»Es wird auf Teufel komm raus gekupfert.«*

Wenn man die siegreichen Berichte mit den im darauf folgenden Jahr in Scharen auftretenden Nach-ahmern nebeneinander stellt, ist dem nicht zu widersprechen. Aber auch die schärfsten Kritiker kommen nicht umhin, der Langeweile selbst der Reports, die sich nur an den Siegern orientieren, statt eigene Akzente zu setzen, zumindest ein hohes Niveau zu bescheinigen.

Dass auf Einsendegebühren verzichtet wird, ist dem Wettbewerb zuträglich. Dass etwas diskreter mit (im Übrigen akribisch erstellten, qualitätvollen und lesenswerten) Gutachten Geld verdient wird, mag man den Protagonisten bei über 14 Stunden Beschäftigungszeit je Report nachsehen: Die meisten anderen Contests beurteilen in diesem Zeitraum mit deutlich weniger Juroren sämtliche verfügbaren Einsendungen. So dauert die Jurysitzung eines amerikanischen Wettbewerbs, der regelmäßig 1.500 Be-richte bewertet und über 300 davon mit Trophäen beglückt, gerade mal einen Tag. Der »manager magazin«-Wettbewerb ist, alles in allem, ein sehr deutscher, also ein sehr gründlicher und ordentlicher Wettbewerb. Und das ist auch gut so.

Jedem Land also den Wettbewerb, den es verdient: Optimal lesbar, aber füllig (Olaf) – die typisch deut-sche Variante des Geschäftsberichts. Marginal ergebnisorientiert, absolut designlastig (Mead) – die amerikanische Variante, analog zum dort seit 1956 durchgeführten, ausschließlich optisch orientierten Wettbewerb der Mead Paper Corporation.

* WEITERE WETTBEWERBE

Auch die renommierten Designcontests *(A) haben der Bedeutung von Geschäftsberichten als hoch-wertige Imageträger gemäß entsprechende Kategorien eingerichtet, die zu den am stärksten frequen-tierten Einsendungssparten zählen. Denn meist sind es die Geschäftsberichte, die visuelle Trends für die gesamte Unternehmenskommunikation setzen.

Weltweit renommiert sind die Wettbewerbe des Type Directors Club New York (www.tdc.org) sowie des Art Directors Club New York (www.adcny.com). In den USA relevante Contests: Black Book AR 100 und das Communication Arts Graphic Design Annual. In Deutschland bewerten bei den Wettbewerben des Art Directors Club (www.adc.de) und beim red dot communication design award kompetente Jurys aus prominenten Designern Ideen und visuelle Qualität der Reports.

(A) ↓

01 - - HEIDELBERGER DRUCKMASCHINEN 2005/06 - - HILGER & BOIE (D)

02 - - HEIDELBERGER DRUCKMASCHINEN 2005/06 - - HILGER & BOIE (D)
Der Seriensieger.

03 - - GILDEMEISTER 2005 - - MONTFORT WERBUNG (D)
Der Qualitätsführer.

(B) ↓

04 - - THYSSEN KRUPP 2001/02 - - HÄFELINGER + WAGNER DESIGN (D)

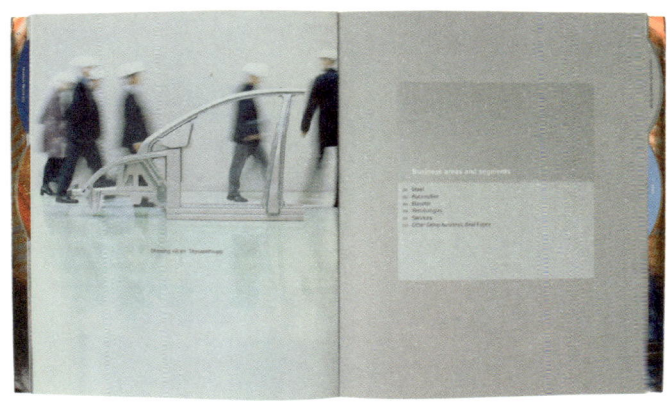

05 - - THYSSEN KRUPP 2003/04 - - HÄFELINGER + WAGNER DESIGN (D)

06 - - THYSSEN KRUPP 2004/05 - - HÄFELINGER + WAGNER DESIGN (D)
Der Trendsetter.

WHO IS WHO

DAS GLOSSAR : //////// / //// /////

fff
2. _ agenturen

fff
1. _ unternehmen

fff
3. _ fachbegriffe

WOHER>

09.0
GLOSSARE /
REGISTER

Glossar I.)

a) FINANZMARKTKOMMUNIKATION

FFF : //;//// / //// /////

AKTIE	Besitzdokument für einen Unternehmensanteil an einer Aktiengesellschaft *(englisch: Share)*.
ANHANG	Erläuternder Bestandteil des → Jahresabschlusses.
BLUECHIP	Wichtige Aktie, Standardwert einer Börse im wichtigsten → Index.
BÖRSENKAPITALISIERUNG	Summe des Wertes aller an der Börse gehandelten Aktien eines Unternehmens. *(→ Marktkapitalisierung)*
CASHFLOW	Aus der laufenden Geschäftstätigkeit erwirtschafteter Fluss liquider Mittel.
CORPORATE GOVERNANCE	Verantwortliche, wertschöpfungsorientierte Unternehmensführung und -Aufsicht.
CORPORATE GOVERNANCE KODEX	Verbindliche Richtlinien für Vorstand und Aufsichtsrat zur Unternehmensführung und -Aufsicht.
DAX	Index der 30 größten Werte der Deutschen Börse bezogen auf → Marktkapitalisierung und Orderbuchumsatz, die im → Prime Standard zugelassen sind.
DEUTSCHE BÖRSE	*Gruppe Deutsche Börse AG*, Betreiber der Frankfurter Wertpapierbörse und des → Xetra-Handelssystems.
DVFA/SG-ERGEBNIS	Gemeinsame Empfehlung der *Deutschen Vereinigung für Finanzanalyse und Asset Management* und der *Schmalenbachgesellschaft* zur Ermittlung eines von Sondereinflüssen bereinigten Jahresergebnisses je Aktie.
EBITDA	*Earnings before interest, taxes, depreciation and amortisation*: Ergebnis vor Zinsen, Steuern und Abschreibungen.
EBIT	*Earnings before interest and taxes*: Ergebnis vor Zinsen und Steuern.
EBT	*Earnings before taxes*: Ergebnis vor Steuern.
EIGENKAPITAL	Kapital, das einem Unternehmen von den Eigentümern oder durch einbehaltene Gewinne zur Verfügung steht.
EIGENKAPITALRENDITE	Verhältnis Jahresüberschuss zu Eigenkapital.
EIGENKAPITALQUOTE	Eigenkapital durch Gesamtkapital mal 100 (wichtiger Kennwert zur Beurteilung der finanziellen Ausstattung eines Unternehmens).
EURO-STOXX 50	→ Bluechip-Index der 50 wichtigsten EU-Unternehmen nach → Börsenkapitalisierung, Börsenumsatz und Branchen.
FORM 10-K	An die → SEC zu übermitteIndes Formular zur Jahresabschlusserstellung börsennotierter Unternehmen in den USA.
FREE FLOAT	Aktienkapitalanteil im Streubesitz (d. h. in kleineren Mengen vor allem von Kleinaktionären gehalten).
FREMDKAPITAL	Summe der Rückstellungen, Verbindlichkeiten und → Rechnungsabgrenzungsposten auf der Passivseite der Bilanz.
FTSE-100	*Financial Times Stock Exchange 100* – Index: die 100 größten britischen Aktienwerte.
HGB	*Handelsgesetzbuch*: Umfassender Gesetzestext zur Regelung kaufmännischer Tätigkeit in Deutschland, enthält u. a. Vorschriften für den → Jahresabschluss.
INDEX	Zusammenfassung bestimmter Aktienkurse in unterschiedlicher Gewichtung, die ein Gesamtbild über die Entwicklung der Börsenkurse eines Landes oder einer Branche gibt.

fff. 2 -----   *

INVESTOR RELATIONS (IR)	Informationsarbeit eines Unternehmens für Aktionäre, Analysten und Fachjournalisten.
IFRS	*International Financial Reporting Standards:* weltweit akzeptierter, in Amerika entwickelter Rechnungslegungsstandard.
IPO	*Initial public offering:* Börsengang.
JAHRESABSCHLUSS	Gesetzlich für Gesellschaften vorgeschriebenes Zahlenwerk zum Jahresende mit Bilanz, Gewinn- und Verlustrechnung sowie → Anhang.
KAPITALFLUSSRECHNUNG	Rechnung zur Ermittlung der Liquiditätsentwicklung unter Berücksichtigung der Mittel-herkunfts- und Mittelverwendungseffekte.
LAGEBERICHT	Jährlicher Bericht zur Situation eines Unternehmens. Für große Kapitalgesellschaften sind folgende Bestandteile gesetzlich vorgeschrieben: allgemeine wirtschaftliche Lage, branchenspezifische Lage, Lage des Gesamtunternehmens, Segmentbericht, Forschungs- und Entwicklungsbericht, Risikobericht, Nachtragsbericht und Ausblick.
MARKTKAPITALISIERUNG	Kurswert einer Aktie mal Summe der ausgegebenen Aktien; entspricht dem Marktpreis eines börsennotierten Unternehmens.
MID CAPS	Mittelgroße börsennotierte Unternehmen.
MDAX	Index für mittelgroße Unternehmen an der Deutschen Börse unterhalb des → DAX, umfasst 70 → Prime-Standard-Werte aus klassischen Branchen.
NACHHALTIGKEITSBERICHT	Bericht, der im Rahmen eines von vielen Betrieben durchgeführten Öko-Audits veröffentlicht wird.
NASDAQ	*National Association of Securities Dealers Automated Quotations:* elektronisches Handelssystem für amerikanische Wachstums- und Technologiewerte.
NIKKEI-INDEX	Japanischer Aktienindex, nach → Börsenkapitalisierung gewichtet.
PRIME STANDARD	Segment für Unternehmen an der Deutschen Börse, für das gegenüber dem »General Standard« verschärfte Publikationsregeln gelten (z. B. Erstellung von → Quartalsberichten).
PUBLIC RELATIONS (PR)	Öffentlichkeitsarbeit.
QUARTALSBERICHT	Kurzgefasster Abschluss eines Unternehmens für einen Dreimonatszeitraum.
RECHNUNGSABGRENZUNGSPOSTEN	Zahlungen im Berichtszeitraum mit Ergebniswirkung auf einen Zeitraum danach.
ROADSHOW	Analysten- und Investorenveranstaltungen eines Unternehmensmanagements außerhalb des Firmensitzes; üblich bei größeren Kapitalmaßnahmen und → IPOs.
ROCE	*Return on capital employed:* Verhältnis von → EBIT zu → Eigenkapital, Rückstellungen und Nettofinanzverschuldung.
SDAX	Index aus 50 kleineren → Prime-Standard-Unternehmen der Deutschen Börse unterhalb des → MDAX.
SEC	*Securities Exchange Committee,* die staatliche amerikanische Aktienhandelsaufsicht.
SHAREHOLDER	Aktionär.
SMALL CAPS	Bezeichnung für kleinere Aktienwerte (»Nebenwerte«).
TECDAX	Index aus 30 mittelgroßen Technologiewerten im → Prime Standard der Deutschen Börse unterhalb des → DAX.
XETRA-HANDELSSYSTEM	Den deutschen Aktienmarkt vom Volumen her bestimmendes elektronisches Handelssystem.

Glossar *II.)*

FFF : //////// / //// /////

ANDRUCK	Probedruck auf einer Offset-Andruckmaschine zur exakten Kontrolle der Farb- und Wiedergabequalität eines Dokuments sowie von → Moirés und → Über-/Unterfüllung vor dem Auflagendruck. *(→ Proof, Maschinenandruck)*
ANTIQUA	Schrift mit Serifen und unterschiedlicher Strichstärke.
AUSSCHIESSEN	Anordnen der Einzelseiten eines Dokuments als Montagefläche in der Größe eines Druckbogens.
BESCHNITT	Teile einer Abbildung oder Fläche, die über das Seitenformat hinausragen, liegen im Beschnitt.
BLITZER	Unerwünscht unbedruckte Stellen, entstanden durch nicht passgenauen Farbdruck oder falsche → Über-/Unterfüllung.
BROSCHUR / SOFTCOVER	Dünnes, einfach gebundenes Buch oder Heft mit weichem (oder keinem) Umschlag.
BROSCHÜRE	Publikation mit einfachem Papier- oder Kartonumschlag.
BUCHBLOCK	Gefalzte, gebundene und beschnittene Druckbögen, noch nicht im Umschlag eingehängt.
CORPORATE TYPE	Individuell für ein Unternehmen veränderte oder neu geschnittene Schrift.
DURCHSCHLAGEN	Sichtbar werden von Druckfarbe auf der Rückseite des Papiers.
DURCHSCHUSS	Zeilenabstand (gemessen wird von Textunterkante zu Textunterkante).
EGYPTIENNE	Schrift mit weitgehend gleichmäßiger Strichstärke und ausgeprägten Serifen.
EXPERT- / FRACTIONS-FONTS	Patentierte Schriftschnitte mit eigens gestalteten Formen für spezielle Anwendungen. Bsp.: Mediävalziffern, Small Caps, Schnitte mit Ligaturen, Bruchziffern, Sonderzeichen etc.
FOLIENKASCHIERUNG	Kunststofffolie, die zum Schutz der Farbe und des Bedruckstoffes mittels Druck und Wärme auf diesen aufgebracht wird.
GEMEINE / MINUSKELN	Kleinbuchstaben.
GESTALTUNGRASTER / GRUNDLINIENRASTER	Die Gliederung aller Elemente einer Seite in ein mehr oder weniger festes Grundschema; das Grundlinienraster ist Teil dieses Schemas und regelt die Zeilenabstände.
GEVIERT	Typografisches Maß, entspricht der Breite des Schriftkegels. *(→ Kegelbreite)*
GROTESK	Schriften ohne Serifen mit mehr oder minder gleicher Strichstärke.
GRUNDSCHRIFT	Die ein Druckwerk quantitativ bestimmende Schrift, ggf. in verschiedenen Schnitten.
HARDCOVER	Fester Umschlag, meist aus kaschierter Graupappe mit Bezugsstoff oder -Papier.
HAUSSCHRIFT	Schrift oder Schriften, die ein Unternehmen über lange Zeiträume für seine Kommunikation festlegt und einsetzt.
IMPRIMATUR	Erteilung der Druckerlaubnis (lat. »es werde gedruckt«).
KAPITÄLCHEN / SMALL CAPS	Eigenständiger Schriftschnitt: Kleinbuchstaben in der Form von Großbuchstaben.
KASCHIEREN	Gegeneinanderkleben zweier oder mehrerer flächiger Materialien, z.B. Papier auf Karton.
KEGELBREITE	Begriff aus dem Bleisatz: die Breite des Bleielements, auf dem der einzelne Buchstabe sitzt. Bei Proportionalschriften besitzt jeder Buchstabe eine andere Kegelbreite. Elektronisches Pendant ist das →Kerning.
KERNING	Individuell im Schriftdatensatz eingebetteter Zeichenpaar-Abstand. *(→Laufweite)*
KOLUMNE	Satzspalte.
LAUFWEITE	Buchstabenabstand, einstellbar über die Layoutsoftware. *(→Kerning)*
LIGATUR	Doppel- oder Dreifachbuchstaben, die als eigenständige Form gestaltet sind *(z.B. ﬃ, ﬂ)*.
MAKULATUR	Fehlerhafte oder beschädigte Druckbögen, auch: Vorlaufpapier beim Druckbeginn.
MARGINALIEN	Anmerkungen am Rand der Kolumne außerhalb des Satzspiegels.
MASCHINENANDRUCK	Probedruck auf der Original-Auflagendruckmaschine zur exakten Kontrolle der Farb-, Farbauftrags- und Wiedergabequalität eines Dokuments sowie von → Moirés und → Über-/Unterfüllung. *(→Proof, Andruck)*

fff · · -----   *

MEDIÄVALZIFFERN	Ziffern mit Ober- und Unterlängen *(123456789)*.
MOIRÉ	Optische Bildstörungen durch Fehler in der Rasterüberlagerung von Farbbildern.
OPAZITÄT	Bezeichnung für die Lichtundurchlässigkeit von Papier.
PDF	Abkürzung für »Portable Document Format«; bezeichnet ein plattformunabhängiges Dateiformat, das z. B. zur Online-Veröffentlichung und zur Druckproduktion von Dokumenten genutzt wird.
PROOF	Farbprüfverfahren, das ehemals fotografisch, heute digital hergestellt ein Muster zur Beurteilung der Farbwiedergabe eines Dokumentes liefert. Nachteil: keine echten Druckfarben; Verwendung von Spezialpapieren. *(→ Andruck, → Maschinenandruck)*
PROPORTIONALSCHRIFT	Schrift, bei der jedes einzelne Zeichenpaar durch Kerning einen individuellen Abstand zueinander hat. (Im Gegensatz zu fixen Abständen von Buchstabe zu Buchstabe, z. B. bei der `Courier`.)
PROPORTIONALZIFFERN	Ziffern mit individuellem Abstand zueinander (123456789), geeignet für den Textsatz. Für den Tabellensatz werden Ziffern mit fester Kegelbreite (stets gleiche Abstände) benötigt.
PUNKT	(genauer: Pica-Punkt) Maßeinheit zur Bestimmung der Schriftgröße (entspricht 0,351 mm).
REGISTERHALTIGKEIT	exaktes Aufeinanderliegen der Textzeilen auf dem Druckbogen im Schön- und Widerdruck.
RÜCKENDRAHTHEFTUNG	(auch: Klammerheftung) Bindeart mit Drahtklammern im Rücken.
SATZSPIEGEL	Fläche, in der Textspalten und Bildformate angeordnet werden (bis auf → Marginalien, Titel, → Pagina).
SCHRIFTFAMILIE	Die Summe der Erscheinungsformen einer Schrift (z. B. regular, bold, regular italic, bold italic).
SCHRIFTGRAD	Schriftgröße, meist in → Punkt an der → Versalhöhe gemessen.
SCHRIFTSCHNITT	Einzelne Schriftvariante einer Schriftfamilie.
SCHRIFTSYSTEM	Auf einer charakteristischen Buchstabengrundform basierendes System, das Grotesk-, Antiqua- und Egyptienne-Schriften in Schriftfamilien zusammengefasst unter sich vereint.
SCHWARZWECHSEL	Wird ein Druckwerk in mehreren Sprachen oder Versionen gedruckt, empfiehlt es sich aus Kostengründen, die Änderungen auf eine Farbe (meist Schwarz als Schriftfarbe) zu beschränken. Im Druck wird dann die entsprechende Druckplatte ausgewechselt.
SCHWEIZER BROSCHUR	Hochwertige, weit verbreitete Bindeform für Geschäftsberichte: Fadenheftung mit Leinenabdeckung (»Fälzel«), die in einen doppelt gefalzten Papier- oder Kartoneinband eingeklebt wird.
SERIFE	Ein bei → Antiqua- und → Egyptienne-Schriften die Schriftlinie betonendes, meist horizontales Element an den Buchstabenoberkanten und Buchstabenunterkanten (beim »H« z. B. die vier Querstriche oberhalb und unterhalb der Längsachsen).
SERIFENBETONTE LINEARANTIQUA	Schriften mit weitgehend gleichmäßiger Strichstärke und ausgeprägten Serifen. *(→ Egyptienne)*
SPATIONIERUNG	Erweiterung oder Verringerung des Buchstaben- oder Zeichenabstandes.
SPERRUNG	Erweiterung des Buchstaben- oder Zeichenabstandes.
ÜBERFÜLLUNG / UNTERFÜLLUNG	Über das Layoutprogramm steuerbare Überschneidung von eigentlich aneinanderstoßenden Farbflächen- und Buchstabenkanten, um bei Druckverschiebungen → Blitzer zu vermeiden.
VERSALHÖHE	Höhe der Großbuchstaben einer Schrift (gemessen in → Punkt).
VERSALIEN	Großbuchstaben.
VERSALZIFFERN	Ziffern ohne Ober- und Unterlängen in Höhe von Großbuchstaben (123456789), im Gegensatz zu → Mediävalziffern und SMALL-CAPS-Ziffern (123456789) auf Höhe der Kleinbuchstaben.
WIRE-O-BINDUNG	Bindung mit Hilfe eines starken Drahtes, der zu miteinander verbundenen Ringen und durch Lochungen am Rand einzelner Papierbögen geführt wird (ähnlich der Ringbindung).
ZEILENHALTIGKEIT	Zeilengenaues Enden der → Kolumnen einer Doppelseite.

a) INGREDIENTS: NAMEN DER UNTERNEHMEN & KUNDEN

FFF : ///////// / //// /////

b)   INGREDIENTS: NAMEN DER AGENTUREN & DESIGNER

FFF : ///////// / //// /////

VERLAG HERMANN SCHMIDT MAINZ: **TYPOGRAFIE -- GRAFIKDESIGN -- WERBUNG**

www.typografie.de // info@typografie.de

a)

-- Armin Reins

Corporate Language
Wie Sprache über Erfolg oder Misserfolg von Marken und Unternehmen entscheidet

400 Seiten mit über 100 farbigen Abbildungen

Format 16 x 24 cm

Hardcover mit Prägung und Schutzumschlag zum Wenden

Euro 49,80 | sFr. 79,80

ISBN 978-3-87439-669-1

Leistungen wollen zur Sprache gebracht und Kunden wollen überzeugt werden.
Armin Reins, einer der besten Texter Deutschlands, nimmt Sie mit
auf eine spannende Reise zu einer unverwechselbaren, erfolgreichen Sprache.

b)

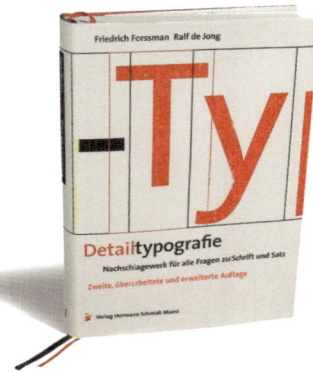

-- Friedrich Forssman | Ralf de Jong

Detailtypografie
Nachschlagewerk für alle Fragen zu Schrift und Satz

Dritte, überarbeitete und verbesserte Auflage

408 Seiten

Format 21 x 29,7 cm

Leinenband mit Schutzumschlag

Euro 98,– | sFr. 158,–

ISBN 978-3-87439-642-4

Die Seele des Ganzen liegt in den Details – Mies van der Rohe
Der »Duden« für alle Gestaltungsfragen – von »A« wie Anführungszeichen bis »Z« wie Zeilenfall.
Ein Nachschlagewerk, das auch für die kniffligsten typografischen Fragen
des Gestalter-Alltags Antworten parat hat!

c)

-- Mario Pricken

Kribbeln im Kopf
Kreativitätstechniken & Brain-Tools für Werbung und Design

Sechste Auflage

232 Seiten mit über 500 farbigen Abbildungen

Softcover im Format 24,2 x 27,7 cm

Euro 29,90 | sFr. 49,90

ISBN 978-3-87439-647-9

Wenn im Kopf mal Flaute herrscht: Star-Trainer Mario Prickens Bestseller
überzeugt mit e ner Fülle von Kreativ-Anregungen und faszinierenden Beispielen.
Da sieht das Briefing gleich inspirierender aus und bringt neue Ideen!

a)

-- Andreas Uebele

Orientierungssysteme und Signaletik
Führen – Finden – Fliehen

336 Seiten, durchgehend vierfarbig
Format 24 x 28,5 cm
Festeinband mit vollflächiger Prägung
Euro 89,– | sFr. 145,–
ISBN 978-3-87439-674-5

Andreas Uebele – hochdekorierter Diplom-Architekt und Grafikdesignprofessor – ist *der* Spezialist, wenn es um Orientierungssysteme geht. In diesem Standardwerk analysiert er, wie ein gutes Leitsystem funktioniert, und zeigt eine Fülle spannender nationaler und internationaler »best of practise«-Beispiele. Viele Aha-Effekte garantiert!

e)

-- Renate Stefan | Nina Rothfos | Wim Westerveld

U1 – Vom Schutzumschlag zum Marketinginstrument

320 Seiten mit weit über 1000 Buchcovern
nationaler und internationaler Verlage
Format 24,5 x 32 cm
Hardcover mit transparentem Folien-Schutzumschlag
Euro 89,– | sFr. 145,–
ISBN 978-3-87439-687-5

You never get a second chance to make a first impression!
Das Buchumschlägebuch – eine fachkundige, strukturierte und analysierende Sammlung der besten Beispiele aus aller Welt. Und selbst im wahrsten Sinne ausgezeichnet – unter den »schönsten deutschen Büchern 2006«!

f)

-- Michael Wörgötter

TypeSelect – Der Schiftenfächer

Zweite Auflage
240 Blatt mit rundem Beschnitt
Format 5 x 5 x 21 cm
Mit Buchschraube, im edlen, silbrig glänzenden Schuber
Euro 49,80 | sFr. 79,80
ISBN 978-3-87439-685-1

Das Schrift-Wahl-Tool mit den 226 wichtigsten, neuesten, schönsten Schriften in über 1000 Schnitten, gedruckt in 6 Sonderfarben. Jedes Blatt mit mehrsprachigem Blindtext, Figurenverzeichnis, Sonderzeichen, Ausbaugrad und Bezugsquelle. Ein Fächer, der frischen Wind in Ihre TypeSelection bringt!

g)

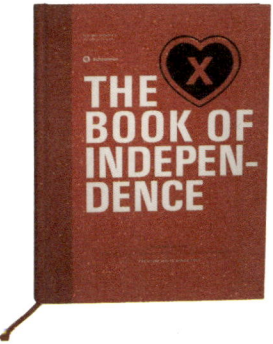

-- Papierfabrik Scheufelen

The Book of Independence

164 Seiten im Format 17 x 23,6 cm
Halbleinenband mit Lesebändchen und allen Veredelungen der Welt
Euro 29,80 | sFr. 49,80
ISBN 978-3-87439-704-9

Leuchtend rot und schön wie die Liebe: Ein Kalender ohne festes Kalendarium, der beginnt, weitergeht und aufhört, wann Sie es wollen. Ein handlicher Verbündeter, Begleiter, Ideenspeicher. Mit wunderbaren Veredelungen und tollen Stickern wird das *Book of Independence* zum individuellen Buchvergnügen!

IMPRESSUM:

c)

FFF : ///////// / //// /////

Konzept / Text / Design Kirsten Dietz, Jochen Rädeker
Fotografie und Reprofotografie Niels Schubert, Stuttgart / strichpunkt
Bildbearbeitung strichpunkt
Satz strichpunkt
Grundschrift: Compatil (Linotype)

Die Autoren Kirsten Dietz und Jochen Rädeker, Jahrgang 1967, gründeten nach ihrem Grafikdesign-Studium an der Kunstakademie Stuttgart und freiberuflicher Tätigkeit 1995 die strichpunkt gmbh in Stuttgart und sind bis heute deren geschäftsführende Gesellschafter. Neben der Agenturarbeit Vortrags- und Lehrtätigkeit sowie künstlerische Arbeiten.
Kirsten Dietz und Jochen Rädeker sind Mitglieder im Art Directors Club für Deutschland und im Type Directors Club New York.

strichpunkt ist eine der führenden Corporate-Communications-Agenturen im deutschsprachigen Raum.
Der Arbeitsschwerpunkt liegt auf konzeptionsorientiertem Corporate Design, Image- und Finanzmarktmedien.
Seit 1995 u. a. Realisation von rund 150 Geschäftsberichten.
strichpunkt gehört zu den national und international am häufigsten ausgezeichneten Designbüros.

Dank an --
-- Holger Jungkunz, Felix Widmaier, Susanne Hörner, Ulrike Krebs und das gesamte strichpunkt-Team *für unermüdliche Mitarbeit*

-- das Deutsche Komitee des Type Directors Club of New York *für die Überlassung des TDC-Archivs*
-- Volker Gallas / visual minds *für Repro- und Workflowtipps*
-- Norbert Hiller *für langjähriges gemeinsames Geschäftsberichtemachen*
-- Otmar Höfer/Linotype *für Schrift-Support*
-- Prof. Günter Jacki *für die Liebe zur Typografie*
-- Erich Klaus / DaimlerChrysler *für sein engagiertes Fachlektorat*
-- Sam Kullman's Diner Kaiserslautern (www.s-k-d.com) *für verzehr- und fototaugliche Burger*
-- Prof. Olaf Leu *für wertvolle Anregungen und sein detailliertes Lektorat*
-- Karin und Bertram Schmidt-Friderichs *für den Anstoß zu diesem Buch und das Vertrauen in seine Fertigstellung*
-- Niels Schubert *für leckere Fotos*
-- Prof. Kurt Weidemann *für freundschaftliche Ratschläge, Taten & Worte*

... und ganz besonders an Lukas *für seine Geduld und seine erste E-Mail:*

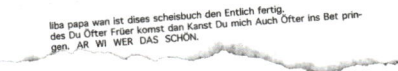

liba papa wan ist dises scheisbuch den Entlich fertig, des Du Öfter Früer komst dan Kanst Du mich Auch Öfter ins Bet prin-gen. AR WI WER DAS SCHÖN.

Kontaktadresse Autoren
Kirsten Dietz, Jochen Rädeker
c/o
strichpunkt -- *agentur für visuelle kommunikation gmbh*
Schönleinstraße 8a -- D-70184 Stuttgart -- Telefon 0711.620 327-0 -- Telefax 0711.620 327-10
fff@strichpunkt-design.de -- www.strichpunkt-design.de

Verlag Hermann Schmidt Mainz
Robert-Koch-Straße 8 -- D-55129 Mainz -- Telefon 0 61 31.50 60 30 -- Telefax 0 61 31.50 60 80
info@typografie.de -- www.typografie.de

© 2004, 2007 Verlag Hermann Schmidt Mainz und bei den Autoren.
ISBN 3-87439-646-0
Verlag Hermann Schmidt Mainz
Zweite, überarbeitete und aktualisierte Auflage 2007